iCourse·教材

普通高等学校艺术学科新形态重点规划教材

History of Industrial Design

工业设计史

王震亚　赵鹏　高茜　沈榆　王鑫　编著

高等教育出版社·北京

前言

《工业设计史》是工业设计和产品设计专业的入门理论基础课程，对于一名刚刚跨入设计专业门槛的同学来说，学好这门课程特别重要。尤其是当他成长为一名优秀设计师的时候，再回过头来看以前的学习，就会发现设计史课程所占的重要位置。

工业设计是一门应用学科，其核心是从人的需求出发，发现问题，然后通过创新思维，找到合理的解决方案，并以技术为实现手段，同时满足市场需要。在设计过程中有不同的表现方法：手绘草图、效果图、电脑建模、渲染、油泥模型、功能原型等，良好的表现力是一名设计师的基本能力。但以上种种，解决的都是How的问题，即怎样做设计。

而成为一名优秀的设计师，不仅要知道How，还要知道Why，即为什么这样设计。

工业设计史的学习能够帮助学生了解设计发展的基本规律，认识世界优秀设计师及著名的设计作品，让学生建立对设计的理解和独特的历史观。

著名历史学家吕思勉曾经说过："凡讲学问必须知道学和术的区别。学是明白事情的真相的，术则是措置事情的法子。把旧话说起来，就是'明体'和'达用'。历史是求明白社会的真相的。"按照这个观点，我们可以这样理解：设计史是为了了解设计的发展规律，以便更好地做设计。台湾学者杨裕富认为："专业历史的建构更涉及专业利益与专业意识形态，所以分殊领域的'史学'显然更不容易寻得史料，更不容跳出专业意识形态，来形成知识。换句话说，设计史学是较一般史学更需明辨'规范'与'目的'的。"

值得欣喜的是，设计史学科虽然起步较晚，但国内工业设计史的教学和研究却都取得了显著的成果。在这方面，何人可教授和王受之教授都做了大量努力，他们的著作给后来的设计史学者提供了很多帮助。目前，国内形形色色的工业设计史教材种类繁多，但是，大多数高校的设计史教学仍然停留在"From teacher to students"式的传统历史教学模式上，学生被动地接受知识，很难激发对学习的兴趣。

近年来，随着网络技术的发展，教学方法也在发生变化，"翻转课堂"和"慕课"逐渐引入到传统教学中来。与传统的课堂教学模式不同，在"翻转课堂式教学模式"下，学生在课下完成知识的学习，而课堂变成了老师学生之间和学生与学生之间互动的场所，包括课堂讨论、答疑解惑、知识的运用等，从而让学生主动地参与教学活动，达到更好的教育效果。"慕课"，即大型开放式网络课程（Massive Open Online Courses，简称MOOC），是一种针对大众人群的在线课堂，人们可以通过网络来学习自己感兴趣的内容，这种方式受到了越来越多学生的欢迎。

本教材是国内第一本按照“翻转课堂”和“慕课”的要求进行编写的设计史教材，与之配套的慕课《设计史话》在“中国大学MOOC”同步上线，并在每年的春季学期和秋季学期分别开课，教师可以把学生在慕课上的分数作为评定最终成绩的依据。

在教材和慕课中，均设计了一定数量的课堂讨论和作业，教师可以根据需求，引导学生完成作业，参与讨论。根据学生的数量和教室规模，每个小组的人数应4~6人为宜，每节课小组汇报由1~2人发言，每学期每位学生应有3~4次发言机会。试举一例：

表1 《工业设计史》教学安排建议

周数	课前	课堂授课环节		课后
		第一学时	第二学时	
第1周	——	自我介绍 课程介绍	观看慕课视频	注册慕课 参与讨论
第2周	看慕课视频 自学教材	教师归纳15分钟 分组讨论30分钟	小组汇报30分钟 教师总结15分钟	参与慕课讨论 完成网上作业
第3周	看慕课视频 自学教材	教师归纳15分钟 分组讨论30分钟	小组汇报30分钟 教师总结15分钟	参与慕课讨论 完成网络互评
……	……	……		……
第14周	看慕课视频 自学教材	教师归纳15分钟 分组讨论30分钟	小组汇报30分钟 教师总结15分钟	开始网络考试
第15周		教师答疑	教师答疑	网络考试
第16周	提交试卷	学生总结汇报 教师点评	学生总结汇报 教师点评	——

注意：以上教学安排需根据课堂情况灵活掌握，可根据教学需求随时调整。

另外，作为一门开放式课程，《工业设计史》课程的教学鼓励学生充分利用网络资源，通过各种方式进行研究性学习，而不局限于本教材和配套慕课资源。例如：学生可以选择自己感兴趣的领域（如哈雷摩托车、芭比娃娃等）进行专题设计史研究，并得出初步的研究结论。这将有助于学生在学习过程中建立对设计的理解，并培养学生的兴趣和学习主动性。

对于设计专业的学生,《工业设计史》能够帮助他们看清过去，对设计专业建立初步认识。《工业设计史》是一部开放的历史，设计的知识绝对不是一本书能够全面概括的;《工业设计史》也是一部不断发展的历史，今天的畅销品可能就会成为明天的经典;《工业设计史》还是一部有趣的历史，每位设计师、每件作品都在以不同形式影响着我们的世界。

现在，让我们走进设计史。

目录

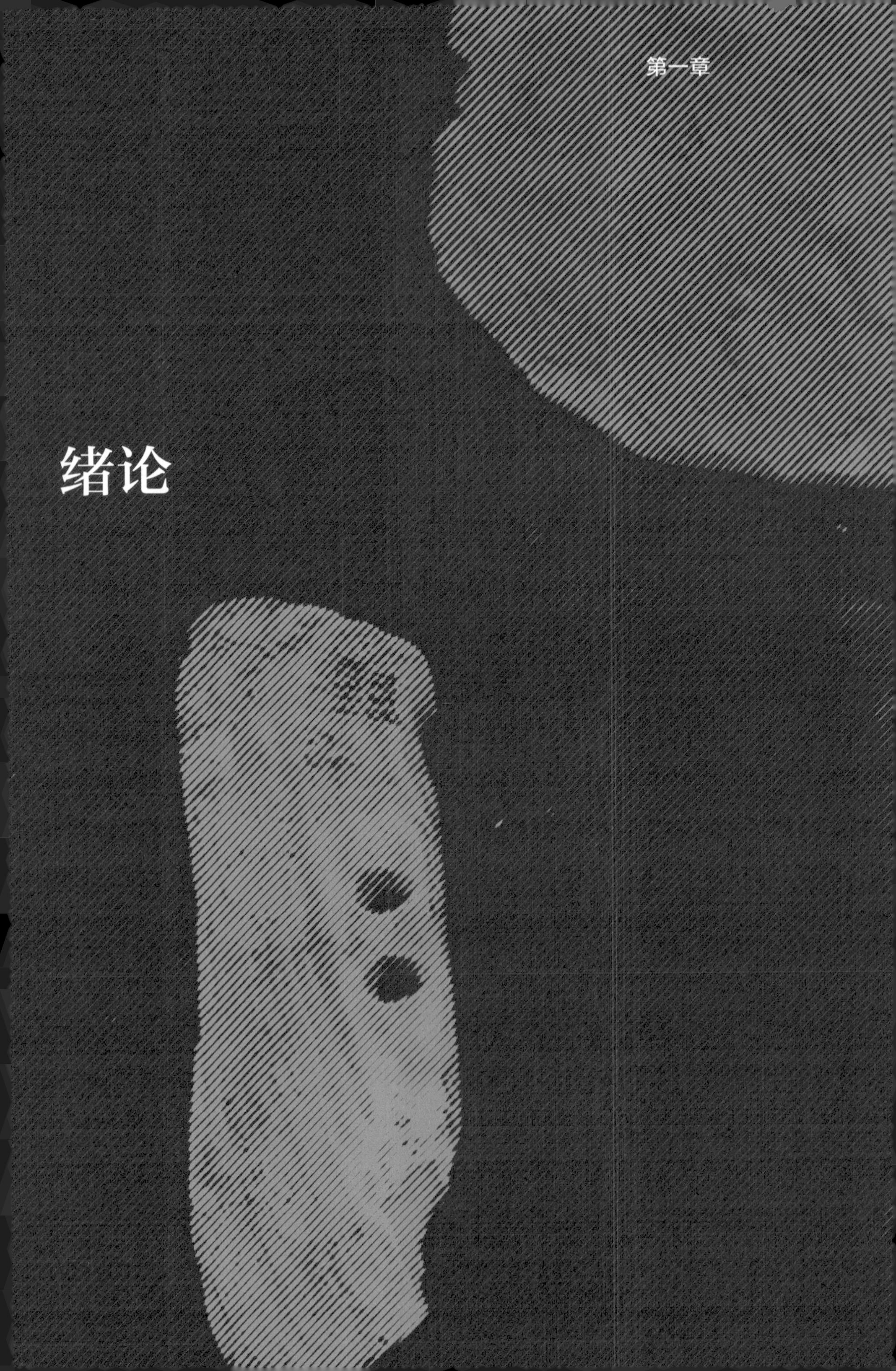

第一章

绪论

Industry, invading like a river that rolls to its destiny, bring us new tools.

——Le Corbusier

著名建筑大师柯布西埃
（Le Corbusier, 1887—1965）说：
工业就像一条大河一样奔涌而来，
带给了我们新的工具，流向了它的命运
终点。作为现代社会的重要标志，
工业化从方方面面影响了人类生产和
生活方式。工业设计是英文Industrial
Design的翻译。通常大家看
到这个词，都会有一种误解，似乎
“工业设计”就是和“工厂、机器、生产”
有关的设计。实际上，Industry这个单词，
除了“工业”之外，还有“产业、
行业”之意，甚至还有“勤劳、勤勉”
的含义。因此，Industrial Design可以
理解为“工业化的设计”、“产业化的设计”，
即现代生产条件下的设计。

第一节 什么是设计

“在你的家里，不应有任何你认为没有用处或是缺乏美感的东西。”

设计界的先驱者威廉·莫里斯（William Morris，1834—1896）用这样一句话来总结他的设计哲学。他认为好的产品应兼具功能与美学价值，并能够为所有人拥有，这种思想对后世影响深远，奠定了现代设计的基础。

在工业革命之前，日常用具主要都是手工打造的传统器具，它们的主要功能是实用功能，而那些精美华丽的手工艺品则是专为少数贵族打造的，且通常独此一件。这种情况在19世纪随着制造技术的现代化和大工业生产的兴起而发生了改变。

一、设计的概念

图1-1-1　新石器时代的蚌铲、蚌刀、石镰、石刀

“设计”是一个20世纪才形成的术语，但是物品被设计的历史已经超过百万年。旧石器时代的石制工具可能是世界上最古老的设计，原始人类最初可能是发现一块特殊形状的石头具有切割功能，然后有意识地去创造出有着更优质切刃的成型工具，经过了上百万年的进化，最终实现了从打制石器到磨制石器的革命性转变，人类从此迈入了新石器时代（如图1-1-1）。这项早期的设计行为，是人类进化史的重要一步。

人类的设计实际上就滥觞于制造工具。

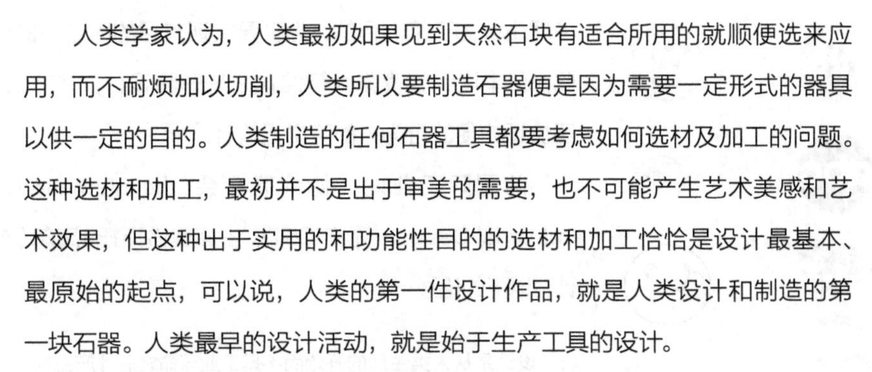

人类学家认为，人类最初如果见到天然石块有适合所用的就顺便选来应用，而不耐烦加以切削，人类所以要制造石器便是因为需要一定形式的器具以供一定的目的。人类制造的任何石器工具都要考虑如何选材及加工的问题。这种选材和加工，最初并不是出于审美的需要，也不可能产生艺术美感和艺术效果，但这种出于实用的和功能性目的的选材和加工恰恰是设计最基本、最原始的起点，可以说，人类的第一件设计作品，就是人类设计和制造的第一块石器。人类最早的设计活动，就是始于生产工具的设计。

语言学家认为，design这个词来源于拉丁文的designare，意为规划或图谋。这个词的词根signum（sign）还有签名和视觉化的含义，因此设计可以理解为是将一个想法转化为书面或图面上的视觉表达，设计师需要对自己的作品负责。从这一点上理解，似乎设计和艺术有相似之处，但设计与艺术的根本目的不同，设计的目的是实现设计对象的价值，为人服务；而艺术更追求艺术家丰富情感的自我表现。美国设计师查尔斯·伊姆斯(Charles Eames，1907—1978)认为：所谓设计，就是“为了完成一个特定的目标而对各种元素进行合理安排的统筹规划”。他也相信与艺术不同，设计受到各种条件的限制，比如成本和价格、规格尺寸、力学关系、表面工艺等。

设计和艺术有着密切的关系，但设计不等同于艺术。慕尼黑国家实用艺术博物馆提出“设计是艺术使自己有用”。设计需要利用现代科学技术手段，然而它的目的却始终是创造、设计人的生活，引导新的建立在现代科学技术和生产力的基础上的生活方式。

对于什么是设计，每个设计师都有自己独特的理解：

美国学者维克多·佩帕尼克(Victor Papanek，1923—1998)于1971年出版的《为现实世界的设计》(Design for the real world)一书，在西方产生了巨大的影响。他认为：设计是一种系统的解决方法，它最重要的问题是维护一种秩序，通过这种秩序来进行有目的有意义的创作活动。

美国设计师保罗·兰德(Paul Rand，1914—1996)则认为：设计是一种关系，其最重要的目的是处理形式和内容之间的冲突。兰德还设计了很多著名的标志，包括著名的IBM公司、ABC公司、IDEO设计公司的logo，如图1–1–2。

曾在包豪斯时期创建了现代设计教育体系的艺术家、设计教育家莫霍利·纳吉(Moholy Nagy，1895—1946)说：设计是一种综合性的运用社会学、人类学、经济学、艺术学各方面的知识来进行创作的一种活动。

设计这一名词，不但指造型上的问题，也可用到人的行为上。人为了某一种理由或为了某一目的，为了要实现其目的而定下的计划，也可说是设计。因此，日本设计教育家大智浩这么来解释设计：“广义地来解释，能使我们的生活快适方便的行为，都可说是设计。”

前国际工业设计协会联合会(the International Council of Societies of Industrial Design，简称ICSID)主席奥古斯托·摩尔(Augusto Morello)曾对设计有以下的论述：

> 设计是从人类生活的开始而不是工业革命之后才产生的。博物馆中文化性收藏品，其作者当时并未被称为设计师，但他们却是真正的设计者。人类的历史、文化遗产都产生于设计，我们能通过当时的设计看到当时的文化。所以大家的责任重大，设计师是在进行一种文化活动，把设计推向未来，有人认为，设计师改变的只是景观，而我不这样看，我认为设计师是在改变世界。

图1–1–2　兰德设计的部分标志

二、设计的分化

今天，我们对于“设计”这个词已经不再陌生，比如室内设计、汽车设计、平面设计、服装设计等。设计的专业细分可以看作是社会分工的产物，而设计则是人类为了解决实际问题而进行的一种本能行为。

在原始社会，当生产力发展到一定阶段，产品在满足本部落的消费之外，还出现了部分剩余，就有条件进入到物质交换，一部分专门从事手工生产的匠人阶层出现。而随着金属冶炼技术的发展，专门从事生产工具制造的手工业逐渐从农业中分离出来，从而出现了最早的制造业。

图1–1–3　波斯波利斯出土的装饰品，现藏于芝加哥大学东方研究所博物馆

早期的部落领袖一般通过装饰来体现地位差异。随着阶级的出现，奴隶主贵族拥有了大量财富，对装饰品也提出了更高的要求。图1–1–3是在波斯波利斯（Persepolis，古代波斯帝国都城，建于公元前518年）的废墟里发掘的一些装饰品，包括玛瑙石、青金石、红宝石、珍珠以及珊瑚、贝壳制品。

随着社会进步，手工业逐渐开始不断分化，新的门类不断出现，如中国先秦时期的专著《考工记》总结了先秦手工业各工种的技术规范，是中国最早的手工业技术文献，其中就记述了木工、金工、皮革、染色、刮磨、陶瓷等六大类三十个工种的内容。在手工业时代，制造和设计总是联系在一起的，各工种的工匠通常既是设计师，又是制造者。有经验的工匠一般通过收学徒的方式，将制造工作分配给学徒完成，但设计并未完全独立出来成为一个职业。

18世纪，工业革命后，蒸汽机作为动力被广泛使用，手工工场过渡到大机器生产的工厂，机器加工对传统手工业造成了巨大冲击，新的行业不断产生。在这过程中，工业化的简单粗暴的大规模复制打败了传统手工艺人的宝贵传承，但也有一些人顺应了时代的发展，找到了新的机会。

迈克尔·索内特（Michael Thonet，1796—1871）出生于奥匈帝国一个皮匠家庭，1819年成为一名职业木匠。1830年，索内特开始了他的“弯木（bentwood）家具”实验，当时他的工场已经有100名工人采用分工合作的方式制作家具。1840年他成功利用蒸汽使木材软化，将硬木弯成曲线造型，他也因此得以去维也纳为皇室制作家具。随着弯木技术的逐渐完善，形式也不断简化，1859年由索内特设计制作的维也纳14号椅（图1–1–4）仅由六个配件和少量螺丝组合而成，不仅适应了规模化工业和运输的要求，而且因造型优雅而获得了人们的喜爱，被称为“最适合咖啡馆的椅子”。直到今天，索内特的产品仍然在生产销售。

20世纪以来，社会分工越来越细，设计也不断分化成新的分支，如随着

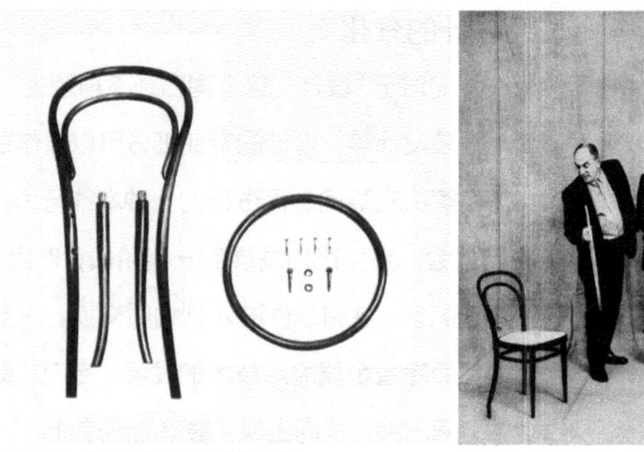

图1-1-4　装配灵活的维也纳14号椅

汽车的诞生而出现的汽车设计，随着电话的演变而产生的电话设计、手机设计等。甚至每一个设计行业也会有更细致的分工，汽车设计就会有概念设计、三维建模、油泥模型以及相关的用户研究、资料分析等；手机设计则分化为ID（Industrial Design，工业设计）、CFM（Color/Material/Finishing，色彩、表面工艺和材料）、UX（User Experience，用户体验）、UI（User Interaction用户交互）以及相关的包装设计等。另外，围绕汽车和手机的市场活动，还有广告设计、展示设计、橱窗设计、平面设计、CIS（Corporate Identity System，企业识别系统）设计等一系列设计活动。

工业设计，狭义的理解，就是现代生产条件下的产品设计；广义的理解，则是对工业化背景下各种设计活动的总称。

第二节　工业设计

时代在发展，工业设计的概念也在不断发生改变，2015年国际工业设计协会联合会（ICSID）正式更名为世界设计组织（World Design Organization，WDO），意味着工业设计的外延正在向更广泛的范围拓展。

一、什么是工业设计

按照美国工业设计师协会（Industrial Designers Society of America，IDSA）的定义，工业设计是为了用户和制造商的共同利益，对功能、价值和外观进行优化，创造产品和系统的专业性服务。定义还提到：工业设计师以客户和制造商的特殊要求为指导，通过对数据的收集、分析和综合，发展产品和系统。他们通过图纸、模型和描述来提供清晰和简洁的建议。工业设计师既可以做产品改良设计，也可以开发新产品，他们往往需要多学科协作，其中包括管理，营销，工程和制造业的专家。

工业设计最初以规模化产品的开发设计为特征，随着社会、经济、文化的发展，工业设计的领域也在不断拓展，与工程、计算机、建筑、信息技术等工程领域及经济学、美学、社会学、心理学等学科密切相关。在过去几十年，工业设计的定义也在不断变化。

1980年，ICSID发布了经过修订的定义："就批量生产的产品而言，凭借训练、技术知识、经验及视觉感受而赋予材料、结构、形态、色彩、表面加工以及装饰以及新的品质和资格，叫作工业设计。根据当时的具体情况，工业设计师应在上述工业产品的全部侧面或其中几个方面进行工作，而且，当需要工业设计师对包装、宣传、展示、市场开发等问题的解决付出自己的技术知识和经验以及视觉评价能力时，也属于工业设计的范畴。"从这个定义可以看到：当时工业设计的对象仍然集中在"工业产品"方面，但又包含了与之相关的"包装、宣传、展示"等内容。

ICSID还把每年的6月29日定为世界工业设计日。在2013年的这一天，ICSID曾经发布过一个视频，专门解释什么是工业设计。如图1–2–1。这个视频用一段富有激情的语言来表述工业设计的定义：

工业设计是造物，是人类创造力的产物，是我们经验的表达，是物品、过程甚至服务的生产、发展和制造。它从一个创意开始，到最终实现，工业设计是关于色彩、肌理和形态的，它还和文化、传统和经验有关联，它满足了需要，提高了生活的水平，发现并解决了日常的问题，工业设计让生活变得更简单。工业设计改变了我们和环境、和周围的世界之间的交互方式，它致力于创造或改良某些产品，使它们更加功能化、更加有吸引力、更加有效率、易接近并更有责任感。工业设计是一种职业，它利用新技术和新材料，它涉及研究、需要灵感、引起改变。工业设计是全球的，关系到你，关系到我，关系到我们周围的所有日常产品。工业设计影响生活。

2015年WDO（World Design Organization，世界设计组织）又对工业设计进行了新的表述：

工业设计旨在引导创新、促发商业成功及提供更好质量的生活，是一种将策略性解决问题的过程应用于产品、系统、服务及体验的设计活动。它是一种跨学科的专业，将创新、技术、商业、研究及消费者紧密联系在一起，共同进行创造性活动，并将需解决的问题、提出

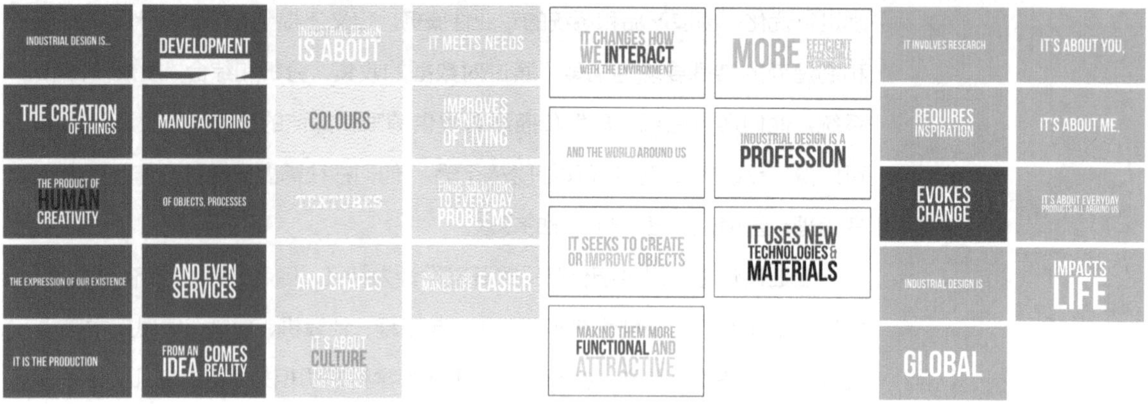

图1-2-1　ICSID What is Industrial Design 视频截图

的解决方案进行可视化，重新解构问题，并将其作为建立更好的产品、系统、服务、体验或商业网络的机会，提供新的价值以及竞争优势。工业设计是通过其输出物对社会、经济、环境及伦理方面问题的回应，旨在创造一个更好的世界。

从以上定义可以看出，工业设计正在面临的新的变化，工业设计设计对象已经打破包豪斯时期的传统意义，不仅仅是物质产品的外观设计和结构设计；工业设计的对象也转化为以内容、人机交互、用户体验为主的非物质的产品设计，如服务设计、软件信息架构、用户界面设计等方面。

二、工业设计的性质

工业设计作为一项人类造物活动，同样是一种文化。工业设计将人类制造产品的活动从个人性的手工艺劳动转变为专业化的社会性产业运动，意味着人类正在有意识地运用现代工业技术和艺术手段去拓展文化生活中的精神空间，以求得人类自身的不断完善。

1. 工业设计需要综合运用人们掌握的各种知识、技能。虽然现代科学把专业越分越细，但交叉和融合一直是科学研究的重要方向。工业设计在完成造物活动中，需要考虑工程技术的可行性，又要考虑人的生理和心理需要，做到多个学科的协调统一。

2. 工业设计的对象是“人—产品—环境”。自然学科的研究对象是“物”，社会学科的研究对象是“人”，而工业设计的研究对象则是处理“人”与“物”之间的关系，换句话说，工业设计是以“人造物”为载体，调和“人与物”的关系，解决“人与物”之间的问题，当然也包含了日益严峻的环境问题。

3. 工业设计是以现代化生产为手段，满足人的需求。工业设计是以为他人服务为目的的，设计反映的往往是社会的意志、用户的需求。大工业生产方式决定了工业化的设计是为大多数人服务的，而随着个性化需求的不断增长，3D打印等小批量、定制化生产也将改变设计的方式。

4. 工业设计需要考虑不同人群的利益要求。工业设计致力于为用户提供优良的产品，而企业的目的是利润，因此设计师需要更好地协调消费者与企业之间的矛盾。合理的设计不仅会给用户带来满意的产品，而且可以降低产品成本，增强企业利润。

5. 工业设计的灵魂是创新。产品创新已成为我国从“制造大国”走向“制造强国”的关键。大力开发创新产品，不仅追求的是高技术、高质量，还应该包括个性化和人性化，即运用工业设计，充分发挥设计的功能，创造高附加值的产品，推进我国产业结构优化升级和转型。

三、工业设计与科学技术的关系

工业设计不同于一般意义上的科学技术。工程技术设计旨在解决物与物的关系，如产品的内部功能、结构、传动原理、组装条件等属于技术设计的范畴。设计在解决物与物关系的同时，还侧重解决物与人的关系，如产品的外观造型、操纵显示、色彩肌理等，工业设计要考虑到产品对人的心理、生理的作用，还要考虑如何提高产品在市场上的竞争力。

设计与科学的结合，会极大地提高产品在市场上的竞争力。人们在追求产品美的同时会更加注重它的实用性。我们不能一味地追求设计的表面化而忽略其科学性，也不能因其科学的严谨性而故步自封。

设计依赖科学技术来实现其目标。一个新产品不能凭空从脑袋里蹦出来，设计要与科学技术的发展程度相适应。另一方面，科学技术的推广必须依靠设计的力量。居里夫人说过：“我认定科学本身就具有伟大的美。”每一项技术和发明都应该为人类的进步发挥作用。照相技术不应该只放在实验室里面，所以才有了各种照相机产品；科技馆内的各种机构装置的设计，是为了让科学更加直观易懂。贝尔（Alexander Graham Bell，1847—1922）最初发明的电话机是话筒与听筒分开的，而设计师的任务则是让它怎样更好地为每个人服务，1929年挪威设计师海尔伯格（Jean Heiberg，1884—1976）与瑞典爱立信公司的工程师合作设计了一款在欧洲被称为“瑞典式电话”的新型电话，并影响到贝尔公司电话的设计，成为世界通行的标准，如图1–2–2。

图1-2-2　贝尔早期的电话机和爱立信DBH1001电话机

再比如说，现代椅子设计的历史，可以看作是设计师怎样成功地利用新材料的历史，从钢管、胶合板到塑料，最先掌握了新材料新技术的设计师就能站在时代潮流的最前沿。

四、工业设计的作用

工业设计是人类创造和改善生活条件的重要手段。工业设计有助于提高企业的自主创新能力，促进产品的多样化以满足人们日益增长的需求。其作用主要有：

1. 使产品、系统及服务的形式、功能更加科学合理，符合用户的使用需要。工业设计不仅要考虑满足人们的直接需要或解决实际问题，还应考虑产品能安全生产、易于使用、降低成本以及选择合适的材料工艺或实现方式，使产品/服务的形式和功能协调统一。

2. 促进产品的多样化，增强产品的竞争性，有助于提高企业的经济效益。工业设计的价值在于实现形式与功能的最合理搭配，另外在提高产品的整体美与社会文化功能方面，工业设计也起到了非常积极的作用。产品能否获得消费者的青睐，关键是设计是否创新。同时，工业设计可以将新技术转化成市场需要的产品，反过来又带动了技术的进步。

3. 工业设计使生活更美好，能提升人们的审美水平。工业设计不仅能够改善产品的外形质量，还可以通过对产品各部件的合理布局，增强产品自身的功能美以及与环境协调美的功能，美化人们的生活。

第三节 工业设计史

和美术史相比，工业设计史还是一门很年轻的课程，尽管设计的历史同人类的历史一样久远，可是学者对于设计史的研究只是近几十年的事情。1977年，英国成立了设计史协会（Design History Society），标志着设计史从装饰艺术史或应用美术史中独立出来而成为一门新的学科。

一、工业设计史的意义

19世纪工业革命完成后，西方就开始发展工业化的生产方式，展开适合工业化生产的现代设计。从20世纪初的“德意志制造联盟”对标准化、大批量生产方式的探讨，到20世纪20年代包豪斯确立了现代设计教育的基本体系，美国为代表的商业化设计推动了工业设计的发展，使“工业设计师”成为一个新的职业；经过了20世纪中叶风靡建筑界的功能主义和国际主义风格，北欧为代表的有机现代主义风格可以视为是对现代主义的一次改良运动；20世纪60年代流行于欧美的波普设计明显来自艺术的影响，而崛起于七八十年代的后现代设计则带有哲学的色彩；今天我们提倡的绿色设计、生态设计与材料科学、环境科学密不可分，由此可见，工业设计早已发展成了一门交叉性的学科。在近200年的工业进程中，工业设计经历了多种风格和潮流的变化，工业设计理论和思想逐渐走向成熟。

工业设计主要通过标准化、大批量的机器生产方式而实现，在西方工业设计的发展过程中，民主思想和为大众服务的观念一直贯穿始终。工业设计史的学习过程也是一个了解西方设计理念、风格潮流的过程，有助于我们发展自己的设计风格。工业设计史的学习，还有助于培养青年人作为未来设计师的社会责任感。设计不当的工业产品可能具有潜在的危险，包括对人体的损害、对环境的污染及对资源的浪费等。

工业设计史的学习对于年轻设计师而言极为重要，但也存在一定的难点：

1. 工业设计的体系十分庞大，不仅涉及诸如通信产品、交通工具、家电、家具、工业装备、专业设备等成百上千个不同的产品种类，还和科学技术、政治经济、文化艺术等息息相关。而不同种类的产品，其研究方法和研究内容都大相径庭，如椅子设计有几千年的历史，而汽车设计史只有100多年，手机设计史则只有几十年，很难用一部设计史概括所有的产品门类。

2. 工业设计史是一部正在不断更新的历史，具有很强的时效性。今天所发生的一切都将成为历史的一部分，作为一门年轻的学科，工业设计理论体系还没有完全成型，工业设计也在不断地变化，有可能今天所推崇的（比如3D打印和VR技术）再过若干年就变得习以为常甚至被时代摒弃。因此，学习工业设计史，将是一个不断学习的过程。

二、工业设计的演变

19世纪中叶，西方各国相继完成了产业革命，机器工业逐步取代手工业生产，产品设计者（往往是发明者）为了适应人们传统的审美习惯和需要，就把手工业产品上的某些装饰直接搬到机械产品上，例如，给蒸汽机的机身铸上哥特式纹样，把金属制品涂上花纹等。如图1–3–1是英国人爱德华·沃德（Edward Ward）于19世纪70年代发明的缝纫机，以铸铁为主要材料，在表面上涂了金色油漆作为装饰花纹。这说明在工业社会初期，设计并未得到足够的重视，发明家们更多考虑的是如何实现产品的功能。

工业设计种类繁多，不同产品在发展中也经历了不一样的历程，但20世纪的大部分产品都经历了以下几个阶段：

1. 引入期。由于消费者对新产品还不够了解，只有少数追求新奇的顾客愿意购买，销售量缓慢增长。产品生产规模小，成本相应较高，企业承受的压力较大，需要较大资金投入。同时由于新技术还不够成熟，产品也有待进一步完善，因此设计重点被放在产品性能上，主要由工程师或发明家主导设计工作。

2. 成长期。市场需求逐步扩大，产品进入大规模生产阶段，生产成本随之降低，销售额迅速上升，大量竞争者进入市场，竞争开始加剧。在这个阶段，企业关注的重点大都是商业竞争手段，工业设计作为一项增加市场竞争力的手段开始受到重视。

3. 成熟期。市场需求趋向饱和，销售额增长缓慢，企业获得的利润也趋于减少，产品进入了成熟期。这个时期竞争逐渐加剧，产品开始转向系列化、

图1-3-1　19世纪70年代的缝纫机，现藏于英国维多利亚和阿尔伯特博物馆

图1-3-2　福特T型车是典型的工程师主导的设计

差异化，工业设计师开始在企业的活动中占据重要位置，掌握越来越多的话语权，产品的更新换代更加频繁。

4. 转型期。随着技术的发展，原有产品即将退出历史舞台，销售额和利润额迅速下降。产品不得不考虑升级或者转型。工业设计师需要研究用户的需求变化，引导企业发展的方向。

以汽车为例，最早的由蒸汽机驱动的交通工具可以追溯到18世纪，而直到1885年，德国人卡尔·本茨（Carl Benz，1844—1929）把内燃机装在了三轮马车上，成功研制出世界上第一辆真正意义的汽车。但此后很多年，汽车仍然只是少数人的玩具，并不能适应规模化生产的需求。美国人亨利·福特（Henry Ford，1863—1947）致力于把汽车带进千家万户，经过了多次试验，终于在1908年推出了著名的T型车，在市场上大获成功。此后，他为了提高生产效率，于1913年引入了世界上第一条流水生产线，但T型车直到1927年，外观和颜色都没有做出任何改变，如图1-3-2。

当工业化成长到一定阶段，消费需求不断增长，也刺激了更多的企业进入，此时商业因素对设计起到了推进作用，提倡工业设计为经济利益服务。美国成熟的商业化体系便是最显著的例子。

在1927—1933年的大萧条时期，美国的大企业为了生存，采用了更加激烈和多样的竞争手段。美国人阿尔弗雷德·斯隆（Alfried Sloan，1875—1966）认为汽车不仅仅是一种交通工具，也是体现自己个性风格的一种方式。斯隆在出任通用汽车公司总裁后便成立了色彩与美术部，聘请哈利·厄尔（Harley Earl，1893—1969）为首席造型设计师，专门负责汽车设计。厄尔与斯隆积极倡导“动态废止制”（Dynamic Obsolescence）。在该制度的影响下，通用公司把汽车设计的更新换代和企业经营策略联系在一起，形成制度，有计划地不断更新设计，使汽车的外观式样在短时间内不断更新，而原有式样不断老化，刺激消费者追逐新的流行。

20世纪后半叶，工业设计进入成熟期，逐渐走出现代主义一家独大的局面，朝着多元化发展迈进。而汽车设计也与当地文化相结合，在不同国家形成了各自不同的设计风格。这其中，意大利的汽车设计表现尤为抢眼。

早期的意大利汽车设计受到了美国设计的影响，然后逐渐形成了自己独特的风格。意大利设计风格豪放、性感、洒脱，多以性能的表现和外形吸引顾客，充分反映出意大利人的热情、浪漫、灵活和机敏的个性。

到20世纪末，意大利已是全世界汽车造型设计的圣地，都灵汽车工业园区则是其中最重要的设计中心，汇集着大名鼎鼎的意大利设计（Italdesign）、宾尼法利纳（Pininfarina）、博通（Bertone）等著名的汽车设计公司，涌现出一大批世界级的设计大师。鲁乔·博通（Giuseppe Bertone，Nuccio是他的昵称，1914—1997）是意大利汽车设计中的先驱，早年他曾是一名赛车手，第二次世界大战后从其父亲手中接过博通公司，设计了战后绝大部分阿尔法·罗密欧（Alfa Romeo）汽车，其中包括1953—1955年设计的BAT系列概念跑车，见图1–3–3。

乔治·亚罗（Giorgetto Giugiaro，1938—　）是当今国际上享有盛名的汽车设计师。他17岁进入菲亚特汽车式样设计中心，22岁成为博通公司外观设计部主任，30岁组建了意大利设计公司（Italdesign，1999年更名为Italdesign–Giugiaro），在长达60年的设计生涯中设计了200多款车型，其中包括法拉利250GT、阿尔法·罗密欧GiuliaGT、玛莎拉蒂5000GT、宝马M1、阿斯顿马丁DB4、大众高尔夫等，受到市场广泛赞誉。乔治亚罗还设计过多款尼康照相机和精工手表。（图1–3–4）

进入21世纪以后，虽然汽车市场凭借中国的庞大市场仍然表现出强劲的生命力，但随着石油能源的日渐减少，汽车行业的转型期已经悄然来临。2003年在美国成立的特斯拉公司致力于电动汽车的开发，工业设计在其中发挥了重要作用，2012年上市的Model S不仅拥有线条优美的外观，在人机界面上也进行了大胆创新。（图1–3–5）

通过汽车设计发展的历史我们可以发现，工业设计的作用正在不断加强，可以预见，未来的设计师还将为我们带来更多的新产品，影响我们的生活。

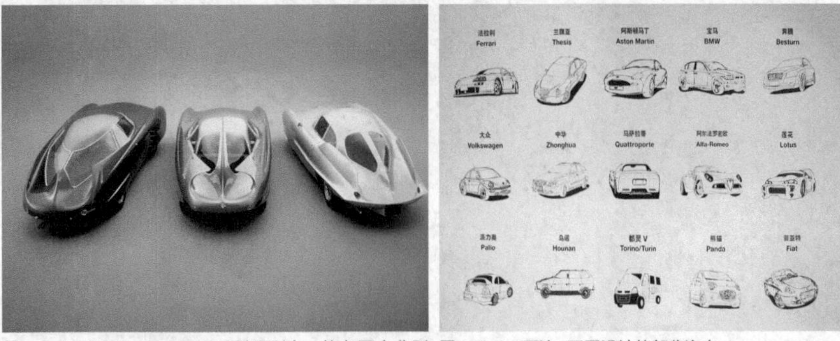

图1-3-3　Alfa Romeo BAT系列原型车，从左至右分别是BAT5、BAT7、BAT9

图1-3-4　乔治·亚罗设计的部分汽车

图1-3-5　特斯拉Model S使用电力能源，中控台没有实体按键，只有一块17英寸的超大屏幕

探索与思考

- 我们去购买一部手机，会考虑哪些因素？这些因素如何排序？这些因素又和设计有什么关系？
- 除了汽车，你还能知道哪些产品的发展历史？请在课下查找资料，说明工业设计在其发展过程中的作用。

第二章

手工业时代的设计

Thy Naiad airs have brought me home
To the glory that was Greece
And the grandeur that was.

——Allan Poe

各个历史时期的手工造物反映出其
各自的社会文化生活、政治、民族国家和
地域特征。柱式就是古希腊、古罗马
建筑样式典型的代表。柱式是指一整
套古典建筑立面形式生成的原则。
基本原理就是以柱径为一个单位，
按照一定的比例原则，计算出包括
柱础（Base）、柱身（shaft）和柱头
（Capital）的整根柱子的尺寸，
更进一步计算出建筑各部分尺寸。
如图章首图所示，
由最粗壮原始的到最苗条奢华的
柱式依次是塔司干、多立克、古希腊的
爱奥尼克式、古罗马的爱奥尼克式、
科林斯柱式以及组合柱式。
这其中多立克、爱奥尼克和科林斯
是由古希腊人发明的。
随后古罗马人增加了比多立克柱式
简单的塔司干柱式，以及比科林斯
柱式还繁杂的组合柱式。
这些柱式对文艺复兴乃至后来的
建筑形式都产生了重要影响。
从公元前5000年到公元前400年，
埃及文明、美索不达米亚文明、
希腊文明的繁荣和相互影响是这一时代的
魅力所在。古希腊文明孕育于爱琴海，
后来罗马城邦发展壮大，融汇吸收了
希腊文化，建立起罗马帝国文明。
罗马帝国于395年分裂后，迎来了东西
罗马时期，形成包括拜占庭艺术
在内的中世纪文化。商业、艺术文化、
科学的发展打破了宗教中心的社会平衡，
14世纪中叶，文艺复兴运动以意大利
为中心在欧洲大陆壮大起来。
之后的欧洲，法国在路易十四的带领下，
无可争议地成建筑、艺术、时尚等
领域的领袖。在亚洲，整个的中华历史
基本处于一个由统一、融合、繁荣、
变化、衰退等阶段不断反复的历程。

第一节 古埃及、古希腊、古罗马时期

古埃及文明相对来说是独立的文明体系。古埃及、两河流域、爱琴海文明为西方进入古典期奠定了文化基础，进一步说，爱琴海文明吸收两河流域、古埃及文明形成了古希腊文明。爱琴海文明、两河流域文明较多关联互动，发展延续至今，而古埃及文明在3000年的维系之后停滞后几乎消亡。这一节将古埃及特别作一个内容，然后按历史的先后，讲述西方古典期中最具影响力的希腊和罗马文化。二者相互影响，尤其值得注意的是古罗马文化的壮大与吸收古希腊文化密不可分。

一、古埃及

古埃及文明的产生和发展与尼罗河紧密相关。公元前5000年左右，埃及就开始了农耕，每年6~10月尼罗河水泛滥，带来的丰富养分使这片地域土地肥沃，随之带来作物的丰收。除农耕外，古埃及的天文学、土壤勘测技术也非常发达。公元前3100年左右，埃及国家出现，太阳化身的法老开始了神权政治。

在这一时期艺术造物活动很活跃，建筑方面以建筑法老的陵墓为契机，祭祀神殿等建筑也快速地发展起来。公元前2600年左右，法老坟墓的修建盛行，法老胡夫，筑起高达150米的金字塔，象征着法老巨大的权力。古埃及的艺术除了建筑之外，主要还表现在壁画和浮雕、雕像之上。当时的雕塑具有高超表现力，造型逼真生动，充满个性的同时还具有完美化、理想化的气质。古埃及的艺术鼎盛时期大约在公元前1786—前1567年间，其间王权再次得到强化，神殿和法老的雕像制作以前所未有的规模展开，写实主义和理想主义并存，另外还加上了优美的装饰和富有表现力的色彩，具有华丽表现力和内面描写并存的宫廷艺术的特质。人物塑造上极其美化，优美的造型成为其特色。有名的《纳菲尔蒂蒂王后像》就是代表作品，同期作品的法老图坦卡蒙（Tutankhamun）坟墓的黄金棺材和面具也为人熟悉。《图坦卡蒙面具》（图2-1-1）是一件备受关注的工艺美术作品，面具眼睛画有眼线，这大概就是早期的画眼线文化，而且作为豪华与权力的象征，金色的意义从埃及至今似乎也没有改变过。

图 2–1–1　图坦卡蒙面具

二、古希腊

希腊文明是在以克里特岛和迈锡尼地区为中心的爱琴海文明的基础上，吸收周边文化而形成的。希腊的文化源于个人主义的成长和现世主义，具有奔放而又快乐的气质。克里特岛商业发达，国王就是商人。希腊时期也是一个人文主义的启蒙期，其技术、精神、哲学思辨有了突破性发展，奥林匹克运动于此诞生，科学家和思想家层出不穷。

公元前7世纪，希腊与外国接触频繁，导致其社会、经济发生变化，地中海和黑海全盘贸易化，殖民地扩大，从两河流域东边传来的文化，对希腊美术产生了影响。而希腊建筑保有神殿的特征，建筑的比例分割、柱头的装饰上体现了审美及科学技术的进步。雅典卫城、雅典的波塞冬神庙（图2–1–2）、帕蒂农神庙等建筑就是其典型代表，这一阶段完成了较多浮雕和圆雕创作。

希腊人对人体充满了好奇，他们赞美人体的美。希腊人是奥林匹克运动会的创始者，他们欣赏健康的体魄，因而这个时代产生完美的人体雕塑是非常合乎其文化特征的。断臂维纳斯（Venus de Milo）、拉奥孔群像（The Laocoon and his Sons）等雕像为代表的人体之美是一种永恒的美，希腊人体雕塑的感染力强大，是其他同时代的国家所难以比拟的。他们的艺术具有理想主义倾向，崇尚节制、静稳、崇高的美。希腊人关心的是人本身，对人体关注成为这一时代的必然。希腊人对雕塑人体自然姿态的正确把握中融汇了理想主义的审美特征。

希腊人重视肉体的同时重视人的内在精神，在他们的神殿建造和众神的雕像中，我们能够体会他们对于人和神的思考。“维纳斯”就是美、爱和自由的象征，女神不断地被塑造（在古希腊和后来的几千年中），如图2–1–3的断臂“维纳斯”将希腊人对美对自由、对爱的向往生动传达出来。

古希腊是人文主义的启蒙期，古代奥林匹克运动会就是展现人体力量和速度的舞台。而以苏格拉底柏拉图为首的哲学思辨和阿基米德、欧几里得的科学探索，则为人类发展提供了基石。

古希腊奠定了西方文化的重要基础，古希腊直接影响了古罗马的文化。古希腊和古罗马形成了西方古典期的典型艺术风范。西方艺术造物的古典性就是从这两个时代来体会的，西方价值观中以人为本、注重精神生活、向往平等自由的内涵也可以从此时期的造物观中体会。希腊文化对现代设计影响巨大，后现代主义设计中也能追溯其精神气质，如后现代主义代表作“新奥尔良广场”仍可以看到古希腊的痕迹。

三、古罗马

古罗马帝国时代是个传奇的时代，公元前8世纪中叶到公元4世纪是罗马帝国文化的主要时间段，罗马帝国跨越了欧洲、西亚和北非的广阔地域。原来仅是意大利半岛中部一个城邦国的罗马，经历了它的成长期，到公元前迅速跃升为庞大的世界帝国，构建了当代欧洲社会政治的基础。

公元前753年，最初的罗马城邦国建立，传说是由野狼喂养长大的孩子建立的（图2-1-4）。王政7代之后，公元前509年，国王被流放，共和政权确立。由于罗马与包括希腊在内的周边地区的广泛接触，可以认为它的共和政权形成与希腊提倡的民主自由文化有重要的关系。共和政体中，掌握国家权力的是由贵族构成的元老院。罗马迅速强盛，于公元前272年统一意大利半岛。公元前27年，罗马建立帝制，此后迎来了200年的帝国时代。

庞贝是罗马非中心的地方城市，整座城市于公元79年因火山喷发而被火山灰淹没，于20世纪70年代被发掘。庞贝城中道路已经分了车道和人行道，人行道比车道高出一个台阶，还设置了过马路专用的道路。市内供水设施完备，几乎所有地方都有水道和取水处。罗马人喜欢沐浴，浴室的装饰奢华美观，是休闲的好地方。罗马人最大的娱乐场所是角斗场，那里角斗士们上演一出又一出惊心动魄的生死较量。最为世人熟悉的斗兽场是罗马市区的斗兽场。智慧、强健和勇敢是罗马人所崇拜的品格，市民、贵族、执政官可以见面交流，公民也常常向执政官反映他们的意见。

罗马对征服的国家和民族的宗教采取宽容的态度，所以他们把其他国家的神灵也作为罗马的神灵供奉，形成了多神教的社会。3世纪，罗马政治再次混乱，4世纪末基督教被定为罗马国教。国家混乱之际，帝位更迭频繁，自己称帝的皇帝也有很多。据说，50年间就出现过70多位皇帝。罗马留给后世的代表性雕塑作品中，罗马执政官、皇帝的英雄形象是一个重要类别。如图2-1-5，创作于公元170年的马可·奥利略皇帝骑马青铜像是罗马帝国22座皇帝骑马像中唯一保存下来的一座。

图2-1-2　波塞冬神庙

图2-1-4　母狼雕像

图2-1-5　奥利略骑马像

图2-1-3　维纳斯

第二节 从中世纪到文艺复兴

中世纪一般是指从公元5世纪到公元15世纪约1000年的时间段，地域及内容上主要是欧洲本土，辅以君士坦丁堡为中心的拜占庭帝国的部分。拜占庭帝国的前期和西欧社会的艺术文化，共同展示一个变化中的欧洲宗教社会。之后文艺复兴的舞台主要在以意大利为中心的欧洲，它从艺术样式到精神都追溯的是古希腊古罗马，从人类文明的角度看，文艺复兴在各领域都有了突破性发展。

一、拜占庭帝国

拜占庭帝国从4世纪到15世纪延续了1000多年，是人类历史上时间最长的大帝国。其领地是今天土耳其境内的伊斯坦布尔为中心的区域，连接了亚洲和欧洲，为世界留下了丰富华美的文化。

罗马帝国疆域广阔，控制着从现在的英国到土耳其的广大地域。由于常被异族侵扰，4世纪时罗马皇帝将都城东迁至小城拜占庭，把城市改名君士坦丁堡（今天的伊斯坦布尔）。之后，罗马帝国于395年分裂为东罗马和西罗马。以罗马为中心的西罗马帝国于476年迅速灭亡，而东方的东罗马帝国却延续了1000多年。东罗马帝国于查士丁尼大帝时国力达到鼎盛，索菲亚大教堂（图2–2–1）也大规模修复改建，索菲亚教堂成为拜占庭帝国最大最壮观美丽的建筑。拜占庭帝国的国教是“基督教正教”——因其于11世纪从罗马天主教分裂出来，又叫“东正教”。

6世纪，东罗马帝国征服了意大利、非洲、地中海的西侧，统治疆域在帝国历史上达到最大，意大利的拉文纳在被收归拜占庭帝国后，皇帝查士丁尼（Justinianus）亲自主持修建了圣维塔尔教堂。教堂两面相对的墙上各有一幅马赛克镶嵌画，分别是《查士丁尼大帝和随从》、《狄奥多拉皇后和随从》。拜占庭美术以马赛克镶嵌画闻名，这两幅画是最具有代表性的。

1453年，在奥斯曼帝国的攻击下，持续了千年的拜占庭帝国灭亡。拜占庭样式的艺术风格在建筑及建筑装饰方面独树一帜，有些观点认为它代表了中世纪初期的风格。

二、西欧的基督教社会

欧洲本土和君士坦丁堡为中心的拜占庭帝国在到1453年为止的约1000年间，形成了相互独立而又互相影响的文化体系。4世纪末，罗马帝国把基督教定为国教之后，出现了一个神主导的世界。在罗马教皇为最高领导者的基督教会中，人们在精神上有了可依赖的上帝。公元800年，教皇利奥三世为查理大帝加冕的事件，标志着教皇和世俗的皇帝在某种程度上结成了同盟。但后来在权力争夺中产生矛盾，最终1122年，神圣罗马帝国皇帝与罗马教皇正式签订契约，放弃任命神职人员，教皇成了欧洲最高权力者，历史学家称这一时期为“神权政治”。这样的背景下才有了宗教情绪高涨下的“十字军东征”。

神权政治之下的工艺美术以为神服务为宗旨，从教堂建筑到内部的器物都有基督教的文化特征。建筑经过初期拜占庭样式，中期代表性的是罗马样式，后期则形成了哥特式风格。以罗马样式著称的是意大利比萨教堂建筑群，主教堂为拉丁十字形，拱券和墙壁用红、灰色大理石砌成。玛利亚·拉赫修道院圣堂也是中期的代表性建筑（图2–2–2）。哥特式在巴黎圣母院、法国夏特儿大圣堂北廊的大花窗和五连窗彩绘玻璃和兰斯大教堂的《受孕告知》《圣母访问塑像》这些艺术作品中体现得较为明显。

三、文艺复兴

十字军东征失败后，罗马教会的权力衰退，意大利以此为契机繁荣起来。意大利人对古希腊罗马文化有着强烈憧憬，期待着古代希腊罗马文化再生。“文艺复兴”的时代就这样开始了。15世纪的意大利提出古典文化复兴，对中世纪带有否定态度。这次的文化运动在继承和模仿希腊、罗马文化的口号下，重视对现实世界价值观的发掘，强调人性、理想性、尊严、文化和学问。

艺术与一般的传统手工造物艺术保持了一定的距离，艺术家的社会地位渐渐稳固。文艺复兴时期大师频出，佛罗伦萨的著名建筑设计师布鲁内莱斯基（Filippo Brunelleschi）在对哥特式建筑熟练掌握的基础上研究穹顶、拱券技术，完成了圣母百花大教堂的圆顶盖设计，与哥特式建筑真正拉开了距离。（图2–2–3）在15世纪中期的威尼斯，富商在政治上取得极大权力，1444年建造的美第奇家族的寓所，其粗石基座的3层楼样式、安定有序的风格，成为文艺复兴时期的理想样式。米开朗基罗于1546年开始的圣彼得大教堂的新改建工程，拥有完美塑造紧张感、力量感的圆形盖顶。米开朗基罗在西斯廷礼拜堂的天顶

图2-2-1　索菲亚大教堂天顶

图2-2-2　罗马式教堂玛利亚·拉赫修道院

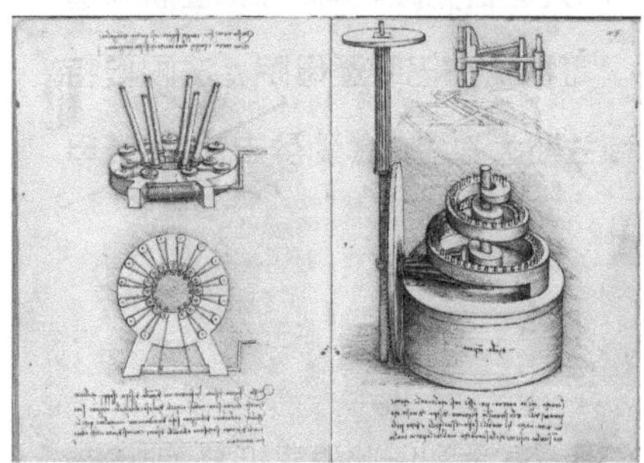
图2-2-4　达·芬奇手稿

图2-2-3　圣母百花大教堂圆顶设计

上留下了传世的绘画作品，另外他的雕塑作品《昼》、《夜》、《晨》、《昏》等也是传世之作。

文艺复兴时期最著名的画家、科学家莱昂纳多·达·芬奇（Leonardo Da Vinci，1452—1519）给后人留下了众多传世名画，如《蒙娜丽莎》、《最后的晚餐》等，他还完成了其他科学领域的研究成果，如解剖学、机械学、物理学等。在他的手稿里面，还有很多未完成的机械、建筑、武器的设计草图。（图2-2-4）

第三节 从巴洛克、洛可可到新古典主义

文艺复兴后，法国站在历史的聚光灯下，从建筑、服饰到沙龙演绎了新的国家形象。巴洛克和洛可可样式在路易王朝中孕育发展，民众的文化启蒙运动壮大，随之而来的是革命和时代的变迁，以新兴法国为中心的古典复归风尚在欧洲再次来潮。

一、奔放的巴洛克风格

巴洛克的词源是葡萄牙语"不规则的珍珠"。巴洛克样式也常常被称为17世纪样式，与17世纪中的荷兰写实性朴实的艺术样式不同，巴洛克是源于法国宫廷的一种奢华的艺术形式。

17—18世纪，这一时期欧洲各国权力都向国王集中。法国路易十四时期，法国国王是欧洲的焦点，他掌控绝对权力，法国成为世界级大国。路易十四决意再建王宫。以前王宫是巴黎的罗浮宫。路易十四修建了新的王宫凡尔赛宫，这是一座豪华至极的宫殿。当时的镜子非常昂贵，但宫殿中特别修建了"镜厅"，以象征权力的尊贵。镜厅长约70米，宽10米，高13米。二楼和三楼连成长廊，庭园一侧安装了玻璃的门，对面墙壁上安放镜面，精细地铺设了木地板。半圆形的天花板上是著名画师和弟子们花了四年时间绘制的30幅壁画，主题是着古代装的路易十四。褐色的大理石柱的柱脚和柱顶均饰以镀金的铜饰，8个壁龛中陈放的是塑像。几何形庭园的设计理性地利用了视觉光学理论、远近透视法等原理，古典主义风格和路易十四时期壮丽豪华风格于中尽显(图2-3-1)。

图2-3-1　凡尔赛宫镜厅

豪华的凡尔赛宫内，古典主义风格浓郁，但整体艺术风格仍不出巴洛克框架之藩篱。凡尔赛宫可供贵族、官僚3000人居住。在这里，路易十四把自己的所有行动仪式化，日常起居中的细致工作都由被选出来的贵族完成，被选贵族也以此为荣。国王在这基数巨大的人群中挑选出衣着最华丽的人一起散步。为此，贵族们掀起时尚风潮，迅速席卷整个法国，并影响到整个欧洲。在凡尔赛宫，从建筑到服饰，法国宫廷的设计造物样式成为巴洛克艺术风格的最完整的代表。

17世纪到18世纪路易十四执政期间，艺术为王权服务，法国渐渐成为欧洲的政治与文化中心。宫殿虽然采取了简洁、庄严、肃穆、秩序严谨的古代风格，但是在雕刻家、工艺家们的共同努力之下，装饰的极致性无不诉说着17世纪巴洛克的风尚。

二、极致装饰的洛可可风格

1715年太阳王路易十四去世后，路易十五继位，他有与路易十四不同的艺术嗜好，其风格轻妙洒脱、自由奔放、亲切中有宫廷日常感，生活化的装饰成型。这种风格的形成与宫廷中的贵族女性积极参与到时尚的倡导中也有关系。他这一时期的装饰艺术在历史上风格被称为洛可可样式，词源是贝壳的装饰物。

图2-3-2　洛可可风格的瓷器

巴洛克式风格强调外形的张力，洛可可风格更注重内部的精细装饰，房屋更注重居室的小规模，各个房间的装饰由画家和雕刻家共同完成，流行白色、粉色基调中用金色盖住房屋的轮廓线，描写幸福爱情的绘画、工艺制品令人感到温馨惬意（图2-3-2）。

图2-3-3　女裙（1760年左右　英国制造　现藏于伦敦维多利亚和阿尔伯特博物馆）

洛可可风格在欧洲传播快速而广泛。英国、意大利、德国、俄罗斯等国家从宫廷皇室贵族流行开始，渐渐向普通社会富有阶层传递。图2-3-3中英国制造的洛可可风格的女装就是代表性的作品，这是一件横向很宽的独特样式，裙子里面衬有衬裙。这条黄色的裙子是鼎盛时期之后的1760年代的服装，裙子已经有些收敛，但仍然给人强烈的印象。伴随着行走的节奏，在前裙摆上的银色装饰轻轻摆动，让人联想起18世纪五六十年代流行的蔓草纹样，装饰物带来的动感是这件衣服的特色。花边和半袖陪衬裙型，胸口佩轻快的装饰，曲线带来的节奏感很生动。所有的装饰都围绕当时的流行“轻快的节奏、动感”展开。在这条裙子背面，柔缓的法国式行头给人特有的高雅感觉。

图2-3-4　陶瓷

图2-3-5　奥赛美术馆

三、新古典主义庄严的回归

法国在18—19世纪王朝宪政更替时的喧嚣令人眼花缭乱。迎来大革命之前，洛可可式的繁杂装饰风格在路易十六时期渐渐产生变化，开始向着复古和简化方向发展。后经过拿破仑一世的第一帝政期、1848—1852年的第二共和国时期，法国美术划分为新古典主义、浪漫主义、写实主义三阶段。

思想启蒙运动后，平等自由思想的传播带来了普通朴素感的升温，洛可可风格装饰过度后开始走向自然的返璞归真。另外，18世纪前半叶对庞贝古城发掘后，发掘出来的物件以版画插绘形式出版，向世人广泛介绍。这样，欧洲展开了对理想艺术形态探讨的运动，他们赞扬希腊的理想化艺术。此时的欧洲对古代艺术的追忆之中饱含着对洛可可艺术中享乐主义的批判和反省，而对古代罗马的共和制抱有好感，因此这种对古典艺术样式的借鉴成了与法国革命相对应的艺术形式。对希腊、罗马样式的形式模仿成为主流。新古典主义风格在陶瓷（图2-3-4）、雕塑、建筑（图2-3-5）、绘画方面都有代表性的作品。

公民文化抬头，促使社会将王宫贵族的建筑改造成博物馆，这很具有代表意义。罗浮宫就是这样的代表作品，它始建于13世纪，历经数百年扩建，到18世纪又改建为博物馆，它在功能上赋予了新时代的新的意义，成为世界艺术的象征性博物馆。

第四节 中国古代的设计

在亚洲以中国为中心的文化呈现出与西方完全不同的景观。中国的历史是一个朝代不断更替，社会逐步进步的发展过程。本节以整个文化的形成、发展和变迁为脉络，选取几个阶段阐述。在设计造物案例选取上，弱化技术发展线索，重在分析代表社会生活文化的案例。

秦国统一六国，建立秦朝，开创了大一统的政治局面，但直到汉朝才形成了民族国家认同感。发展到盛唐，才在皇宫贵族、文人、市民中成长并达到一个文化艺术的历史高峰。艺术文化繁荣、国际文化交流频繁的长安成为世界文化中心之一。元朝文化融合，国际交流的特殊性使它在人类历史上有特殊地位，元朝的民族文化融合与欧亚国际商贸的大发展创造了最早的国际化的工艺美术的交流发展奇迹。明朝取代元朝之后，其文化展开也独具特色。

一、秦汉的统一与艺术造物

周朝时期，我国古代社会文化积累迅速，出现了制铁技术，农耕时使用牛和铁器，农业迅速发展。公元前4世纪，七个强大的诸侯国不断争战。公元前3世纪，秦国国君奉行法家思想，从严治军治国，国力强盛。秦王嬴政于公元前221年实现统一六国，自称“始皇帝”。

秦始皇统一六国后，为了抵御外敌而修筑万里长城。他还为自己兴建了陵墓，在震惊世界的秦始皇兵马俑遗址中出土了大约8000多个被埋塑像，主要是士兵和战马，可见他在生前的权力和辉煌。

在对秦始皇兵马俑坑中出土的兵器进行研究时，专家发现秦俑所用弩机、箭簇、矛、戈、戟、殳等均具有统一的规格制式。研究者曾测量了100个青铜三棱箭镞，发现其镞首（即箭头）底边宽误差仅0.83mm。秦军武器尺寸相差极小，金属成分也非常一致，还有零部件可以互换，有助于提升秦国军队战斗力。此后秦始皇还统一了度量衡，“车同轨，书同文”，这种原始的标准化思想增强了国家的统治力度，有助于文化的交流。

秦虽然短暂统一了中国，但我国政治、文化奠基可以认为是在汉朝发生的。汉朝从公元前3世纪末至公元3世纪初的400年统治中，形成了相对固定的国家形式，“中华”这一包含了各民族的大国的概念确立起来，对周边国家和后来的朝代都产生了巨大的影响。汉朝封王很多，王的丧葬基本与皇帝无

图2-4-1　汉代瓦当

异，有名的“金缕玉衣”就是代表性的物品。汉朝的瓦当风格温厚，制作精良，体现了围绕生活实用的制作水平和风尚（图2-4-1）。

二、唐宋盛世文化

中华文明到唐朝迎来了历史上的一次辉煌。从唐朝的都城长安，到北宋的都城开封，中国的国际文化大国地位得到承认，那时每年元旦有“朝贺”，外国来的使节都来参加，非常隆重。在唐朝第三代皇帝唐高宗的墓——乾陵朱雀门外神道两侧，屹立着来自唐王朝治下各少数民族与邻国使节、官员的雕塑群像。各国人的服饰、发型惟妙惟肖，异国风情表现得活脱生动。唐代聚集了众多的资源，佛教的作用日益明显，长安在文化艺术及国际交流中成为国际化中心都市，边塞文化也在敦煌围绕着艺术与宗教发展着。8世纪上半叶，唐朝的文化盛极一时，都城长安形成一个巨大的都市，它东西长10公里，南北宽9公里。唐朝的唐三彩、壁画、造佛艺术皆闻名于世，图2-4-2的洛阳龙门石窟佛像开凿于北魏至北宋，体现了唐宋时期的造型风格。

三、元代、明代的国家与艺术风格转换

成吉思汗率领狂奔在草原上无敌的骑兵，缔造了横贯亚欧、人类历史上疆域最大的蒙古国，由此开启了12世纪后半到14世纪后半欧亚文化的国际交流之路。元朝支配了欧亚大陆大半的国际交流和商贸发展。这对明代的政治、经济、文化产生了重要影响。

成吉思汗的孙子忽必烈的时代，整个中国被蒙古族支配。忽必烈采用中国形式的王朝开国方式，定国号为“元”。在今天的北京建都，建筑基本按汉族宫殿的形式，是都城中的都城样式。但在，当时宫殿的旁边安放了移动式住居“蒙古包”，维持着游牧民族的生活习惯。元朝的蒙古族在艺术造物上，吸收学习汉族技艺，使设计较以往大胆粗放。

在元朝，汉族的民间审美取向的艺术风格得到发展，比如元朝的青花瓷器就是最为典型的案例。在元朝和中东地区的商贸交往中大量青花瓷器流向海外。土耳其的托普卡比·萨雷博物馆与就藏有1300件优质中国青花瓷，也因此成为世界最大最完整的青花瓷收藏博物馆，这些青花瓷多为14世纪之后元明时期所制。必须提的一点是，青花瓷作为中国瓷器的一种固定风格闻名于世，甚至为现代中国民众所熟知，也是发轫于国外学者对该博物馆青花瓷的研究和推广。

1368年，朱元璋率军推翻元朝的统治，建立了明朝。永乐年间，明成祖为抵御北方蒙古人入侵而修筑的万里长城叫“明长城”，他还在北京修建了紫禁城，把都城迁到北京。明朝禁止民间人士直接到国外，也禁止外国人擅自到中国。但是，被中国的丝绸、陶瓷所吸引而来的外国人很多，民间国际贸易在秘密进行。南方沿海也有‘倭寇’的掠夺和贸易。这样的边境问题是当时困扰明朝统治者的重要问题。16世纪，在欧洲的大航海时代背景下，更多的外国人来到东方。明朝的艺术风格是一个去繁就简、不断提炼的过程，在家具上尤其明显。明家具的样式在20世纪被北欧设计师模仿，通过技术上的创新，成为世界知名经典样式（图2-4-3）。

四、满汉融合的清朝

16世纪初，女真族在中国东北部建立了金朝，后又将国号改为大清，并向南边扩展势力。1644年，清朝把都城迁到了现在的北京，取代明朝，开始统治中国，女真族后来改称满族。清朝是世界上屈指可数的大国之一，都城聚集了全国各地的商人，物品流通繁荣，人民生活安定。人口也从开始的一亿增长到乾隆统治时期的三亿。但是，18世纪后半叶英国工业革命后，英国要求开展国际贸易，被清朝拒绝，清朝和英国爆发了战争，战败后的清朝渐渐衰败下来。

清朝刻意推行满汉的民族融合是以文化拼合为特色的，比如，他们同时使用汉文和满文；在官吏任用上，满族和汉族官吏同等；世界上最豪华的宴席可以说是满汉全席，这也是满族和汉族文化合体后形成的宫廷菜肴。清朝的工艺美术的造型特征是汉族文化和满族文化叠加，在建筑、工艺品、器物上完成极致精湛繁杂的装饰纹样和色彩成了清朝工匠的课题，这与明朝的简洁之风形成强烈的反差。清朝的服饰上至皇帝下至百姓都是满汉融合样式。（图2-4-4）

探索与思考

- 从柱式的发展来看，古希腊和古罗马文明有哪些关联性，又有哪些各自的艺术特色？
- 任选一种古代的造型风格，谈一谈它们在今天的设计中还有什么样的价值。

图2-4-2　龙门石窟佛像

图2-4-4　清龙袍

图2-4-3　明家具

第三章

工业伊始与工艺美术运动

With a degree of ease, accuracy, and speed, that no accumulated experience of the hand of the most skilled workman could give.
——Karl Marx, Capital, Volume I, Chapter 15.

马克思在《资本论》中对机器有
详尽的描述——机器的“容易程度、
精度和速度是任何最熟练工人的
富有经验的手都无法做到的”。
工业革命使得社会生活发生了巨大的变化。
在对未来充满美好憧憬的同时，
人们也开始注意到工业革命带来的
社会矛盾和新的社会问题，
如章首图所示，就是童工在工厂里工作的场景。
崇尚实用主义的美国和更加保守的
英国在面对这种情况时有截然不同的表现。
今天看来，当时面对未来探讨
合理的造物形式的动向中，
英国政府的活动和艺术家、
思想家们的活动尤其引人深思。

第一节 工业社会初期的矛盾与变革

工业革命引发了欧洲各国展开城市化进程，社会贫富差距、环境问题、造物设计美丑等问题不断被提出。约翰·拉斯金（John Ruskin，1819—1900）的反对机械的思想成为中产阶级和知识群体共同关心的话题。欧洲各国政府在推动工业革命的过程中，虽然没有清晰的思路，但在设计制造教育方面却做了强化。

一、变革带来的社会问题和设计的发展

19世纪，工业文明在西方已经发展蓬勃，欧洲从农业、手工业转变为以工业、机械制造业为主的社会生产模式。工业发展及其他产业的发展需要大量的劳动力，产业主创造大量的就业机会，人口大量涌向城市。由于人口的聚居，城市不断扩大，城市生活空前发展，城市人口自身的生活也带来巨大的商业市场。机械与产业给人们生活带来巨变，现代城市文化在悄然形成。

1750—1830年间，英国最早开始了工业革命的进程，工业革命给英国社会、文化带来巨大的变化。生产和交通中使用了动力驱动，生产、流通和消费都迅速扩大，另一方面家庭作坊迅速衰退，劳动力纷纷转向工厂，手工艺生产向机械生产转变成为趋势。这样中产阶级和工厂劳动者阶层出现，所带来的贫富分化问题、环境污染问题渐渐被人文知识阶层所关注。

社会普通民众对新的生产及生活方式表现出不安恐惧和支持两大状态。一方面，积极参与到工业革命中的一般市民及倡导科学技术发展的人士以积极的态度畅想着未来的生活。早在18世纪，为建造理想的建筑而将想象中的建筑物绘制在纸上，这与今天的设计行为很近似。另一方面，未能投入到机械生产环节的普通人对未来生活感到不安，中产阶级、艺术文化人群对尚未成熟的机械制造品的丑陋耿耿于怀，担心大量涌入生活后对人们审美产生负面影响。

机械带给人类社会的变化很多，设计造物的话题就从它带来的造物分段化讲起。我们知道传统手工造物的设计师和制作者都是相同的人，这些制作者们在手工作坊中跟随师傅学习技艺，在实践中学习、成长为手工艺人。机械生产还未分工细致的时期，一个工艺家工程师要承担从设计制作到贩卖全过程，但是机械生产量化之后，行业的分工协作成了趋势。这样，生产、工作在工厂，学习技术在学校。造物中做方案的人与生产者的工作被分开，各自利用

掌握的知识技能独立工作。一些人质疑这种状态下不全面的制造者和不完备的机械生产是否能产生美的造物。

魏德伍德（Josiah Wedgwood，1730—1795）出身于英国一个陶匠家庭，他创建了Wedgwood公司，把以家庭手工生产为基础的传统制陶业转变成大规模的工厂生产。为了扩大生产规模，他在工厂中使用了机械化的设备，并实行了劳动分工，他第一次把设计师变成一种职业，到1775年魏德伍德公司已有7名专职设计师。此外，他还委托不少著名的艺术家进行产品设计，以使产品能具有当时流行的艺术趣味，从而提高产品的身价。（图3–1–1）

二、美国制造体系和标准化

英国遇到的问题在其他国家也同样存在，工业革命既是挑战，又带来了新的机遇。法国将军格里博瓦尔（Jean–Baptiste Vaquette de Gribeauval）是将武器制造定制标准的先驱，首先在加农炮的制造上采用了标准化方法。法国人布兰克（Le Blanc）用类似的方法生产滑膛枪。美国第三任总统杰斐逊曾在一封信中写道:“这里在滑膛枪生产中作了改进。……所生产的每支枪的零件是完全相同的，使不同枪支的零件可以互换。这种方式的优点在军械需要修理时是非常显著的。”

18世纪末，美国同时面临多场战争，急需大量枪支。轧棉机的发明人惠特尼（Eli Whitney，1765—1825）提出了两年内提供1万支火枪的计划。当时美国的枪械制造还是传统模式，工匠在自己的作坊中从削木头开始一步步制作火枪，一天下来两个工匠产量顶多也就是三四支枪。惠特尼借鉴了法国人的经验，选定了一支质量上佳的火枪为模板，确定了生产设备的规格，每个工人专门负责一道工序，这大大提升了生产能力。受惠特尼的影响，标准化技术由军事体系转移到民用领域，一批符合工业化制造方式的新产品诞生了，比如柯尔特（Colt）手枪（图3–1–2）、麦考密克（McCormick）联合收割机和胜家（Singer）缝纫机等，这被称为美国制造体系（American system of manufacturing）。

美国制造体系在19世纪得到快速发展，主要有两个显著特点，即：广泛使用的可更换部件和机械化生产，因为最早用于军事生产，也被称为兵工厂实践（Armory practice）。与当时英国和欧洲大陆的公司相比，美国最早成功地实现了将工业化生产与企业的紧密联系。在此后的几十年内，制造技术进一步发展，美国制造体系的思想在世界范围内得到推广。

图3-1-1　魏德伍德公司生产的一种乳白色日用陶器，被英国皇室选用，这两件瓷器现藏于伦敦维多利亚和阿尔伯特博物馆。

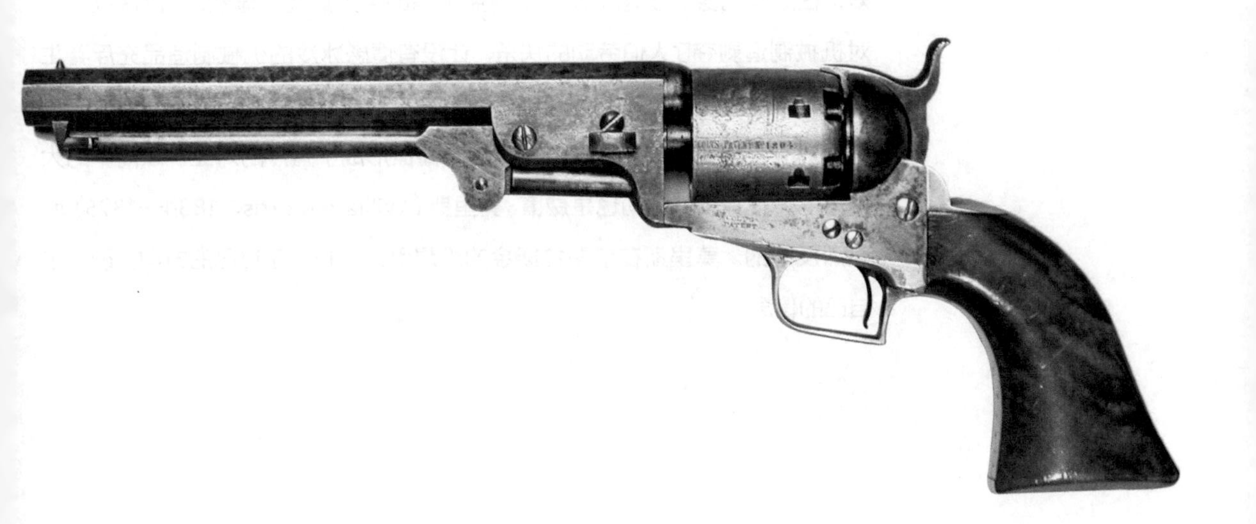

图3-1-2　柯尔特海军牌手枪曾在1851年水晶宫博览会上展出

三、拉斯金的思想

当美国高举实用主义大旗在设计实践中渐行渐远的时候，英国还在探讨设计的改革和推进之路，以约翰·拉斯金（John Raskin，1819—1900）为代表的知识群体从思想指引上提出他们的见解。拉斯金是一位研究中世纪文化艺术的学者，是19世纪英国维多利亚时代代表性的社会评论家、美术评论家。拉斯金对中世纪的积极内容关注较多，他赞美中世纪哥特美术的著作有《威尼斯之石》（*The Stones of Venice*）、《建筑的七盏明灯》（*The Seven Lamps of Architecture*）等。他的美术思想概括而言是再现自然，这一思想的根源是基于自然是神创造的宗教思想。拉斯金对机械化大生产抱有不安的态度，他承认工业和美术站到了一起，但是他认为机械生产的物品外形丑陋；他主张艺术为大众服务，这具有人道主义思想；他还提出艺术的实用性，提倡取消艺术和工艺之间的区别，希望艺术研究者、艺术家与手工艺人能够协同工作；他赞扬中世纪造物精神，他致力于研究中世纪哥特式建筑和中世纪的思想。

拉斯金的思想对后来英国发起的工艺美术运动产生了直接影响，其著作《威尼斯之石》设有的《哥特式的本质》一章，论述了中世纪艺术家和工匠处于未分化的一体状态，所以创造和劳动处于同一水平，未分贵贱；他认为中世纪是人们在手工劳动中感知着快乐的理想时代。他能从中体悟到精良并且务实的手工制造物品的可贵之处，然后在物品的使用和维护中倾注着爱。他认为中世纪的艺术在宗教至上的环境中孕育的虔诚专注的心，充满着敬畏和爱，在这样的身心状态下制作出精益求精的手工造物。显然，约翰·拉斯金对机械制造剥夺了人们劳动的快乐、让没有情感冰冷的机械制造品充斥着生活的空间的现实报以批判的态度。这些想法无疑与现实社会的工业化机械化理想对立，与工业革命后对机械文明的憧憬形成了强烈的对立。以简单的大批量生产代替手工劳动也是威廉·莫里斯（William Morris，1834—1896）所强烈反对的。莫里斯在前辈拉斯金的思想引领下找到了自己的方向，确立了自己的信念。

第二节 水晶宫博览会

在对未来不安但又充满期待的情绪中，真正意义的设计的产生成为社会发展的迫切要求。19世纪，英国政府方面作为尝试开设了工艺设计学校，1851年英国伦敦万国博览会是政府做出的与推进艺术设计相关的又一重要举措，在这之后，英国展会博物馆文化开始了新的热潮。

一、水晶宫博览会概况

成了工业革命中心的英国在生产规模迅速发展、城市文化发达、国力强盛的情况下，具有了国际性强国的地位和巨大的号召力。为了向世界展示炫耀他们产业革命的成果，也为了与工业发达国家形成交流，让新技术受到更为广泛的关注，促进工业的发展，推动科学技术进步，英国举办了世界性的博览会。当然，政府还希望通过展会，把世界各国收集来的物品和好的设计展示出来，给英国国民和制造业者们上一堂课，培养人们好的审美品位。展会得到英国女王维多利亚支持，由女王的丈夫阿尔伯特公爵主持参与策划。

确定展会的会场后，1850年开始进行展馆建设。首要的问题是展馆的设计方案。由于没有满意方案，政府向社会公开招标。最后温室设计师约翰·帕克斯顿（Joseph Paxton, 1803—1865）的设计方案被选中。建筑以钢铁为构架，玻璃为壁体墙面，玻璃和钢铁材料为设计增添了强烈的时代气息。这样规格化了的设计，建筑时间短，组合以后马上可以使用，还可拆除重构，搬迁容易，突破了传统建筑的凝重感，让人感到轻松、乐观、时尚。设计方案施工从1850年8月开始，到1851年5月开展为止，建筑备展时间仅仅9个月。建成后的场馆中央有一个半圆形拱顶，其余部分都为方形结构，长宽高分别达到563米、408米和19米。

落成后的场馆剔透秀美，玻璃的外墙在阳光的照射下，水晶宫如水晶一样闪闪发光（图3–2–1）。这和传统样式相异，女王也在展会期间不时地出现在现场，女王也称赞这是她出席过的最庄严、最壮观的场所。人们蜂拥而来，涌向水晶宫，来目睹和见证盛会，欣赏水晶展馆，到展厅内观赏来自各国的展品。到水晶宫观展成了1851年的英国人必做的优雅而重要的事情，来自世界各国的宾客也络绎不绝。中国政府没有派出正式的团队参加，但是有私人代表团参观了展会。展会从1851年5月1日至10月，141天展期间共接待了604万人次来访。

图3-2-1　水晶宫外景

图3-2-2　水晶宫内部

二、展馆与展示品

场馆内部（图3-2-2）布展设计师是欧文·琼斯（Owen Jones，1809—1874），展区分为5部分，分别是原材料、机械、工业制品、美术品和其他。用我们今天对世博会的眼光来看，展会没有主题，各展区、展品缺少联系性。展馆中有一个特设的中世纪场馆，摆放着受到重视的物品，据说是一个当时备受欢迎的场馆。展馆中还设有机器展馆，据说展品中有以古埃及样式和中世纪样式制造的各式发动机。在19世纪发明创造出的东西，却用过去的样式来设计装饰，这是非常值得人思考的。在当时来说，设计行为就是以过去的历史样式为基础的形体制造，或者以历史上的装饰风格来修饰细节。展品中有文艺复兴时代样式的床，但是它是用新兴材料的铁做成的，这种以新材料和过去样式相结合的物品展现了一个过去与当下混搭的风格，这是19世纪中叶欧洲设计的典型风格。上一节提到的魏德伍德瓷器、柯尔特手枪、麦考密克联合收割机也都参加了这次展会。

当然在展品中有充分体现了工学和科学进步的作品，比如有可以旋转360度的椅子，大大丰富了人的体验。还有能够折叠的床铺，能够折起的部分与今天医院的帮助病人起身的病床极为相似（图3-2-3）。

图3-2-3　回转的椅子和折叠床

三、水晶宫博览会的影响

1851年的世界万国博览会，在当时来看是取得了巨大的成功。维多利亚女王的丈夫阿尔伯特公爵激动地说："这是艺术和产业的联姻。……和一天只能生产一件物品的时代告别，一天生产数百个的机械世界体现了英国国民的伟大的智慧。”大会的一部分展品在第二年集中到英国装饰博物馆进行展出。1857年，政府用博览会的收益购买了土地，建造了新的博物馆继续进行展出。这就是现在世界知名的维多利亚和阿尔伯特博物馆（V&A Museum)。这样在阿尔伯特公爵的支持下，设计教育成为国家重要的事务，学校围绕着设计还进行了教学改革，另外展览会的举办和博物馆兴建等工作的推进更是将设计教育推到了全民化、社会化的层面。

但是，水晶宫展会的一片赞美声中也有受不了展览品的“丑陋”，在展厅门口垂头丧气坐着的少年，他就是后来的工艺美术运动的重要人物威廉·莫里斯。万博会展出品中有机械制造的产品，但由于当时机械制造水平有限，产品粗糙的不在少数，还附加有繁杂粗陋的装饰。这与当时中产阶级日常接触的精美细致的手工制品形成极大的反差。另外，这一时期的机械造物的特点是大量使用钢铁等新材料，但是依旧是过去的手工制造时期的设计式样，与新材料新产品特质相匹配的式样还没有出现。

参观者中一些具有艺术修养的文化人士首先对机械制造品提出批评，对未来充满这样粗陋制品的生活提出质疑。之后，他们还展开了多方探索，提倡手工创造与制作，让具有设计美感、制作精良的物品与生活相结合。被认为是现代艺术设计萌芽运动的工艺美术运动从英国出发，之后传遍整个欧洲。英国的万博会客观上刺激了工业生产的发展，同时也触发了有识之士对于美的造物的反思，从这个意义上讲这次展览成为与现代设计史的萌芽紧密相连的事件。

第三节 工艺美术运动

19世纪后中后期，以威廉·莫里斯为首的欧洲艺术家、手工业者、社会活动家等人群在欧洲进行的社会文化思考和艺术设计探索实践运动，称为工艺美术运动。莫里斯的思想、设计活动及社会活动影响深远。

一、威廉·莫里斯的红屋活动及其意义

威廉·莫里斯在现代设计历史上占有重要地位。他出身于英国富裕的中产阶级家庭，后世认为他既是画家、建筑师、设计师，也是艺术家、作家、诗人、社会活动家。

图3-3-1　红屋外景

图3-3-2　红屋客厅的壁炉

莫里斯从牛津大学毕业以后，与少年时期志同道合的伙伴班·琼斯（Edward Coley Burne-Jone）结伴到法国考察哥特式建筑。为了从事设计工作，莫里斯到一个建筑师的事务所学习建筑，并认识了画家但丁·罗塞蒂（Dante Gabriel Rossetti），在罗塞蒂建议之下，莫里斯学习绘画。通过艺术创作和实践，他探索的途径更为宽广和深远，坚定了他探索新时代的理想主义社会生活的方向。

莫里斯的设计实践活动的处女作是红屋（Red House）的设计建造。这栋房子是作为莫里斯和妻子珍妮的婚房而建的，于1861年开始动工，没有繁杂的外装，墙面直接裸露红砖，外部造型上参考中世纪样式，局部尖顶形成强烈的哥特风格。建筑构想由莫里斯完成，但具体设计由朋友菲利普·韦伯（Philip Webb）完成。由于红砖的颜色醒目而有特色，人们习惯称它为“红屋”（图3-3-1，图3-3-2）莫里斯还从事壁纸、织染纹样设计（图3-3-3）。他的设计图案多以植物的枝蔓、花卉和鸟类等自然界的动植物为元素，造型稳健中透露秀美、线条流畅、层次丰富，饱含着对生活和劳动的温厚的真情。东方的线条之美与西方的造型的饱满、色彩的丰富而统一在它的设计作品中得到了充分的融合。红屋内外充分显现了朴实、温馨、舒适感，这也成为他们从事艺术设计实践活动的据点。

图3-3-3　莫里斯图案设计

在红屋中哥特轮廓式样和精细的手工织造、绘画处处与传统对话，传统精细的手工制作传达出平静的温情，室内室外色调样式高度协调。红屋是现

图3-3-4　莫里斯及商社的同伴及家属们

代设计史上的重要设计作品。英国建筑史研究领域也曾一度毋庸置疑地认为，红房的建筑是划时代的崭新的尝试。

在红屋，莫里斯和6个朋友于1861年组建了莫里斯·马修·福克纳商社（Morris, Marshall, Faulkner and Company，简称MMF）。MMF商社的成立宣言，可看作是莫里斯经过红屋建造装置经验后，摸索出的设计行动纲要。商社的成立宣言描述了商社成员的能力和可承接的工作；申明对市面上造物的不满，表明商社是“经营优良的设计产品和装饰”的公司，并特别告知大家他们的手工制造精美优良，比社会上同等质量的物品便宜（图3-3-4）。

MMF商社试图围绕人的生活，设计制作建筑、家具、器皿、纺织物、装饰物，倡导艺术的协调美，反对当时流行的维多利亚式繁杂装饰的“丑陋、病态”。他们提倡以手工艺创造的方式对抗大机器生产。MMF活动是“工艺美术运动”的萌芽期的温和表现，红屋是MMF活动酝酿和重要实践地。围绕红屋他们创作出了19世纪版的哥特式风格、自然简洁风格，奠定了1875年后工艺美术运动的主要行动纲要和模式。

虽然到1867年，商社承接完成了一个博物馆的部分内部设计装修，商社的其他设计也得到了社会的好评，但是精致的艺术家手工设计制作的物品的价钱无法与低廉的机械造物相比。在对物质掀起强烈欲望的19世纪的英国，人们更愿意接受廉价的哪怕是粗糙的东西。这注定了莫里斯的事业面临失败。虽然他具有自由平等的思想，希望为普通大众服务，用美来熏陶民众，但是现实并非如此。早在1865年，莫里斯就痛苦地意识到他的商社手工艺术活动将失败，但对机械生产带来的城市化、环境污染、贫富分化的剧烈、手工快乐和美感的消失这些问题他没有停止思考。为了继续摸索解决之路，莫里斯选择了将后半生的主要精力投入到社会活动和出版业之中。

在莫里斯倡导手工艺复兴的时候，常常同时表达着提倡回到中世纪的理想，同时又期待共产主义社会的实现。他真挚的态度引起了部分人的共鸣。他们大多是通过莫里斯的活动觉悟到自己作为工艺家的社会责任，也逐渐认识到自己的创造活动具有的社会意义，从而更加积极热情地投入到理想的手工为主的工艺美术活动中。

二、工艺美术运动的发展和影响

工艺美术运动是发端于19世纪英国的设计运动，它反对过分装饰浮华的样式与粗陋的制作，尝试改变当时社会非人性化工作状态。它提倡简单的设计样式、真实的材料和效仿自然的图案。莫里斯在红屋活动、MMF社活动之后，在致力于社会活动和出版活动的同时，他的以拉斯金思想为基础的设计思想和社会主张日趋成熟。伦敦的年轻建筑师们受到拉斯金和莫里斯的理念影响，于1884年成立了艺术工作者行会（Art Workers' Guild），打破了建筑师、艺术家、工艺美术家和制作业者之间的隔阂，可以说在伦敦形成了工艺美术运动的联合体。

工艺美术运动的理念主要包括以下几点:

1. 拒绝正统、传统及意大利建筑样式，重提哥特样式。

2. 反对工业化制造和机器的大量生产。

3. 倡导者梦想在社会主义理想社会中努力创造，要让所有人拥有优良品质的生活，让所有人创造艺术并享受艺术。

4. 在对中世纪的怀念情绪中认为中世纪是创造和自由的黄金时代。

5. 艺术家和手工艺者被视为同等地位的人，艺术不再是享有优越地位的活动。

6. 复兴手工业，追求严正的结构，追求真实的材料。

可以看到响应莫里斯倡导的这些人群的活动，并没有超越威廉·莫里斯和约翰·拉斯金所持有的思想和路线。

在工艺美术运动的热浪中，1882年以阿瑟·马克穆多（Arthur H.Mackmurdo，1851—1942）为首设立了自己的行会，1888年几个持有相同理念的行会作了整合，改名为“艺术与手工业展示协会”。协会强调创作的基础是手工

图3–3–5　马克穆多设计作品

图3–3–6　阿什比设计作品

业，或者说强调“美的得体的装饰是建立在手工制作之上的”。展示协会在全面继承莫里斯的思想的同时，也像莫里斯那样广泛地进行演讲活动，另外，协会也进行了大量的书籍编著和出版。一些人还从事了插图、绘本制作等活动。从平面设计角度看，这些领域线描的创新值得关注。

阿瑟·马克穆多在设计制作中，流动感线条的运用非常独树一帜（图3–3–5），充分具有时代的积极伸展的气质和装饰的作用。在他设计的家具、壁纸、纺织品等领域，这样的线条都有充分的表现。他编撰的杂志将印刷物的艺术性提高了一大步。

在1888年在艺术与手工业展示协会成立的同时，手工艺行会学校也开办起来了，创办者查尔斯·阿什比（Charies Robert Ashbee，1863—1942）。阿什比主要在银器制造方面见长，他在设计实践中已经开始注意到工业时代的美感，在他设计制作的物品中显示了手工艺与工业的美的并存（图3–3–6）。阿什比的行会式学校最初设在伦敦东郊，在对工业生产的喧嚣极度厌弃的情况下，1902年他决定将行会迁到农村。他在农村按照理想的中世纪模式将学校建设成集生活、工作、学习一体的社区，学员教师在一起，日常生活力求自给自足，学习和商品制造都在工作房内同时完成。与莫里斯的红屋活动相比，阿什比的活动更为彻底和激进。在不受过多干扰的农村，大家在一起生活工作、学习、交流，其探讨式的合作是具有创造性的（图3–3–7）。但是由于在农村，制品的销售成为困扰，他的中世纪社区行会学校也只好在1908年以失败告终。阿什比在理念上坚持的是工艺美术运动的思想，这也是他行会失败的内在原因。

不论是莫里斯还是阿什比，虽然在人类社会理想方面怀有的良好愿望在审美造型上对时代起到了推进作用，但其反城市、反机械制造的特点却使他们向工业美感靠近的步伐显得缓慢，更为明显的一点是，反机械的思想行为与历史车轮背道而驰。手工的精细制造使得物品的价格无法降低，这就无法实现他们的初衷“社会主义的平等，为大众服务”。而正是他们反对的大机械生产实现了为更多人服务的目标。但是不可否认的是，莫里斯的设计制造的红屋活动、商社活动、社会活动和出版事业在向大众传播审美思想方面起到了重要作用。包括马克穆多、阿什比在内的参与工艺美术运动的所有艺术家在为唤起现代设计审美意识，刺激机械生产行业反省改革，推动社会探讨设计方向起到了积极作用。

图3-3-7 查尔斯·阿什比的行会生活场景

图3-3-8 比亚兹莱为《莎乐美》所作的插图"孔雀裙"

三、唯美主义与德莱赛

唯美主义(Aestheticism，也叫美学运动Aesthetic Movement)是19世纪后半叶与工艺美术运动同时期的一种艺术思潮，它发生在文学、美术、音乐和其他艺术领域，它提倡审美价值超过任何社会政治主题，这一运动在当时得到了社会知名人士如奥斯卡·王尔德等的支持。

比亚兹莱(Aubrey Beardsley，1872—1898)是继王尔德之后唯美主义运动的代表人物。他只活了26岁就因肺结核去世，但他留下了大量插画作品，代表作是他22岁时为王尔德的剧本《莎乐美》所作的插图，体现了很强的线条风格，对当时欧洲的新艺术运动产生重要影响。受到日本绘画的影响，比亚兹莱的作品经常充满了黑暗风格和色情因素，这也让他饱受争议。

唯美主义者经常把生活与艺术截然分开，把艺术理解为远离社会的乌托邦。但是，另一位重要代表人物德莱赛(Christopher Dresser，1834—1904)则把唯美主义和工业化生产联系在一起，也成为工业革命以来真正意义上最早的独立设计师之一。

德莱赛出生于苏格兰的格拉斯哥，13岁时进入伦敦的设计学校学习，但他后来选择了植物学作为自己的专业。1860年德莱赛获得了植物学的博士学位，并先后担任了4所大学的植物学教授。从事科学研究使他对于自然形式与装饰的关系感兴趣，并成了他一系列重要论文的主题，如1857年他在《艺术杂志》上发表的《适于艺术和艺术制造的植物学》。1862年起，德莱赛作为自由开业的设计师在事业上成果辉煌，他的设计领域包括地毯、陶瓷、家具、玻璃、金属制品以及图形、银器、电镀、印刷和纺织等。在同一年，他发表了第一部设计专著《装饰设计的艺术》。

德莱赛的设计也受到日本艺术的影响。1876—1877年，他在日本进行了深入的旅行，收集了大量日本物品。日本设计的简洁、质朴和对细节的关注等特点对德莱赛设计陶瓷和金属制品很有启发。1880年德莱赛投身于一项新的事业——艺术家具同盟，这个同盟的目的“是提供各种艺术性家用装修材料，包括家具、地毯、墙饰、挂饰、陶器、玻璃器皿、银器、五金件以及所有众多的家庭必备用品”。

从德莱赛设计的产品（图3–3–9~图3–3–11）可以看出，虽然工艺美术运动反对机器和工业化，但仍有一些先行者为工业进行设计，他们绘制设计图纸，并由机器进行生产，因而是第一批有意识地扮演工业设计师这一角色的艺术家。德莱赛就是其中杰出的代表。

探索与思考

- 请思考工业革命给社会生活带来哪些变化，1851年英国展品中哪些现象反映出新旧制造方式的不协调？
- 上一章秦始皇推行的标准化和美国制造体系的标准化有什么不同？

图3–3–9　德莱赛1896年设计的餐盘，现藏于美国纽约布鲁克林博物馆，可以看出植物学研究背景对他的设计具有重要影响

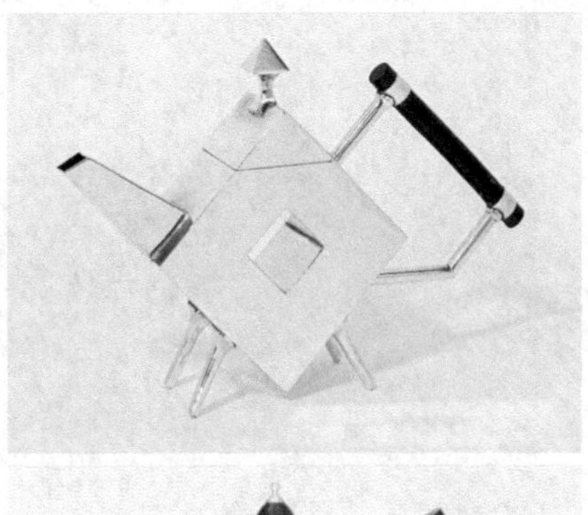

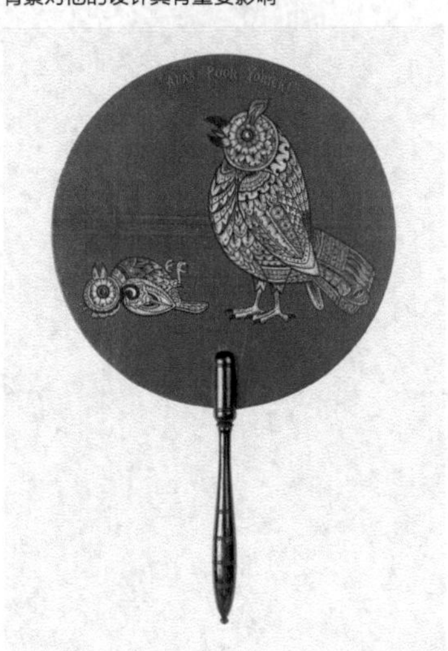

图3–3–10　德莱赛1880年设计的遮脸扇，现藏于维多利亚和阿尔伯特博物馆，带有明显的日本设计风格

图3–3–11　德莱赛1879年前后设计的茶壶，现藏于维多利亚和阿尔伯特博物馆，造型简洁，能够适应工业生产的需要，是早期工业设计的经典作品。

新艺术运动

The straight line belongs to men,
the curved one to God.
——Antoni Gaudi

新艺术运动是发生于19世纪末和
20世纪初新旧交替之际的一种建筑、
美术及设计的装饰运动。
它用抽象的自然花纹与曲线,
脱掉了守旧、折中的外衣,
在设计发展史上是标志着古典传统走向
现代运动的一个必不可少的转折与过渡,
也是现代设计简化和净化过程中的
重要步骤之一。新艺术运动在法国展开之后,
传播到世界各地,
在不同国家体现出不同的特点,
他们用不同的技巧和材料表现方式,
证明新艺术运动是一场广泛的设计运动
而非一种简单的风格。

第一节 新艺术运动概述

新艺术运动是伴随着欧洲工业革命所带来的生产力提升而产生在设计艺术领域的一场艺术运动。它的艺术风格起源于英国线条主义传统，包括插图画家比亚兹莱的唯美主义和威廉·莫里斯倡导的“工艺美术运动”。早期的新艺术风格的主要特点就是经常运用曲线和非对称性的线条，这些线条大多取自花梗、花蕾、藤蔓、昆虫翅膀等自然界中的造型元素。

一、新艺术运动的发展

1895年12月26日，萨穆尔·宾（Samuel Bing，1838—1905）将他的“巴黎东方艺术商店”改名为“新艺术（Art Nouveau）”，以此强调画廊的现代特点。宾的画廊主要对当时具有前卫风格的著名设计师和艺术家开放，展示最有影响的设计师所设计的玻璃制品、绘画和珠宝首饰等，这几乎成为新艺术风格的大荟萃。后来，“新艺术”的名字成为一场席卷全球、影响深远的国际设计运动的统称。新艺术运动大约从1880年到1910年持续了近30年时间，见证了欧洲的设计艺术从古典美术走向了现代设计的过程。

新艺术运动的高潮发生在1900年的法国巴黎世界博览会，从4月14日至11月12日，为了庆祝过去一个世纪的成就和加速艺术的发展，巴黎用一场盛大的世博会迎接新世纪的到来，参观人数达到了4800万人。巴黎世博会展出了许多新的机器、发明和新的建筑，从新落成的巴黎摩天轮到和新艺术几乎同时诞生的电影，从俄罗斯套娃到柴油发动机，从自动扶梯到录音电话机，新技术成就成为人们谈论的热点。法国画家贝莱克（Lucien Baylac）描绘下这一盛景，如图4–1–1。

新艺术这个名字在不同国家有不同名称，呈现出不同特点。如在德国，慕尼黑的年轻艺术家们根据一本期刊《青年杂志》的名称，把这种新风格定名为“青年风格（Jugendstil）”，其基本意义在于反对普鲁士建国时期的学院派精神，打破因袭传统的格式。最初提倡者为德国人埃克曼（O. Eckmann），他模仿草木、花卉、藤蔓之形状，凭主观印象，抽象地描绘出自然飘逸的细长线条的平面图形，流行于德国建筑、美术、手工艺及室内装潢方面。因受英国工艺美术运动和欧洲其他国家新艺术运动影响，德国“青年风格”它一方面强调装饰，推崇新艺术运动自然主义曲线图形，另一方面受到德国传统木刻版画和中世纪字体的影响，具有相对简洁的、线条硬朗的独特风貌。

在各个国家虽然名称不同，但对所有的设计师来说，新艺术的目的是相同的，即“打破传统的风格并且接受一种新的美学形式来革新设计。”这表明了当时的设计师已经接受工业革命所形成的新的审美趣味。

二、新艺术运动的影响

新艺术运动起到了继往开来的作用，它一方面是对古典艺术的总结，另一方面也以其对新的艺术形式的探索和尝试，成为一个时代审美趣味的真实反映。新艺术运动开始尝试用工业化生产的新材料，如玻璃和铸铁，并探索这些材料在装饰艺术领域使用的潜在可能性，这为后来艺术家对材料的运用提供了经验。新艺术运动的设计艺术思想主要受英国工艺美术运动的影响，以新的曲线装饰纹样取代旧的程式化的图案纹样，主要是从植物的形象中提取造型素材，线条更为自由、流畅、夸张，主题多为绵长的流水、变形的花草、苗条漂亮的年轻女郎等。新艺术运动带有极为明显的唯美倾向，形成了自己特有的富有动感的造型风格，更多地带有令人憧憬和幻想的色彩。其风格朝着感性和夸张抽象的方向发展，既有法国18世纪洛可可弯曲多变的线条，也有中世纪的装饰意味，还有浪漫主义的夸张和象征主义的神秘色彩。(图4–1–3)

这种自由连续弯绕的曲线和曲面，被大量应用在灯具、壁纸、首饰、家具、插图和建筑装饰中。新艺术运动既影响了绘画、雕塑等艺术领域，也影响到建筑环境、书籍插图、家具陶瓷、染织首饰等设计艺术门类，并且还和文学、音乐、戏剧及舞蹈都产生了交集。但是新艺术运动和工艺美术运动一样，是对传统手工艺和装饰的复兴，它们都没有融入日渐取代手工艺生产的机械化大生产之中，只是传统风格到现代风格的过渡。

从艺术风格看，新艺术运动体现在两方面：一个是有组织的动态的互相缠绕的曲（弧）线条；一种是简洁的按音乐的节奏感组成互相影响的横向与竖向结合的直线条。前者在初步完成了它的变革之后，因为不适应大规模工业生产的需要，被历史淘汰；后者则成为包豪斯的设计理念内核，促进了现代设计的发展。

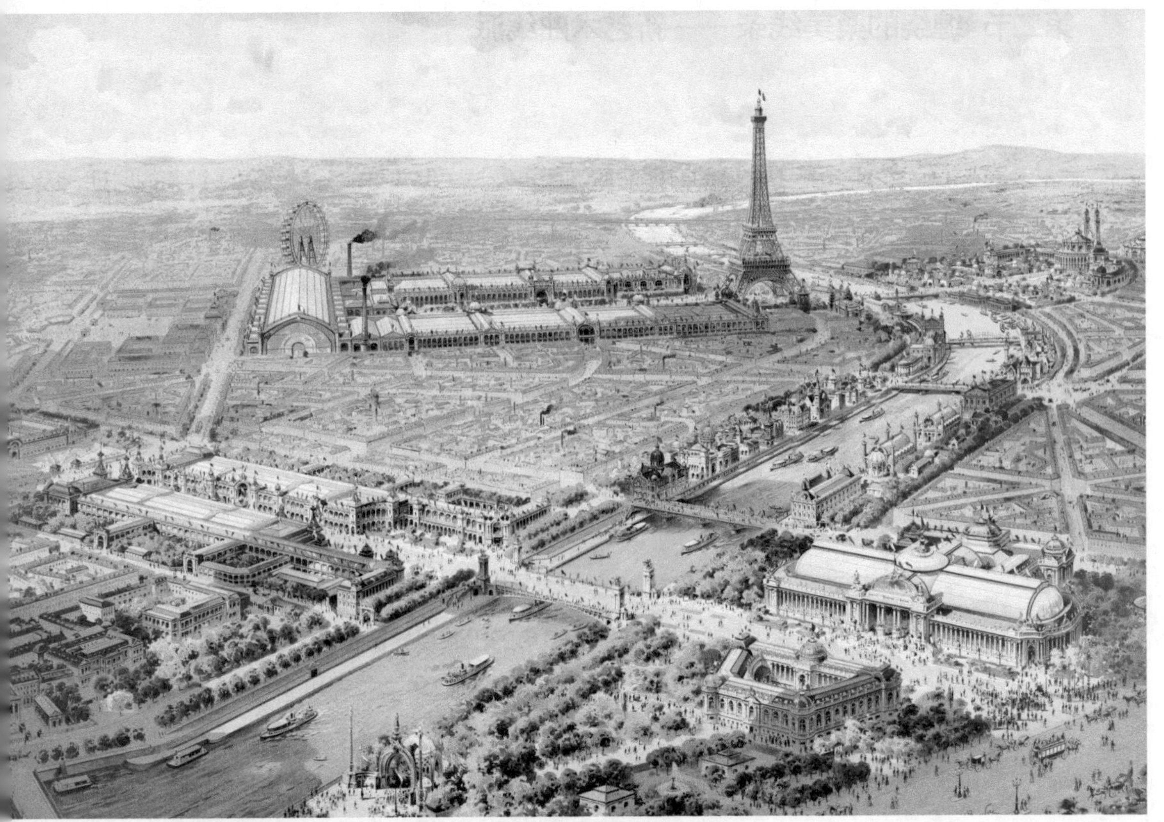

图4-1-1　贝莱克所描绘的1900年巴黎世界博览会油画，现收藏于美国国会图书馆

图4-1-2　1900年巴黎世博会上展出的镜头直径1.25米的望远镜，这是当时世界上最大的折射望远镜

图4-1-3　巴黎世博会展出的奥地利生产的玻璃花瓶，带有明显的新艺术风格

第二节 缠绕的柔美线条——新艺术曲线派

新艺术运动时期的欧洲经济发达，但并不能算是欧洲最繁荣的时期，因此大部分设计师缺乏大规模实践的机会，作品往往局限于灯具、壁纸、首饰、家具、插图和建筑装饰中，并且随着第一次世界大战的到来，这场艺术运动不得不提前结束。但新艺术运动的变革几乎影响了整个欧洲，甚至影响到了远在大洋之外的美国。

一、法国的新艺术

法国是“新艺术运动”的发源地。“新产品—新生活”是法国“新艺术”运动创作和生产的重要逻辑。法国的新艺术运动与英国的工艺美术运动十分相似，主张师从自然，至1900年的巴黎世界博览会而登峰造极。法国提倡面向工业、回归大自然的思想，试图在艺术和手工艺之间找到一个平衡点。埃克多·吉马尔（Hector Guimard，1867—1942）设计的巴黎地铁站入口是其代表作品之一，它的风格就是新艺术运动早期代表作品的风格，运用卷线、曲线、植物茎叶以及动物的抽象图案，具有鲜明的新艺术风格。

吉马尔出生在里昂，早年学习建筑，1891年开始在巴黎高等艺术学院教授制图和透视的课程。1894年，吉马尔访问比利时的布鲁塞尔，受到维克多·霍塔（Victor Horta，1861—1947）设计的启发。

他致力于发展自己的新艺术风格，特别是在他设计的室内家具当中有突出的表现。1909—1912年，他为自己设计了著名的吉马尔之家（Hotel Guimard），其中包含了他设计的家具，见图4-2-2。

二、比利时的新艺术

比利时是欧洲大陆工业化最早的国家之一。19世纪初以来，布鲁塞尔就已是欧洲文化和艺术的一个中心，并在那里产生了一些典型的新艺术作品。比利时的设计运动早在19世纪80年代已经初露头角，一批有志于绘画与设计改革的设计家组成“二十人小组”，因于1894年改为“自由美学社”而被称为“自由美学”风格。比利时的新艺术运动具有相当的民主色彩，他们在艺术创作上和设计上提倡民主主义、理想主义，提出艺术与设计为人民大众服务的目的。

比利时的艺术家们得到新艺术运动的启发，以粗犷的线条图案表现出更抽象和更富活力的造型。他们把“产品设计结构合理，材料运用严格准确，工作程序明确清楚”这三点作为设计的最高准则，达到“工艺与艺术的结合”，突破了新艺术运动只追求产品形式的改变，不管产品的功能性的局限，推进了现代设计理论的发展。

维克多·霍塔是比利时最受欢迎和最成功的新艺术风格建筑师，也是整个新艺术运动中的建筑先锋和领袖之一。霍塔的作品摒弃了传统建筑不注重实用和个性的特点，显露出现代建筑风格的端倪。他在设计中发展了成熟的新艺术曲线风格，并把这种风格用于家庭住宅设计上。他坚信，现代建筑应该很好地和周围环境融合在一起，成为一个相互谐调的整体，而不应像传统建筑一样拘泥于建筑形式。在他的影响下，当时比利时的布鲁塞尔成为欧洲新艺术的中心。

作为建筑师、设计师、教育家的威尔德（Henry van de Velde，1863—1957）是比利时早期设计运动的核心人物与领导者。威尔德本来是一名画家，于1890年转向建筑，1892年又从事工业设计，1893年起开始设计新艺术风格的纺织品和书籍封面，在他早期的作品当中，不难看出带有明显的新艺术运动风格。（图4–2–4、图4–2–5）

威尔德在1902—1903年期间广泛进行学术报告活动，并发表一系列文章。作为教育家，他在德国的活动比在本国更有影响，他并一度成为德国新艺术运动的领袖，他同时是德意志制造联盟（Deutscher Werkbund）创始人之一。1906年威尔德创建德国魏玛工艺美术学校，他的民主主义思想通过他的设计和设计教育而得以传达开来，1908年他又被任命为魏玛工艺美术学校的校长，这所学校也被视为是包豪斯学校的前身。1907年他加入德意志制造联盟，参与了这一时期有关设计的精深辩论，对德国的艺术设计影响深远。

威尔德从建筑入手设计产品、传播新的设计思想，他主张艺术与技术的结合，反对纯艺术。他一改早期艺术家和设计师们从拉斯金和莫里斯那里延续下来的对机器大批量生产的成见和反感，明确提出“技术是产生新文化的重要因素”、“根据理性结构原理所创造出的，完全实用的设计才是实现美的第一要素，同时也才能取得美的本质”。他主张艺术与技术的结合，反对纯艺术。认为设计应以审美性、感性为存在的目的，应鼓励独立设计中的自由和创造性的艺术表现，并在产品设计中对技术加以肯定。声称他所有工艺和装饰

图4-2-1　吉马尔1907年前后设计的巴黎地铁站入口

图4-2-3　霍塔设计的建筑内部的楼梯对曲线线条的使用达到了无以复加的程度

图4-2-2　吉马尔1909—1912年为自己设计的家具，现藏于巴黎小皇宫博物馆

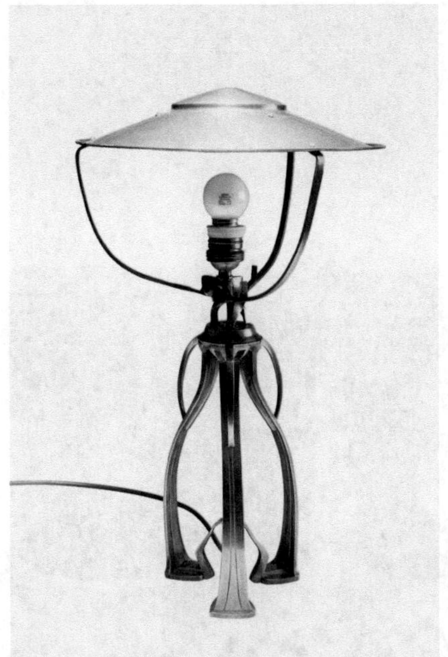

图4-2-4　威尔德1897年设计的台灯

图4-2-5　威尔德设计的银制烛台

作品的特点都来自一个唯一的源泉，即“理性”。但另一方面他又坚持设计师在艺术上的个性，反对标准化给设计带来的限制。威尔德的理论与实践，奠定了现代设计理论的基础，对比利时、德国乃至欧洲的现代设计的发展都产生了很大影响。

威尔德被称为比利时的莫里斯，不仅是比利时新艺术运动的理论家和实践家，也是欧洲新艺术风格的重要理论家和实践家。他对于机械的肯定，提出的设计原则和理论以及他的设计实践，都使他成为现代设计史上最重要的奠基人之一。

三、巴塞罗那的高迪

西班牙地处欧洲西南角的伊比利亚半岛，中世纪时曾被阿拉伯伊斯兰帝国占领，哥特式基督教艺术和阿拉伯伊斯兰艺术互相融合共处，形成了西班牙近代艺术的独特风格，表现出特别强烈的理想主义色彩。由于有着这样一些独特的传统，西班牙新艺术运动也呈现出强烈的表现主义色彩。著名建筑师安东尼·高迪（Andoni Gaudi，1852—1926）的作品，从桂尔公园（Park Güel，图4-2-6）、巴特罗公寓（Casa Batlló，图4-2-7）、米拉公寓（Casa Milà，图4-2-8），到最后的圣家族教堂（Sagrada Familia，图4-2-9），都把注意力集

图4-2-6　桂尔公园

图4-2-7　巴特罗公寓

图4-2-8　米拉公寓

图4-2-9 圣家族教堂

中在形体的精神力量和足以表达这种力量的形式上 。这些作品分布在巴塞罗那的各个角落，今天大部分都已经进入了世界文化遗产名录，成为巴塞罗那的名片。因此，人们把高迪称为“巴塞罗那的高迪”。

1900—1914年，桂尔公园前后建设了14年，高迪许多创新性的解决方案就在这里得以实现，包括他标志性的马赛克拼砌的蜿蜒曲线。从高迪对曲线、色彩与塔等设计元素的使用方式来看，高迪的设计思想极为复杂，正如建筑史学家佩夫斯纳所说，并非只是与某种单一的文脉相联系，而是有着复杂的来源。既直接表现为令人叹为观止的曲线形态，也表现为哥特风格与莫德哈尔风格（Mudèjar)、加泰罗尼亚民族主义风格的渗透，并最终融合为高迪独特的自然主义设计思想。

新艺术运动直接影响了高迪对新奇风格的疯狂渴望，以及对创新个性的信仰，对粗犷曲线的爱好和对发掘材料潜力的巨大兴趣。像其他新艺术运动的作品一样，高迪的建筑作品让人毫不犹豫地联想到自然界的某些形式。如图4–2–7中的巴特罗公寓，外墙上凸出的阳台和支柱让人联想到人体骨骼的形状，因此也有人把这栋建筑称为“骷髅屋”。

高迪于1883年开始圣家族大教堂的建造工程，并将他的晚年投入了教堂的建设，直至1926年他73岁因车祸去世时，教堂仅完工了不到四分之一。这座教堂的建设进展缓慢，仅靠个人捐赠和门票收入维系，到今天还在建造中。人们希望到2026年高迪逝世一百年后，这座宏伟的建筑能够全部完工。

高迪表现出了对曲线冲动般的激情，无所不用其极地使用曲线。他让自己的建筑作品远离直线，让自己的作品接近于自然的形态。在这一点上，高迪与其他新艺术运动的艺术家们并无不同之处。但新艺术运动对自然的喜好似乎只止于表面上的形式模仿与抽象，因为自然形式最终只是一种新的美丽与优雅的精致的装饰。高迪在注重实用的建筑中艰难却又极度使用曲线，说明高迪显然走得更远。也许是因为建筑需要更大范围地深入自然、处理自然元素，高迪不得不突破表面形态上的对自然形式的模仿，而更深入地探讨自然形式所体现出的活力，从而在新艺术运动的基础上成长为更为深刻的自然主义。

四、美国的新艺术运动

美国的新艺术运动受欧洲新艺术运动影响，涌现出一批闻名的设计师，他们的作品与商业生产紧密结合，致力于开拓消费市场，这一特点奠定了美国现代设计的基本原则。

图4-2-10 彩饰玻璃灯罩与玻璃瓶

路易斯·蒂凡尼（Louis Comfort Tiffany，1848—1933）是美国新艺术运动的代表人物之一。他继承了父亲开创的蒂凡尼珠宝首饰公司，并建立了自己的工厂来生产玻璃产品，他把欧洲传统建筑的彩绘玻璃用于日用品设计，使这一教堂建筑材料成为颇具世俗生活情趣的产品。

蒂凡尼把铜和彩色玻璃相结合，设计出了很多优秀的作品，这其中尤以灯饰最为出名。最流行的蒂凡尼灯具设计基于植物和树的造型，但蒂凡尼并不是简单地把这些主题用于台灯的设计，而是将植物和树本身变成了台灯。青铜的基座是树根和树干，上面是装饰着百合花、荷花或紫藤花的彩绘玻璃灯罩。蒂凡尼的玻璃制品把新艺术的植物花卉图案和曲线直接用在造型上，呈现出与欧洲大陆不同的特点。独特的染色玻璃技术，花卉植物花纹的运用，使得蒂凡尼在新艺术运动史上占据着重要的地位（图4-2-10）。

由上综述，新艺术运动的工艺思想集中体现在工艺美术品的造型和装饰上。新艺术运动反对任何学院派和复古主义的装饰样式，他们主张向自然寻找艺术灵感，利用自然元素的装饰纹样来取代旧的程式化的图案，特别是从小动物和植物形象中提取造型素材。在家具、灯具、首饰和玻璃等工艺中，大量地采用自由连续弯绕的曲线和曲面，并且形成了自己特有的富于动感的造型风格。在工艺形式上，继承了工艺美术运动中流畅的自然曲线和简洁的艺术造型，并受后印象派艺术和东方艺术的影响比较大。新艺术运动强调自然中不存在直线和平面，在装饰上突出表现曲线、有机造型，装饰的构思主要来源于自然形态，把自然形式赋予了一种有机的审美诉求，以运动感的线条作为形式美的基础。

第三节 新的几何形式——新艺术直线派

在19世纪末20世纪初期，苏格兰格拉斯哥青年设计家、建筑师查尔斯·罗尼·麦金托什（Charles Rennie Mackintosh，1868—1928）领导的格拉斯哥四人组对设计进行探索，致力于寻找新的象征性与优雅的设计风格。他们与新艺术运动的联系不是形式上的，而是精神上的，表现为深受世纪末象征主义绘画的影响。他们的设计母体装饰特征包括树林、苞蕾、球根、心脏、女体、毛发，这些与直线、几何造型相结合，并从植物及花卉中衍生出新的设计词汇。

维也纳分离派（Vienna Secession，1897—1915）是在奥地利新艺术运动中产生的著名的艺术家组织。1897年，在奥地利首都维也纳的一批艺术家、建筑家和设计师声称要与传统的美学观决裂、与正统的学院派艺术分道扬镳，故自称分离派。其口号是“为时代的艺术—艺术应得的自由”。在设计方面，维也纳分离派重视功能的思想、几何形式与有机形式相结合的造型和装饰设计，更接近英国工艺美术派风格和格拉斯哥严谨的线条手法。表现出与欧美各国的新艺术运动相一致的时代特征而又独具特色。但其反对新艺术运动对花形图案的过度使用，更强调运用几何形状，特别是正方形和矩形。

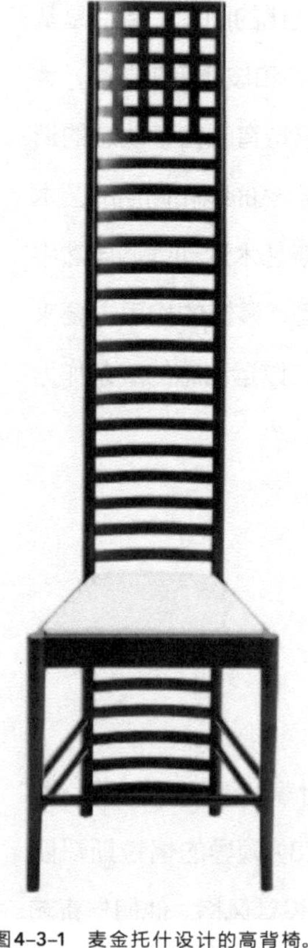

图4-3-1　麦金托什设计的高背椅。上图为茶室设计，下图为希尔住宅设计

一、格拉斯哥学派

在新旧交接时期，任何一位设计师都会面临的问题，那就是如何处理传统与现代的关系。然而格拉斯哥学派对待传统与现代的处理非常独特，并且可以在一件设计作品中使传统与现代结合。19世纪中期欧洲盛行茶文化，但当时的格拉斯哥还没有出现茶室，一名叫海瑟琳的女士想在格拉斯哥开设一间环境优雅舒适的茶室，这时麦金托什总揽了该茶楼的全部设计，包括建筑外观、室内设计、桌椅设计、餐台餐布、茶壶刀叉甚至女招待的服装设计等。由于该茶室建造于柳树街上，所以命名为“柳茶室”（Willow Tea Rooms）。在麦金托什的设计中，遵从而且强调的是建筑、室内、陈设的全局设计。格拉斯哥学派认为家具应该与室内设计风格协调一致，而不应该只是为装饰而装饰，他们认为应首先考虑家具的功能性，反对单纯的手工艺鉴赏。因此，他们的设计能使观者从内到外有一个明确的情感体验，如著名的高背椅就是为不同的室内环境而设计的。（图4-3-1）

希尔住宅（Hill House）是建在山丘上的一座房子，因此也被译作风山住宅。希尔住宅的外表涂了一层类似灰泥的石膏，石板屋顶赋予正面一种严峻的神情，这与新艺术通常的豪华感大相径庭。在建筑内部，麦金托什创造性地应用了一种全新的直线为主的室内设计风格，包括各种家具。

麦金托什功把功能和装饰看得同样重要，麦金托什采用“象征符号”作为设计的语汇，从而获得有机性和整体性。他还经常将流泪的花瓣、玫瑰花等象征手法应用于织物设计中。通过不断使用同种元素来形成节奏感，是麦金托什常用的设计手法。这些设计具有鲜明的色彩，有非常强烈的动感。

另外，麦金托什的设计还大量地运用了新材料——玻璃和铸铁。通过铸铁组成的装饰图案是麦金托什设计中最具特色的地方之一，他经常把整座建

图4-3-2　希尔住宅的室内与家具设计

筑通过单纯的体量和留白的手法予以处理，使其异常简洁而且实用。如格拉斯哥美术学院（图4-3-4）东部临街面的设计中重复出现凹陷处的凸窗。

二、维也纳分离派

在新艺术运动的影响下，在奥地利形成了以瓦格纳（Otto Koloman Wagner，1841—1918）为首的维也纳学派。瓦格纳早期从事建筑设计，并建立了自己的学说，但他在设计界的影响则是从1894年担任维也纳艺术学院建筑系教授开始的。他早期的建筑风格倾向于古典主义，后来在工业时代的技术影响下，逐渐形成了自己的建筑观点。他在1895年出版的《现代建筑》（*Moderne Architektur*）一书中指出，新结构和新材料必然导致新设计形式的出现，建筑领域中的复古主义样式是非常荒谬的，设计是为现代人服务的，不是为古典复兴而产生的。在维也纳艺术学院的就职演讲中，瓦格纳认为，“现代生活是艺术创造唯一可能的出发点”，“所有现代化的形式必须与我们时代的新要求相适应”。在《现代建筑》一书中，他预测未来建筑时也是十分激进，认为未来建筑“像在古代流行的横线条，平如桌面的屋顶，极为简洁而有力的结构和材料”，这就非常类似于后来以包豪斯为代表的现代主义建筑观点。

瓦格纳认为现代建筑的核心是交流系统的设计，建筑是人类居住、工作和沟通的场所，而不能是一个空洞的环境空间。建筑设计应具有为这种交流、为沟通提供方便和可能的功能，建筑的装饰也应为这种功能服务。他在1906设计的维也纳邮储银行（Postal Savings Bank），采用了椭圆筒拱的铁架玻璃天窗，墙和柱都不加任何装饰，就充分体现了“功能第一，装饰第二”的设计原则。瓦格纳抛弃了新艺术风格的毫无意义的自然主义曲线，而是采用简单的几何形态，以极少的曲线进行装饰，这令当时的设计界耳目一新，而采用玻璃和钢材作为建筑结构的方式则被现代主义发扬光大。

维也纳分离派（Wiener Sezession）成立于1897年，其成员主要来自于维也纳学派，大多数为瓦格纳的学生，他们中有建筑家、手工艺设计家和画家。因标榜与传统和正统艺术分道扬镳，故自称“分离派”。其代表人物主要有奥布里奇（Joseph Maria Olbrich，1867—1908）、霍夫曼（Josef Hoffman，1870—1956）、莫塞（Koloman Moser）和画家克里姆特（Gustav Klimt）等。

1897年，分离派在维也纳集中举办作品展览，展出他们的设计作品，包括家庭用品、海报、绘画等。奥布里奇和霍夫曼都是瓦格纳的学生，他们在设计中的抽象性表现上更加深入，在设计形式上比瓦格纳更加重视简单几何形

图4-3-3　在麦金托什等设计的希尔住宅中的玻璃窗上的玫瑰花图案，与哥特式教堂常见的玫瑰花窗风格迥异。

图4-3-4　格拉斯哥美术学院

图4-3-5　维也纳邮储银行营业大厅的设计风格体现出现代主义倾向

图4–3–6　维也纳分离派会馆

式的现代感。奥布里奇设计的"维也纳分离派会馆"最能体现这种风格，建筑外形采用简单的几何造型，细部利用新艺术运动风格的装饰，在简单的立体几何形建筑物的顶部设计了一个以花草缠绕而组成的金属花造型，处理得非常协调。（图4–3–6）

虽然1905年霍夫曼就脱离了维也纳分离派，但他仍被看作是分离派的核心人物，他曾写道："所有建筑师和设计师的目标，应该是打破博物馆式的历史樊笼而创造新风格。"在1900年的巴黎世博会上，他作为分离派的代表参展，并与格拉斯哥学派的麦金托什建立了良好关系。他的作品也已经形成一种严格的纯黑白色的几何形体与直线条设计风格，并在细部采用适当的植物纹样曲线进行装饰。在以后的实践中，他不断地探索设计的抽象表现形式的可能性。

1902年，霍夫曼访问了英国的阿什比手工业协会，以及德国的"青春风格"手工艺工场。1903年，在麦金托什的影响下，维也纳分离派成立了自己的设计和实验工场——维也纳工业联盟（Wiener Werksttte），通过对室内、家具、纺织品、餐具以及服装和装饰品的设计与制作，创造出一种全新的生活艺术风格。

1905年，维也纳工业联盟已拥有百余名手工艺人，由霍夫曼和莫塞负责，主要生产各种家具、金属制品和装饰品。这些产品的形式非常简洁，但使用的材料和手工艺又大都极尽豪华，颇似第一次世界大战后巴黎的艺术装饰运动。同年，霍夫曼在为维也纳制造联盟制定的工作计划中声称："功能是我们的指导原则，实用则是我们的首要条件。我们必须强调良好的比例和适当地使用材料。在需要时我们可以进行装饰，但不能不惜代价地去追求它。"在这些话语中已体现了现代设计的一些特点。到1910年，他们的设计和生产业务包括金属器皿、皮革、编织、时装、印染、纺织、陶瓷、地毯和墙纸等，产品销售到德国和美国。

霍夫曼的作品极力回避历史模型和对直接来源于自然界的装饰物的应用。他的注意力集中在抽象的几何形状上，将其成功地用作设计的辅助工具，并依赖这些重要的几何结构确定建筑、室内、产品的形式。家具是霍夫曼作品中的重要组成部分。他生产出了很多家具，几何结构的思想再次在橱柜、椅子、桌子或凳子等家具设计中起到了主导作用。

最能体现当时欧洲现代设计风貌同时也最引人注目的作品是他于1905年设计的一款摇椅（Sitzmaschine Chair）。这款椅子由漆成黑色的弯曲山毛榉木制成，带有高低座位和可调节的齿形靠背（图4–3–7），被霍夫曼称为“坐的机器”。他设计的很多椅子都是在受力大的部位重复使用小球，这是霍夫曼采用装饰的手法达到加强结构的一种方法，而不仅仅是多余的装饰。

霍夫曼1906年设计的四件套的小桌，便于收纳，对包豪斯时期的设计产生了重要影响（图4–3–8），今天在宜家家居的产品中仍然可以看到类似的设计。

1910年，霍夫曼设计的卡巴斯（Kubus）系列沙发是最早采用结构式设计的例证，霍夫曼采用了正方形进行不断地重复，创造出一种新的美学形式，他称这种椅子为“完美几何学的一件习作”。

霍夫曼因为在家具设计中大量使用方格子图形，得到了一个“方格子霍夫曼”的称号。他的作品对现代主义设计大师柯布西埃等产生了重要影响。

克里姆特和莫塞是维也纳分离派运动中非常有影响的艺术家，他们的作品、他们与分离派设计家的密切合作，促进了艺术与设计之间的交流，并得到新艺术运动中其他成员的承认。

维也纳分离派及其发起成立的维也纳工业联盟虽然追求把艺术、优秀设计与生活密切结合的目标，但其实际设计却与这种目标有很大距离。主要表现在以下几个方面：

首先，在欧洲工业生产十分发达的社会大背景下，他们并没有关心工业生产中的艺术问题，以及艺术与机器生产之间的关系；

其二，设计的材料和工艺成本非常昂贵，无法满足大众的消费需求；

其三，对简洁和抽象设计形式的追求本质上仍然没有脱离新艺术运动风格，并没有真正把设计的形式与其应有的功能结合起来。

到了20世纪30年代，维也纳工业联盟不得不解散。

维也纳是奥匈帝国的首都，是欧洲的文化艺术中心。但随着第一次世界大战的结束，奥匈帝国被分裂成奥地利、匈牙利、捷克等国家。旧日的荣光逐渐烟消云散，而新的世界格局正在形成。

探索与思考

- 新艺术运动与工艺美术运动有什么区别和联系？
- 麦金托什和霍夫曼的设计为什么不算是现代主义风格？

图4-3-7　霍夫曼于1905年设计的摇椅

图4-3-9　卡巴斯沙发

图4-3-8　霍夫曼于1906年设计的套桌

第五章

世纪之交的变革

Form follows the function, This is a law.

——Louis Sullivan

19世纪末到20世纪初，
欧美国家的工业技术发展迅速，
新的设备、机械、工具不断被发明出来，
极大地促进了生产力的发展，
这种飞速发展的工业技术对社会结构和
社会生活带来了很大的冲击。
设计界当时面临两方面的问题：

首先，如何解决众多的工业产品、
现代建筑、城市规划、传达媒介的
现代设计体系问题；
其次，现代主义设计思想的形成后，
如何将设计为社会权贵服务转变为设计
为人民大众服务，
彻底改变设计服务的对象问题。

第一节 芝加哥学派和赖特

美国南北战争后，芝加哥成为全国铁路中心，因此城市得到了迅速发展。1871年芝加哥发生重大火灾，三分之二的房屋被毁，重建工作吸引了来自全国各地的建筑师。为了在有限的市中心区内建造更多房屋，现代高层建筑开始在芝加哥出现。在采用钢铁等新材料以及高层框架等新技术建造摩天大楼的过程中，芝加哥的建筑师们逐渐形成了趋向简洁独创的风格，芝加哥学派由此而生。

一、沙利文与芝加哥学派

芝加哥学派强调功能在建筑设计中占据主要地位，并明确提出形式服从功能的观点，力求摆脱折中主义的传统羁绊，在探讨新技术在高层建筑中的应用的同时，着重强调建筑艺术应该反映新技术的特点，主张简洁的立面要求符合时代工业化的精神。芝加哥学派的鼎盛时期是在1883—1893年之间，路易斯·沙利文（Louis Sullivan，1856—1924）是代表人物。

沙利文毕业于麻省理工学院，1873年搬到芝加哥，参与到芝加哥的建筑热潮当中。他曾为建造了世界上第一座钢架建筑的工程师詹尼（William LeBaron Jenney）工作，他还做过绘图员。1880年他成为阿德勒（Dankmar Adler）公司的合伙人，完成了一些芝加哥早期摩天大楼的设计项目。沙利文也被称为“摩天大楼之父”（father of skyscrapers）。1889年落成的芝加哥会堂大厦（图5–1–1）是沙利文的代表作品。这是一座综合性的建筑，不仅包括了一座拥有4200个座位的剧院，还包括一个酒店和一栋办公楼。

在此之前，一座多层建筑的重量主要由墙的强度支持，建筑物越高，往往意味着墙体承受的压力越大。到19世纪末，价格便宜、功能强大的钢铁改变了这些规则。美国正处于快速的社会和经济增长之中，这为建筑设计带来了巨大的机遇。钢铁的大规模生产是摩天大楼建设的主要驱动力。钢制承重框架不仅允许更高的建筑物，而且允许有更大的窗户，这意味着更多的日光可以到达室内空间，已经沿袭了几百年的哥特式教堂般幽暗的光线被彻底改变了。

沙利文创造了一种名为“芝加哥窗”的新形式，即整开间的大玻璃，中间采用固定的大玻璃窗和两侧较小但可以上下拉动的滑窗，以形成立面简洁的独特风格。他在工程技术上的重要贡献是创造了高层金属框架结构和箱形基础，基本满足了采光和通风的要求，也避免了向外开窗可能受到高空阵风的影响。其主持设计的“芝加哥C P S百货公司大楼”（图5–1–2）主要描述了“高层、铁框架、横向大窗、简单立面”等建筑的特点，这种建筑特点的立面采用三段式。底层和二层为功能相似的一层，上面各层办公室为一层，顶部为设备层，以芝加哥窗为主的网络式立面反映了结构功能的特点。

1896年，沙利文提出了“形式追随功能”（Form follows function）的理念，为功能主义建筑开辟了道路，成为现代主义建筑师的主要准则之一。但芝加哥学派仅仅活跃了十几年，阿德勒和沙利文的建筑事务所宣布破产。沙利文的助手赖特后来成为美国著名的建筑大师。

二、现代建筑大师赖特

第二代芝加哥学派中最负盛名的人物是弗兰克·劳埃德·赖特（Frank Lloyd Wright，1869—1959），他于1887年进入沙利文事务所学习工作，受沙利文影响颇深，后来自立门户成为美国最著名的建筑大师，被誉为世界现代建筑四位大师之一（另外三位分别是：格罗皮乌斯、勒·柯布西埃、密斯·凡·德罗）。

赖特早期的风格被称为“田园学派”（Prairie School），如他1908年设计的罗比住宅（Robie House）有宽阔的屋顶和横向的红砖墙，强调与自然环境相关联的水平直线（图5–1–3，图5–1–4）。

赖特还为罗比住宅设计了一系列的家具，如图5–1–5中的餐桌和餐椅，似乎与麦金托什的高背椅风格有一定的相似之处，而强烈的规则感则与整体建筑风格融为一体。

赖特曾经访问过日本和欧洲，这使得他的风格发生了新的变化。他提出六个建筑设计原则，被认为是有机建筑的核心思想：

1. 有机建筑：建筑精神的统一和完整性；

2. 表现材料的本性：建筑材料本质的表达；

3. 技术为艺术服务：简练应该是艺术性的检验标准；

4. 连续运动空间：建筑设计应该风格多种多样；

5. 有特性和诗意的形式：建筑的色彩应该和它所在的环境一致，也就是说从环境中采取建筑色彩因素；

6. 崇尚自然的建筑观：建筑应该与它的环境协调。

1936年他设计的流水别墅成为20世纪的传世之作，室内空间自由延伸，相互穿插；内外空间互相交融，浑然一体。流水别墅在空间的处理、体量的组

图 5–1–1　芝加哥会堂大厦外观

图 5–1–2　沙利文于1899年设计的芝加哥CPS百货公司大厦

图 5–1–3　位于芝加哥大学附近的罗比住宅

图 5–1–4　罗比住宅的窗格表现出一种有秩序的现代美感

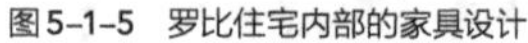

图 5–1–5　罗比住宅内部的家具设计

图 5–1–6　流水别墅

合及与环境的结合上均取得了极大的成功，为赖特的有机建筑理论作了全面的注释（图 5–1–6）。

赖特吸收和发展了沙利文“形式追随功能”的思想，力图形成一个建筑学上的有机整体概念，即建筑的功能、结构、适当的装饰以及建筑的环境融为一体，形成一种适用于现代的艺术表现，并十分强调建筑艺术的整体性，使建筑的每一个细小部分都与整体相协调。在建筑界业内，赖特对于传统的重新解释，对于环境因素的重视，对于现代工业化材料的强调，特别是对钢筋混凝土的采用和一系列新的技术，为以后的设计师们提供了一个探索的、非学院派和非传统的典范。

赖特是一位长寿、多产的建筑师、设计师，直到他 80 多岁高龄时仍在从事纽约古根汉姆博物馆的设计工作。

第二节 欧洲的设计改革

20 世纪初，欧洲的艺术运动如火如荼，如法国先锋派、西班牙的立体主义多热衷于艺术上的探索。与此同时，意大利的未来主义、俄国的构成派和荷兰的风格派则在建筑和设计领域进行了有益的尝试。

一、未来主义

未来主义（Futurism）这一艺术和社会的运动起源于20世纪初的意大利。未来主义强调速度、技术、青年和暴力，把新兴的汽车、飞机和工业城市的形象作为创作对象。虽然未来主义主要活动在意大利境内，但对俄罗斯、英国、比利时等国都有一定影响。未来主义者在包括绘画、雕塑、陶瓷、平面设计、工业设计、室内设计、城市设计以及戏剧、电影、文学、音乐领域都进行了大量实验性的探索。其中，意大利诗人马里内蒂（Filippo Tommaso Marinetti，1876—1944）是这一流派最重要的倡导者，他1909年发表的《未来主义宣言》一文，标志着未来主义的诞生。

宣言大力讴歌了现代工业文明和科学技术，传统的时间与空间的观念完全改变，“宏伟的世界获得了一种新的美——速度美”，它一方面主张未来的文艺应当反映现代机器文明、速度、力量和竞争；另一方面又用一种激进的姿态诅咒一切旧的传统文化，呼吁扫荡从古罗马以来的一切文化遗产，主张摧毁一切博物馆、图书馆和学院。

图5-2-1　圣伊利亚1914年绘制的《带有外部电梯和连接系统的建筑》

1914年，一次名为“未来城市”的展览引起了轰动。在这些图纸上，高大的建筑表面没有绘画也没有雕刻，外露的电梯像铁和玻璃制成的蛇，沿着楼层的正面向上攀缘。林立的楼房通过桥、大型的天际线般的广告牌连接在了一起，街道不再是一个平面的延伸，川流不息的汽车、火车，分别在不同高度上行驶……这一切远远超出了当时实用的建筑范畴，而提出这些构想的就是意大利年轻的天才——未来主义建筑师圣伊利亚（Antonio Sant’Elia，1888—1916）（图5-2-1）。

圣伊利亚曾学习过建筑。1912年移居米兰以后，圣伊利亚开始受到马里内蒂未来主义思想的影响，并很快投入到了乌托邦式的、未来的建筑和城市设计与畅想之中。1914年，圣伊利亚发表了《未来主义建筑宣言》，引发了建筑文化的一次变革。

在圣伊利亚看来，新的建筑，不是以圆形柱替换方形柱，也不是以雕花代替绘画，而是要在建筑中完全颠覆旧有的装饰观念。未来主义认为他们处于一个新旧绝对对立的年代，而他们则是新兴力量的代表。因此，圣伊利亚在建筑中加入更多机械文明的因素，体现出高度工业化和快节奏的城市理念。

圣伊利亚认为，人们不再属于繁复华丽的大教堂和宫殿，而是属于实用忙碌的火车站、工厂、马路和广场，因此他提议建造一种纪念式的、多层次的、没有装饰的城市，从而实现工业化社会中人与环境的高度和谐，实现人们的精神在工业化初期摆脱束缚大踏步前进的目标。圣伊利亚最有影响力的设计草图就是巨大的集成电路般的梯形摩天楼建筑，他认为“应该把现代城市改造得像大型船厂一样，既忙碌又灵敏，到处都是运动，现代房屋应该造得像大型机器一样”。

发电厂、仓库、剧场、机场、火车站、无线通信、工厂以及高层住宅也都是圣伊利亚作品的主题，他将精力集中于这些现代城市能源和交通所必需的设施上，并像他在宣言中描绘的那样，采用大胆的和大规模的平面、体块，创造一种大规模的工业化、机械化的未来建筑（图5–2–2）。

圣伊利亚的设计大量采用直线，摒弃了传统的曲线和装饰。他认为，直线是有生命力的，并且有无限的延伸感，能够表达现代机器金属的严肃性和现代世界的快速发展。这一切都体现出圣伊利亚对理性的、功能化的建筑风格的追求。

第一次世界大战爆发后，满怀激情和理想的圣伊利亚毅然参战，于1916年不幸战死，时年仅28岁。他短暂的一生只留下了250张图纸，但他所构想的“未来城市乌托邦”，对后世的建筑风格产生了重要影响，如60年后落成的巴黎蓬皮杜艺术中心，还能看到圣伊利亚风格的影子。

二、构成主义

构成主义（Constructivism）是始于俄国的一场艺术和建筑思想运动，对20世纪的现代主义运动产生了巨大的影响，如包豪斯和风格派的设计师都对构成主义有很高的评价。构成主义在建筑、设计，戏剧、音乐等方面均有一定建树，也被称为俄国构成派。

在1913年之前，俄国艺术家塔特林（Vladimir Tatlin，1885—1953）的艺术创作一直局限于油画和素描。1914年，他从先锋派画家转向成为一名革命艺术家。出于反艺术的立场，塔特林扔掉了油画颜料和画布，利用木材、金属、照片或者纸等现成的材料进行创作，突破了平面的限制，被称为“绘画浮雕”。如图5–2–3是塔特林1916年用木板和金属材料完成的《反浮雕》（Counter Relief）作品（图5–2–3）。

1917年，马列维奇（Kazimir Malevich，1879—1935）首先使用了构成艺术（Construction Art）一词，开始还带有一点贬义，而到了1920年，这一说法已经被人们广泛接受并带有积极意义。对于激进的俄国艺术家而言，十月

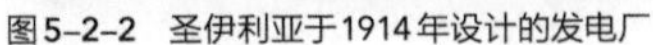

图5-2-2　圣伊利亚于1914年设计的发电厂

图5-2-3　塔特林的作品《反浮雕》

革命引进的根基于工业化的新秩序，是对旧秩序的终结。俄国艺术家希望创立一个新的美学纲领来显示革命的科学技术，以“取代资产阶级的僵化和偏见”。马列维奇还是俄国至上主义（Suprematism，也译作绝对主义）的开创者，主张用纯几何形进行抽象绘画，如图5-2-4。

虽然所有的前卫俄国艺术家有着共同的热情，但是他们对于艺术的定位却有不同的观点。如马列维奇认为艺术基本上是一个精神属性的活动，而塔特林等人则坚持艺术家必须成为技术纯熟的工匠，他必须学习用现代工业生产的工具和材料，提供他的热情与能力，直接为无产阶级的最大利益服务。

塔特林设计的“第三国际纪念碑”（图5-2-5）是俄国构成主义的代表作，它由金属螺旋式框架构成，呈一定角度倾斜，很好地体现出金属材料在结构、空间、环境中的优越性，环绕着的玻璃圆柱、方块和锥体以不同的速度旋转，试图体现出运动的张力。原计划这个建筑将高达900米，但实际上只做出了一个40米左右的模型。

1920—1922年，构成派在莫斯科艺术文化研究院举行了一系列的辩论，他们还成立了一个名为“构成主义者第一工作组”的组织，由著名的抽象主义艺术大师康定斯基（Wassily Kandinsky，1866—1944）担任第一任主席。后来，康定斯基等一些俄国艺术家赴德国包豪斯学校任教，而构成派艺术家则

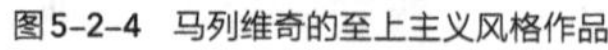

图5-2-4　马列维奇的至上主义风格作品

图5-2-5　第三国际纪念碑

致力于为新生的苏联设计电影和政治宣传的海报，塔特林则试图将他的才华转移到工业生产中，例如设计更加经济的炉子、工人的工作服等。

1930年，塔特林通过对鸟类的骨骼、肌肉和羽毛结构的长期研究，设计了一架名为“Letatlin”的小型飞行器。与他早年的“绘画浮雕”一样，他把生皮、软木、钢丝绳等常见的材料组合在一起，甚至还使用了鲸鱼骨，以确保所有材料都能达到功能要求，并具有灵活性。（图5-2-6）

三、风格派

图5-2-6　塔特林于1930年设计的飞行器

“风格派”（De Stijl）是活跃于1917—1931年间，以荷兰为中心的一场国际艺术活动。“风格派”主要成员彼此之间有相似的美学观念，通过1917年在莱顿城创建的名为《风格》的月刊中，一批艺术家交流着各自的理想，表达各自的思想，“风格派”由此得名。他们在艺术形态上受到俄国构成主义的影响，追求艺术的抽象和简化，反对个性，排除一切表现成分而致力于探索一种人类共通的纯精神性表达，即纯粹抽象，因此他们主张要简化物象直至本身的艺术元素，平面、直线、矩形就成为他们的艺术表现手段。

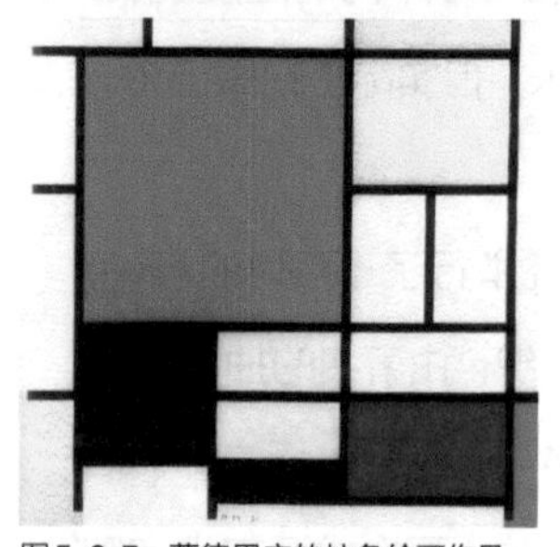

图5-2-7　蒙德里安的抽象绘画作品

风格派从立体主义走向了完全抽象，对20世纪的现代艺术、建筑学和设计产生了深远持久的影响。风格派理论的建立主要归功于杜斯伯格（Theovan Doesburg，1883—1931）的贡献，而画家蒙德里安（Piet Momdrian，1872—1944）的作品则更加为人们所熟知（图5-2-7）。

图5-2-8　红蓝椅

图5-2-9　施罗德住宅

风格派用基本几何形象的组合和构图来体现对于和谐的追求，建筑师里特维尔德（Gerrit Rietveld，1888—1964）则把蒙德里安的绘画应用在设计和建筑方面，他1917年设计的红蓝椅被看作是蒙德里安绘画立体化的完美诠释。

这把椅子由两块木板和13根木条组合而成，各结构间用螺丝紧固而非传统的榫接方式。这款设计具有激进的纯几何形态，创造了难以想象的新的形式，极大启发了后来的设计师（图5-2-8）。

里特维尔德将建筑构件分解为线、面和色彩的要素，然后按照对立统一的原理组织起来，建筑空间由此获得了新的生命，里特维尔德于1924年在乌特勒支市设计的施罗德住宅（图5-2-9）就是这种要素主义的代表。由于接受了新造型主义的美学思想，里特维尔德逐渐从抽象绘画中获得了空间、线条、体量、色块和结构的全新比例。施罗德住宅在外观上有着与众不同的特征，其实质上是反立方体“纯净元素”的空间构成。

里特维尔德的设计具有简单的几何形式、简洁的色块搭配以及立体主义造型和理性主义的结构特征，直接影响了追求实用功能、结构简洁的现代建筑，对许多现代建筑师的建筑艺术观念有着很大的影响。

里特维尔德曾说过:“结构应服务于构件间的协调，以保证各个构件的独立与完整。这样，整体就可以自由和清晰地竖立在空间中，形式就能从材料中抽象出来。”在里特维尔德创作设计的几十年中，钢管、板材、胶合板成为他设计材料的主体，这在当时社会看来可以被称之为“革命性”的手段。他创造设

图5-2-10　里特维尔德于1919年设计的多功能矮柜

图5-2-11　里特维尔德于1934年设计的Z椅

计的“活动隔断墙”以及简洁的设计风格，直接影响了追求功能合理、结构简洁和造型纯粹的现代建筑。而他设计的很多造型奇特、风格简洁的家具，也成为20世纪的经典作品，如图5-2-10、图5-2-11。

第三节　德国工业设计兴起

德意志制造联盟（Deutscher Werkbund）是德国第一个设计组织，1907年成立于慕尼黑，是德国现代主义设计的基石。该联盟由一群从事设计教育和宣传的艺术家、建筑师、设计师和企业家组成，在理论与实践上都为20世纪20年代欧洲现代主义设计运动的兴起和发展奠定了基础。

一、德意志制造联盟的成立

联盟的创始人之一穆特休斯（Herman Muthesius，1861—1927）曾是一位建筑师，1896年被任命为德国驻伦敦大使馆的外交官，一直工作到1903年。他通过对英国工艺美术运动的考察，意识到设计在工业生产中的作用。联盟成立之初只有12名建筑师和12家公司，其中包括贝伦斯（Peter Behrens，1868—1940）、雷曼施米特（Richard Riemerschmidt，1868—1957）、霍夫曼以及比利时的威尔德等，由费切尔（Theodor Fischer）担任第一任主席。

图5–3–1　1914年科隆展览海报

德意志制造联盟的成立宣言提出："通过艺术，工业与手工艺的合作，用教育宣传及对有关问题采取联合行动的方式来提高工业劳动的地位。"德意志制造联盟以工业化生产和艺术相结合为宗旨，使更加简洁的表现材料和结构本身的设计理念在德意志制造联盟中不断发展。

德意志制造联盟在1908年召开了第一届年会。费切尔在开幕词中明确了对机器的承认，并指出"设计的目的是人而不是物"。德意志制造联盟的目的是建立产品制造商与设计专业人员的合作伙伴关系，以提高德国公司在全球市场的竞争力。联盟把"从沙发垫到城市建设"作为座右铭，使设计范围扩大到前所未有的程度。

德意志制造联盟十分注重宣传工作，出版了各种刊物和印刷品，经常举行各种展览，用实物来传播他们的主张。图5–3–1是联盟1914年在科隆举办展览的宣传海报。

现代建筑运动的艺术家早期在德意志制造联盟的活动，为第一次世界大战结束后现代建筑运动高潮的到来奠定了基础。作为新艺术运动领袖的威尔德提出设计艺术应与工业化结合，但他强烈反对设计标准化的趋向。他认为设计艺术应该保持其所独有的个性，并表示出对艺术风格简单化的担忧。在德意志制造联盟的种种实践活动和理论探讨中，逐渐确立了新的工业时代的美学思想。这不仅解决了艺术形式的问题，而且也从根本上拓展了"美"的范畴，即"真实"(相对于传统的纯形式美)也是美的。早在德意志制造联盟成立之初，德意志制造联盟的主要领导人穆特休斯就主张使建筑变得纯净、真实与简朴。

二、工业设计先驱者贝伦斯

贝伦斯认识到建筑应当是"真实"的，建筑的形式应该符合其功能和结构特征，应该是一种前所未有的新的艺术形式。这个"真实"包括两个方面的含义：形式真实地反映内容，即功能对形式的清晰支配；形式本身也应该是真实的，即结构和材料应以本来面目出现。他1909年为通用电气公司设计的涡轮机车间(图5–3–2)，大玻璃窗和三铰拱屋面的设计完全是从工厂建筑功能出发的，其立面形式也遵从于结构本来的形态，被誉为第一座真正的"现代建筑"(图5–3–2)。

在联盟1912年出版的刊物中，曾介绍了贝伦斯设计的德国通用电气公司(AEG)厂房和电器产品。1907年起，AEG公司聘请贝伦斯作为艺术顾问，为AEG设计了很多具有实用性的产品(图5–3–3~图5–3–5)。贝伦斯还设计了公司的标志、广告和产品说明书，他被称为工业设计师的先驱者。

图5-3-2　贝伦斯为AEG公司设计的工厂车间是现代车间的雏形

图5-3-3　贝伦斯1908年的设计确定了现代电风扇的形式　图5-3-4　贝伦斯1909年设计的电钟

图5-3-5　贝伦斯设计的电水壶分为三种规格，每种规格有不同造型，大部分零件可以实现互换，是标准化设计的早期实践

现代主义建筑大师格罗皮乌斯、密斯·凡·德罗和勒·柯布西埃都曾在贝伦斯的事务所中工作过，深受其影响。格罗皮乌斯声称：“贝伦斯是第一个引导我系统地合乎逻辑地综合处理建筑问题的人。在积极参加贝伦斯的重要工作任务中，在同他以及德意志制造联盟的主要成员的讨论中，坚信在建筑表现中不能抹煞现代建筑技术，建筑表现要应用前所未有的形象。”在贝伦斯的影响下，格罗皮乌斯在德意志制造联盟期间设计了德国最早的一些功能主义工业产品，在建筑上提倡采用新的结构、新的材料、为新的功能服务。格罗皮乌斯还在1910年提出了使用预制构件解决经济住宅的设计构想，这对后来现代建筑工业化和标准化产生了深远影响。

格罗皮乌斯在1913年的《论现代工业建筑的发展》一文中指出：“洛可可和文艺复兴的建筑样式完全不适应现代世界对功能的严格要求和尽量节省材料、金钱、劳动和时间的需要。搬用那些样式只会把本来很庄重的结构变成无聊感情的陈词滥调。新时代要有它自己的表现方式。”工业时代的高效率性也要求建筑设计必须以实用和满足功能为出发点，德意志制造联盟早期对英国建筑的简洁实用的推崇，以及穆特休斯在1913年强调的功能需求决定形式，和后来贝伦斯、格罗皮乌斯等建筑师的创作实践都证明了这一点，并对包豪斯设计风格的形成发挥了重要作用。

探索与思考

- 欧洲的设计改革对现代主义有什么作用?
- 现代主义思想为什么首先在德国成型?

第六章

现代主义的诞生

There is no essential difference between the artist and the craftsman.

——Bauhaus Manifesto 1919

BAUHAUS AUSSTELLUNG

WEIMAR JULI SEPT 1923

KANDINSKY

德国的“包豪斯（Bauhuas）”（1919—1933）

是世界上第一所完全为发展设计教育而建立的

学院，它奠定了现代设计教育体系的基础。

包豪斯的三任校长在任期间，形成了三个不同的、

带有鲜明时代烙印的发展阶段。

现代主义设计是从建筑设计发展起来的，

20世纪20年代前后，欧洲一部分

设计师、建筑家推动新建筑运动，这场运动

进行的改革包括在精神上、思想上

开始产生的民主主义倾向和社会主义倾向；

技术上运用钢筋混凝土、平板玻璃、

钢材等新的材料形式，打破了几千年以来的

设计为权贵服务的立场和原则，

也瓦解几千年以来建筑完全依附于木材、

石料、砖瓦的传统。

现代主义设计的先驱当中，有不少人

期望能够改变设计的服务对象，能为广大的

劳苦大众提供基本的设计服务。

比如勒·柯布西埃希望利用设计来建立一个

较好的社会，建立良好的社区，

通过设计来改变社会的状况，利用设计

来达到改良的目的。

第一节 包豪斯始末

“包豪斯（Bauhaus）”一词是格罗皮乌斯（Walter Gropius，1883—1969）自造的，他把德语“hausbau”倒置过来，而这个词的原意是“房屋建造”。这是世界上第一所专门从事现代设计学教育、以培养现代设计艺术人才为已任的教育机构，由格罗皮乌斯于1919 年4月在魏玛（Weimar）创办，全名“魏玛国立包豪斯建筑学校”，它的出现标志着欧洲乃至世界现代设计教育的诞生。（图6–1–1）

在发展历程中，包豪斯的创立者提出了一系列全新的设计艺术教育思想，其教育实践涵盖了现代设计学的大部分领域，如建筑、环境、陶瓷、家具、金属制品、印刷制品、玻璃制品、纺织制品等。包豪斯重视现代材料、现代技术、现代结构的应用，并崇尚由现代工业直接创造美学价值，这对工艺美术创造、工艺美术新领域的开拓、工艺思维的启迪具有重要的价值。可以说，包豪斯给当时整个西方带来了全新的现代艺术，奠定了西方现代设计学教育的基础。

一、包豪斯的演变

包豪斯的发展经历了三个阶段：

1. 第一阶段（1919—1925年）：魏玛时期

魏玛时期奠定了包豪斯的教育基础，并形成了理论与实践同步进行的教学方法。格罗皮乌斯——包豪斯的创办者，第一任校长，是20世纪最重要的现代设计家、设计理论家和设计教育奠基人。他把包豪斯从空洞的观念建构为坚实的设计教育重地，使其成为欧洲现代设计思想的交汇中心和现代建筑设计的发源地。他广招贤能，聘任艺术家与手工匠师授课，形成艺术教育与手工制作相结合的新型教育制度。1919年4月，格罗皮乌斯发表了代表包豪斯教育理想的《包豪斯宣言》。他的核心思想是打破艺术种类的界限，将手工艺人的地位提高为艺术家的层次，强调工艺、技术与艺术的和谐统一。包豪斯的发展不仅体现了格罗皮乌斯个人设计教育理念的演化与发展过程，也反映出现代设计先驱的思想嬗变。1923年8月至9月间包豪斯举办“包豪斯大展”，引起欧美许多国家的关注。当时还在包豪斯学习的施密特（Joost Schmidt，1893—1948）设计了这次展览的海报，后来他留校任教（图6–1–2）。

2. 第二阶段（1925—1932年）：德绍时期

魏玛时期奠定了包豪斯的教育基础，并形成了理论与实践同步进行的教学方法。但由于包豪斯教学思想中的民主和社会主义色彩，1924年魏玛的右翼政府下令关闭包豪斯。工业城市德绍市（Dessau）对格罗皮乌斯发出了邀请，包豪斯于1925年迁址德绍市。次年，由格罗皮乌斯亲自设计的包豪斯校舍落成，这座建筑也被认为是现代主义建筑的杰作（图6-1-3）。

格罗皮乌斯设计的包豪斯校舍包括教室、车间、办公室、礼堂、饭厅及高年级学生宿舍。它在功能上关系明确，方便而实用；在构图上采用了灵活的不规则布局，建筑纵横错落，变化丰富；立面造型充分体现了新材料和新结构的特点，打破了古典主义的建筑设计传统，获得了简洁明快的视觉效果。

包豪斯在德国德绍重建后进行课程改革，实行了设计与制作教学一体化的教学方法，取得了优异成果。这一时期的学术气氛活跃，包豪斯在这一时期走上系统的轨道，是包豪斯的理想得到实现、取得累累硕果的时期。这一时期是其发展的巅峰时期，也是包豪斯历史上最美好、最辉煌的岁月。

1928年格罗皮乌斯辞去包豪斯校长职务，由建筑系主任汉内斯·迈耶（Hannes Meyer，1889—1954）继任。迈耶奠定了将设计理解为不同于艺术的特殊设计活动的基础。但是，迈耶将包豪斯的艺术激进扩大到政治激进，从而使包豪斯面临着越来越大的政治压力，最后迈耶本人也不得不于1930年辞职离任，由密斯·凡·德罗（Mies Van deRohe，1886—1969）接任。

3. 第三阶段（1932—1933年）：柏林时期

密斯·凡·德罗面对来自纳粹势力的压力，竭尽全力维持着学校的运转，终于在1932年10月纳粹党占据德绍后，被迫关闭包豪斯。之后密斯·凡·德罗将学校迁至柏林的一座废弃的办公楼中试图重整旗鼓，由于包豪斯精神为德国纳粹所不容，面对刚刚于1933年正式上台的纳粹政府，凡·德罗终于回天无力，于该年8月宣布包豪斯永久关闭。1933年11月包豪斯正式被关闭，不得不结束其14年的发展历程。

包豪斯在其发展的14年短暂历史中，将欧洲的现代主义运动推向空前的高潮。它以艺术与技术相结合的思想为指导，强调新的工业产品的使用价值与审美价值的辩证关系，并且强调产品的美不仅在于外观而且也在于它的功能，主张创造技术性功能和审美功能最有效的结合。如包豪斯校舍的设计就是把实用性与审美性完美结合的典范。

图6-1-1　包豪斯时期的海报

图6-1-2　1923年魏玛包豪斯大展海报

图6-1-3　包豪斯校舍

图6-1-4　包豪斯学生剧社（1928）

二、包豪斯的设计教育

1923年包豪斯大展以“艺术与技术的新统一”为主题，格罗皮乌斯做了题为“论综合艺术”的演讲并极力宣传包豪斯的设计思想，将欧洲现代主义设计运动推向高潮。包豪斯也由此成为现代设计的摇篮，其所提倡和实践的功能化、理性化和单纯、简洁、以几何造型为主的工业化设计风格，被视为现代主义设计的经典风格，对20世纪的设计产生了不可磨灭的影响。

包豪斯提出了以简单明快的几何造型、精确合理的结构、清新的对比、各种组成部分之间的秩序、色彩的匀称与统一的设计主导思想，从而促进新的设计美学观即功能主义美学观的产生，也即从工业生产过程的合理性中找到与产品审美形态相统一的调和关系。这一思想主要体现在其教学方式和课程设置上。可以说，基础课的设置是“包豪斯”对传统艺术教育方式的彻底变革，也是包豪斯对形成现代设计学教育体系的最重要贡献之一。包豪斯聚集了当时欧洲最优秀的一批艺术家和设计师，为教学提供了有力保障。

在基础课上，学生主要学习“基本造型”和“材料研究”两大内容，初步掌握造型分析和材料运用的一般方法。基础课完成后，学生进入车间学习。在车间学习期间，学生的作品必须既合乎材质的特点、功能的要求，又具有自己的设计创意。学生在车间学习合格，获得“技工毕业证书”后，经过工厂实习，成绩优秀者进入研究部学习，毕业后方可获得包豪斯颁发的文凭。

瑞士画家约翰·伊顿（Johannes Itten，1888—1967）是首批来到包豪斯的教员之一，对包豪斯的发展有非常重要的影响。伊顿是在设计教育中第一个开设应用课程的人。他认为“教师教育学生的主要目的在于促进学生真正的观察力，真正的感觉、情感和正确的思维的培养，使学生从简单、机械的模仿学习中摆脱出来，鼓励他们恢复到本性的创造状态中从而进一步在主观的造型活动中发展他们的气质和才华”。他强调学生对形态、色彩、材料、肌理的深入理解与体验，包括对平面与立体形式的探讨与了解；通过对绘画的分析，找出视觉的形式构成规律，逐步使学生对自然事物有一种特殊的视觉发现的敏感性。他同时也是最早开设现代色彩系统教学的教育家之一（图6–1–5）。然而伊顿本人浓厚的宗教意念干扰了正常教学，最终离开了包豪斯。

在包豪斯创办的最初几年，教员的教学是非常个人化，不成体系的。德国的表现主义大师保罗·克利（Paul Klee，1879—1940）则尽力把艺术理论简单化、明确化，注重对绘画基本形式的分析，并善于将形式元素进行组合研究。他鼓励学生对色彩、形式、想象力进行试验，并且常常在他的学生中利用自己

图6-1-5　伊顿于1921年绘制的色谱

图6-1-6　1928年阿尔伯斯在包豪斯教授基础课程

的绘画创造进行演示，引导学生了解他的思想，这使学生受到最大的启发，受到学生的欢迎。康定斯基是俄国重要的表现主义大师、西方抽象艺术的鼻祖，他在包豪斯担任了十年壁画装饰教授，对包豪斯的宗旨和目的了解得最为透彻。康定斯基关于点、线、面的论述在包豪斯的基础课教学中发挥了重要作用，这些内容成为现代设计教育体系中平面构成课的先声。

克利和康定斯基这两位大师和其他设计先驱一起，以其崇高的威望和卓越的才能，对协助格罗皮乌斯完善学院的教育体系起到了积极的促进作用，为包豪斯的教育开辟了成功的道路。此后，阿尔伯斯（Josef Albers，1888—1976）和莫霍里·纳吉（Laszlo Moholy-Nagy，1895—1946）等一批年轻的教师走上讲台，把包豪斯推到了更高的高度（图6-1-6）。

1922年10月，莫霍里·纳吉（Laszlo Moholy-Nagy，1895—1946）接替了伊顿的位置。他年轻活跃，才华横溢，曾被格罗皮乌斯誉为“在建立包豪斯教育中最活跃的同事之一，包豪斯的许多建树都是他的功绩”。纳吉认为艺术后面的力量比艺术本身的制作过程和艺术的风格更加重要，这一立场与格罗皮乌斯希望发展和强调的精神是一致的，因而成为包豪斯体系的关键人物。

纳吉的教学目的是要学生掌握设计表现技法、材料、平面与立体的形式关系和内容，以及色彩的基本科学原理。他的努力方向是要把学生从个人艺术表现的立场上转变到比较理性的、科学的对于新技术和新媒介的了解掌握上去。莫霍里·纳吉可以说是一位成功地把包豪斯的艺术概念运用到工业设计和建筑上去的理论家，聘用莫霍里·纳吉也体现了格罗皮乌斯思想上的一次转变——以前比较重视艺术、手工艺转变到强调理性思维、技术知识的教育上。

包豪斯的教育思想和方针，归纳起来有五点：

1. 强调实际动手能力和理论修养并重。包豪斯提出艺术是建立在技术基础之上的教学理念，让学生了解技术、懂得基本的生产实践和操作，并在此过程中把握艺术创造的本质，是使艺术与技术和谐统一的最有效途径。在包豪斯，车间是除教室、图书馆之外的学习场所，学生通过身体力行、手眼并用的劳作训练，可以观察到产品生产的技术细节，可以学习如何塑造产品的形态、如何表现产品的质感、如何实现产品的功能。

2. 强调学校教育与社会生产实践相结合。包豪斯认为设计不能够满足于自我欣赏，它是为消费者服务的。最了解消费者的是工业生产企业，因此，学生的设计应该和企业的生产实际联系在一起，把企业对具体项目的市场要求作为设计的出发点，并且在项目的运作过程中，获得市场对设计的评价反馈。

3. 提倡自由创造，反对模仿因袭，墨守成规；鼓励学生多角度、多侧面地思考问题，激发学生的个性化创作思维。

4. 提倡在掌握手工艺的同时，了解现代工业的特征。包豪斯的思想反映了大工业时代的需求，在艺术创造和工业技术生产之间搭建起桥梁。提倡技术与艺术不应脱节、不应对峙，应当找到一种能够反映大工业时代审美情趣的新的艺术模式，并将其融入产品的技术生产。

5. 强调基础训练，基础课程成为现代设计的基础教学方法。强调引导学生充分了解各种材料的物理特性、化学特性、自然特性，研究这些材料的构成肌理，材料和色彩的关系，不同材料、不同色彩之间搭配的效果等等。

包豪斯的教育指导思想主张学科门类的融合，特别是在共同的艺术形式指导下“科学”地设计，使跨门类教学成为可能。在当时德国乃至欧洲还是传统设计教育占主流的背景下，来自艺术界的前卫思潮和激进的社会民主以及公平的追求激发出包豪斯师生们极大的创造力，而与工业生产力紧密结合的设计思路又令其设计让人耳目一新，预示出未来设计的新方向。由此可以看出，包豪斯的产生是现代工业与艺术走向结合的必然结果，它是现代建筑史、工业设计史和艺术史上最重要的里程碑。

第二节 包豪斯的设计实践与影响

包豪斯的建校历史虽仅14年3个月，然而“平衡的全面发展”在其教育体系中得到充分的体现。从包豪斯走出的500余名毕业生分布在29个国家，奠定了机械设计文化和现代工业设计教育的坚实基础。格罗皮乌斯和包豪斯的理想是培养一批未来社会的建设者，使他们既能认清20世纪工业时代的潮流和需要，又能充分运用他们的科学技术知识去创造一个具有人类高度精神文明与物质文明的新环境。

格罗皮乌斯说过：“设计师的第一责任是他的业主。”纳吉也曾强调“设计的目的是人，而不是产品”。事实上，包豪斯在培养了欧洲第一批现代设计师的同时，也诞生了众多的设计经典。

一、布劳耶与钢管椅

马歇·布劳耶（Marcel Breuer, 1902—1981）是包豪斯学校的第一期学生，是一位真正的功能主义者和现代设计的先驱。他出生于匈牙利，1920年来到德国，毕业后任家具车间的设计导师。1925年，他从他的“阿德勒”牌自行车的车把上得到启发，萌发了用钢管制作家具的设想，并亲手设计了世界上第一把钢管椅（图6–2–1）。

这把椅子造型轻巧优美，结构单纯简洁，具有很优良的性能，为了纪念他的老师瓦西里·康定斯基，布劳耶把它取名为“瓦西里椅”(Wassily chair)。椅子充分利用了材料的自有特性，如以轻而坚韧的钢管构成承重和受力部分，以舒适柔软而富有弹性的帆布构成座面、扶手与靠背部分，整体结构简单清晰。这种新的家具形式很快风行世界，瓦西里椅曾被称作是20世纪椅子的象征，在现代家具设计历史上具有重要意义。

包豪斯关闭后，布劳耶曾短暂在英国居住，1935年开始致力于胶合板成型家具、标准化模数单元家具、室内设计以及标准化模数的单元住宅等的研究。布劳耶的作品风格严谨，功能组织简洁，细部简明完整，注意利用材料的特性，如他这一时期为Isokon公司设计的躺椅（图6–2–2）。

1937年格罗皮乌斯受邀担任美国哈佛大学设计研究生院院长，布劳耶也跟随他移居美国并任教哈佛大学，两人合作完成了很多建筑项目。第二次世界大战结束后，布劳耶设计了很多知名的建筑作品，如1953—1958年设计的巴

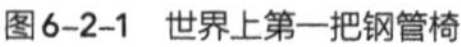

图6-2-1 世界上第一把钢管椅

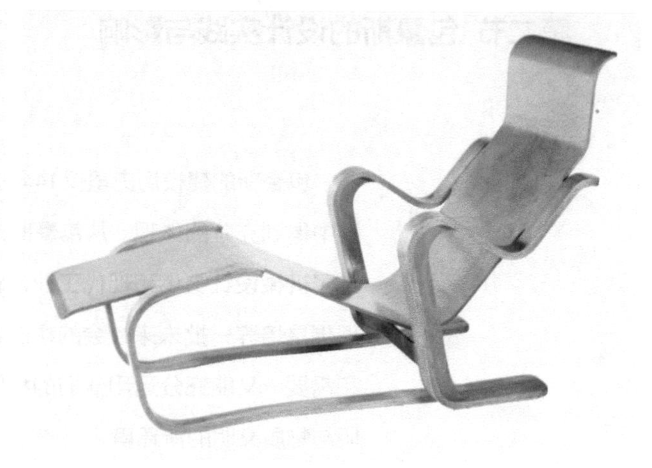

图6-2-2 布劳耶于1936年设计的躺椅

黎联合国教科文组织总部，1963—1966年设计的纽约惠特尼博物馆等。

二、密斯·凡·德罗与国际主义风格

密斯·凡·德罗（Ludwig Mies van der Rohe，1881—1969）是现代主义建筑大师。他出生于德国亚琛，自幼跟随父亲学习石工，对材料的性质和施工工艺等方面有所认识。21岁时的密斯设计出了第一件作品，以极其娴熟的处理手法引起了当时德国最著名的建筑师贝伦斯的关注，因此在1908年有机会进入贝伦斯事务所工作。

1928年，密斯用一句话概括了自己的设计哲学——“少即是多”(Less is more)。他把古典式的均衡和现代设计的极端简洁结合在一起，实现了形式上的最简化。在包豪斯任教期间，密斯也对方兴未艾的钢管椅进行了尝试，并设计了几款造型优美的座椅。1929年密斯主持设计了巴塞罗那世界博览会的德国馆，在一个不大的空间内创造出灵活多变的流动空间以及简练而制作精致的细部，成为一件现代主义风格的伟大作品（图6-2-3）。

密斯为这座展馆设计的座椅将金属材料和皮革进行了完美搭配，并因这次展会得名，称为“巴塞罗那椅”，在展会上引起了巨大轰动（图6-2-4）。

1937年密斯移居美国，并长期在芝加哥的伊利诺理工学院担任建筑系主任，他还为校园设计了新的建筑和总体规划，其中皇冠厅（Crown Hall）被认为是他最具代表性的作品之一（图6-2-5）。密斯·凡·德罗对钢架结构和玻璃在建筑中的应用进行了大量的实践和探索。他设计的建筑外观整洁，钢铁骨

图6-2-3　西班牙巴塞罗那博览会德国馆

图6-2-5　伊利诺理工学院的皇冠厅

图6-2-4　巴塞罗那椅

图6-2-6　密斯设计的方桌

图6-2-7　布兰德于1924年设计的银制茶壶

架几乎完全外露，长方形的表面覆盖着大面积的玻璃幕墙，在美国被广泛采用，被称为“国际主义风格”。作为现代主义最著名的建筑师之一，密斯是推进现代主义设计和促进建筑理论和实践的中心人物。

密斯还有一句名言“上帝在细节中”（God is in the details），在他设计的极简风格的咖啡桌的连接件上可以看到端倪（图6-2-6）。

三、女设计师布兰德

在包豪斯存在的14年间，人们对大部分女设计师的名字知之甚少。斯托兹（Gunta Stölzl，1897—1983）是早期导师中唯一的女性，任编织系主任——这个系因集中了大部分的女生而被称为女生系（women's department）。据说当时女生报考包豪斯的人数比男生还要多，而最终跨入门槛的女生仅占1/4。

布兰德（Marianne Brandt，1893—1983）是唯一一位在金工系就读的女生。她之前学习过绘画，1923年进入包豪斯跟随纳吉学习金属工艺，并很快留校任教，1928年她还担任过金工车间的负责人。她设计的茶壶、台灯、烟灰缸等家用金属制品被大量生产，是包豪斯经典设计的一部分（图6-2-7，图6-2-8）。

四、华根菲尔德

华根菲尔德（Wilhelm Wagenfeld，1900—1990）出生于德国，早年曾在银具厂工作，并接受过艺术教育，1923年开始进入在魏玛的包豪斯就学，后来留在魏玛的金属工厂工作。他1924年在包豪斯的金属车间里设计的台灯成为经典作品，被称为“华根菲尔德灯”（图6-2-9）。

图6-2-8　布兰德设计的台灯

图6-2-9　华根菲尔德灯

这款台灯使用基本几何形进行组合，达到和谐的工业美感，带有明显的包豪斯风格。此后几十年，华根菲尔德的作品仍然被不断生产。第二次世界大战结束后，他还曾经到被视为包豪斯的继承者的乌尔姆学院任教。

第三节 柯布西埃与现代主义

勒·柯布西埃（Le Corbusier，1887—1965）出生在瑞士一座小镇，1917年定居巴黎。他被誉为是开创现代主义建筑的鼻祖，一生致力于现代高层建筑的设计，留下了众多的经典传世之作。他是建筑师、设计师，又是画家、城市规划师和作家，他的职业生涯跨越了五十年，他在欧洲、日本、印度、北美和南美都建造了自己的作品。到2016年，柯布西埃在7个国家的17个建筑项目被列入联合国教科文组织世界文化遗产名录。

1923年，柯布西埃在其《走向新建筑》一书中发出了民主乃至于民粹的精神号召，被称为“建筑中民主和科学的宣言”。他提出了“新建筑五点”，即自由平面、自由立面、屋顶花园、底层架空、横向长窗，将其应用于任何建筑地段，并使其成为通用的建筑模式。“新建筑五点”代表了一种和传统建筑决裂的设计原则。新建筑五点实际上使框架结构成为可能性。柯布西埃设计的萨伏伊别墅（The Villa Savoye）就是这一构思的集中体现（图6–3–1）。

柯布西埃让大家认识到白色方盒子的工业美学，并把它变成了一种时尚，同时把自己变成了风潮的引领者。他奠定了现代建筑的历史地位，从而改变了现代城市的面貌。另外，柯布西埃改变了现代建筑学的发展方向，把建筑学拖回人类建造的本质。提出的“住宅是居住的机器”道出了建筑要满足其功能要求的重要性，他认为建造一座建筑、住宅，最终目的是为了使用。

1927年，柯布西埃和他的堂弟建筑师让纳雷（Pierre Jeanneret，1896—1967）以及法国女设计师贝里安（Charlotte Perriand，1903—1999）开始合作，他们一起完成了一系列家具设计，其中包括著名的LC系列座椅。如图6–3–2的沙发和图6–3–3的LC4躺椅就是其中的代表。

LC4躺椅的设计灵感来源于原始的弓形不锈钢的弯曲形，而且椅子由脚架和椅身上下两部分组成，可以随时调整坐躺的角度。人可以躺在上面，看书的时候可以调高头部，看书累了可以调平角度躺在上面小憩，如去掉基础构

图6-3-1 柯布西埃于1928—1931年设计的萨伏伊别墅

架，则上部躺椅部分甚至可当作摇椅使用。

柯布西埃这一系列的作品被认为是与女设计师贝里安的贡献分不开的。而另一位爱尔兰的女设计师艾琳·格雷（Eileen Gray，1878—1976）则以其独立完成的、具有开创性的现代主义设计家具赢到了柯布西埃的尊重。

格雷最初尝试过漆器制作，到了20世纪20年代，她受到荷兰风格派和包豪斯风格的影响，转而设计家具。她于1924年设计的可调节E-1027茶几使用了当时最前卫的钢管材料与玻璃进行搭配，而可自由调节高度的设计使之可以适应不同的使用环境，如图6-3-4。

格雷还设计了著名的必比登椅，外观好像由几个轮胎组成，靠背部分由两个真皮包裹的半圆形组成，坐起来感觉柔软舒适，也成为20世纪标志性的家具设计之一（图6-3-5）。

格雷设计的作品充盈着女性丰富的情感和含蓄质朴的特质，同时也充满了简洁理智的阳刚之感。她认为“简洁即是进步”（Simple Is Progress），这与密斯·凡·德罗的“少就是多”理念不谋而合。

图6-3-2　1928—1929年设计的LC3沙发

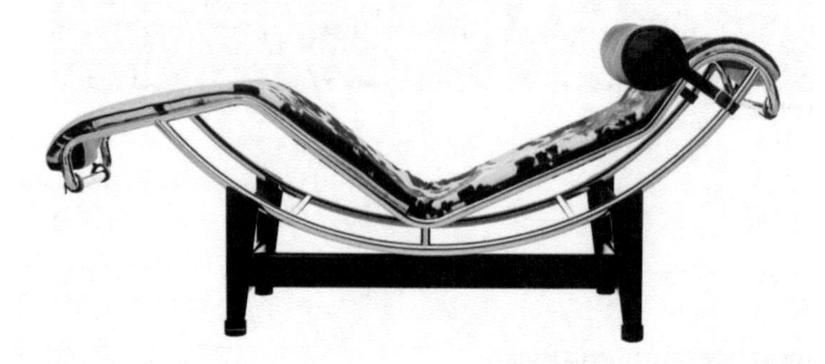
图6-3-3　1927年至1928年设计的LC4躺椅

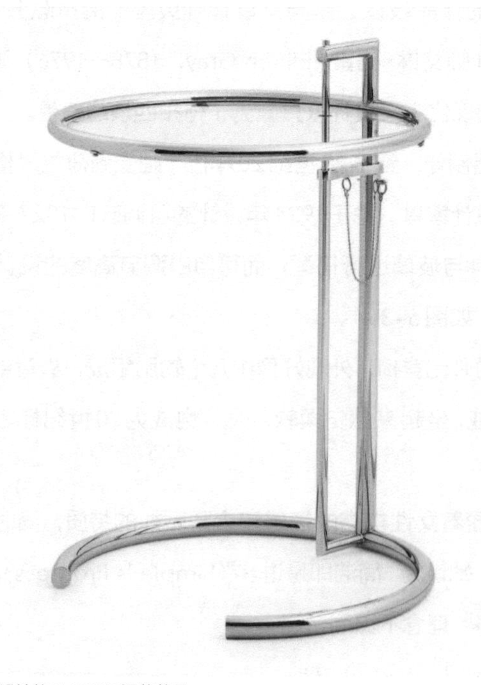
图6-3-4　格雷设计的E-1027可调节茶几

第二次世界大战后，柯布西埃设计了著名的马赛公寓和朗香教堂，成为举世瞩目的大师，但他仍然经常去格雷的家中拜访，后来索性在格雷的房子附近盖了一个小木屋，在此长期居住，直到1965年去世。

现代主义设计致力于用理性的思考解决工业生产中的问题，通过标准化等手段提高生产效率，满足了人们不断增长的物质需要。另外，现代主义运动处在时代改革的高潮当中，希望能够促进社会的健康发展，促进社会的正义，利用设计改变劳苦大众的生活，其设计探索具有非常强烈的知识分子理想主义的成分。但是，现代主义忽略了人与人之间的个性差异，具有很大的局限性。

探索与思考

- 包豪斯的教育思想在今天还有哪些价值?
- 如何看待现代主义设计的局限性?

图6-3-5　必比登椅

第七章

商业的引领

Good design is good business.
——Watson Jr.

小托马斯·沃森（Thomas J. Watson Jr,
1914—1993）是IBM公司创始人老托
马斯·沃森的长子，于1952—1971年间担任
IBM主席，他的观点“好设计就是好生意”，
代表了美国高度商业化社会对设计的普遍理解。
在欧洲人看来，早年的美国人缺少厚重的
文化积淀而偏重实用主义，
来自世界各地的移民可以使各种文化融合，
不管是新的艺术风格还是新技术，
在美国总是能够很快应用于商业。
20世纪20年代欧洲兴起的艺术装饰风格
在美国成为拯救经济危机的一剂良药，
最初产生于空气动力学研究的流线型
在美国成为一场造型风格的运动。
当欧洲各国正在进行现代主义设计的
探索与实践的时候，
美国人则开始了主要面向为企业服务的设计活动。

一般认为最早提出“Industrial Design”
一词的是新西兰出生的设计师希内尔
（Joseph Claude Sinel，1889—1975），
1923年他在纽约创办了自己的工业设计公司。
但他本人后来明确否认了这一点，
他说他也不知道这个词从哪儿来的。
在20世纪20年代，
希内尔宣称他的公司可以设计任何产品，
“从广告到炭火架和汽车，从啤酒瓶到书的封面，
从锤子到助听器，从标签和信笺到包装和腌菜缸，
从纺织品和电话簿到烤面包机、打字机和卡车”。
第二次世界大战以后，
美国诞生了一大批世界级的家具设计大师，
赫曼·米勒（Herman Miller）和诺尔（Knoll）
两家公司为设计师们提供了舞台，
反过来设计师们用一件又一件的经典作品
创造了巨大的价值。

第一节 艺术装饰风格和流线型运动

艺术装饰风格（Art Deco），也被称为装饰艺术，发源于法国，兴盛于美国，是世界设计史上的一个重要的风格流派。

一、艺术装饰风格

最初，艺术风格装饰被认为是一种现代风格，第一次世界大战前在法国最早出现，到20世纪二三十年代逐渐兴盛，在建筑以及家具、珠宝、时尚、汽车、电影院、火车、轮船和日常物品（如收音机和吸尘器）的设计中都有体现。1910年法国装饰艺术家协会成立，提出了使艺术与设计相结合的目标，并建议举办巴黎国际装饰艺术博览会，要求联合一切艺术家和所有装饰艺术，包括建筑、实用物品和装饰品，共同创造一种彻底的现代艺术，并坚持摒弃一切模仿和拼凑。但由于第一次世界大战等原因的影响，直到1925年，巴黎才成功举办了国际艺术装饰与现代工业博览会（见图7–1–1），艺术装饰风格正式得名。

图7–1–1 国际艺术装饰与现代工业博览会海报

柯布西埃曾经构想过将别墅的生活品质带入现代的摩天大楼，以改变其拥挤、冰冷、堆砌的面貌，在这次博览会上他建造了“别墅公寓”的一个单元，将其命名为“新精神馆”，在当时引起了轰动。展会期间，柯布西埃还写了一系列有关的文章，后来汇集成书，书名为《今天的装饰艺术》（Decorative Art Today）。这本书对博览会上丰富多彩乃至奢华的设计进行了激烈的攻击，他的结论是“现代装饰艺术就是不装饰”（Modern decorative art has no decoration）。

图7–1–2 鲁尔曼于1923年设计的墙角柜，现藏于纽约布鲁克林博物馆

艺术装饰风格继承了新艺术运动华丽的工艺和精细做工，又结合了现代设计风格的金属材料和玻璃材料的运用。到20世纪30年代，在美国，艺术装饰风格已经成为经济繁荣、社会进步的象征。如果仔细分析艺术装饰风格就会发现，它综合了各种不一样的设计风格，甚至有的风格相互矛盾——既包含了立体派、野兽派等前卫艺术的探索，又有法国路易十六时期新古典主义家具设计的影子，甚至还能发现来自东方的艺术影响，比如中国和日本、印度的异域风格，甚至是波斯、古埃及和玛雅文化。图7–1–2是法国人鲁尔曼（Emile-Jacques Ruhlmann，1879—1933）设计的墙角柜，带有明显的东方风格。

在建筑设计领域，克莱斯勒大厦和帝国大厦等摩天大楼被看作是是艺术装饰风格的代表作。建于1926—1931年的克莱斯勒大厦是最早的摩天大楼之一，高度达到320米，共77层，被看作是美国显赫的汽车制造帝国的一个重要标记（图7–1–3）。

二、流线型风格

流线型（Streamlining）本来是一个空气动力学名词，用来描述表面圆滑、线条流畅的物体形状，这种形状能减少物体在高速运动时的风阻，提高行驶和飞行的速度。图7–1–4是1934年克莱斯勒公司的“气流”（Airflow）小汽车，设计师把这辆车像一架飞机那样放在风洞中做实验，从这个名字也可以看出这是流线型风格应用的典型案例。

20世纪30年代，金属模压成型的方法得到了广泛应用，加上较大的曲率半径，便于脱模和成型，这一造型方法具备了生产条件。在汽车设计方面，车身生硬的线条与直角也开始变得更加柔和，设计师把流行的色彩和流体力学的最新研究成果相结合，让汽车更美观、行驶更快速平稳。

出生于奥匈帝国的汽车工程师费迪南德·保时捷（Ferdinand Porsche，1875—1951）曾创建了保时捷汽车公司，他的儿子和两个孙子都成为著名的汽车设计师。第二次世界大战期间，保时捷为德国设计生产了虎式坦克，如VK 4501（P）、Tiger I、Tiger II，被德国纳粹授予国家艺术与科学奖。

在1933年的柏林车展上，德国总理阿道夫·希特勒宣布：未来他的国家里面，每一个德国家庭都将拥有一部汽车或拖拉机，并公布了所谓的“人民汽车”和“高速德国汽车工业”计划。在此推动下，保时捷为大众公司设计了一款小型廉价车KdF–Wagen，也是大众公司最早的汽车，1938年开始投产。这款车体积小巧，采取了简洁的流线风格，外形酷似一只小甲虫，因而得到了一个大家习惯的名字——甲壳虫（Beetle）。“甲壳虫”车身迎风阻力最小，空气动力学的原理在这种车身上得到了很好的应用，也为以后在车身外形设计上运用“仿生学”开了先河。第二次世界大战爆发后，甲壳虫汽车一度停产，直到20世纪50年代，甲壳虫汽车受到新兴中产阶级的喜爱，并成为德国复兴的标志。1998年，大众公司重新设计了这款经典车型，并命名为新甲壳虫（New Beetle），至今仍在销售（图7–1–5）。

在美国，流线型成为一种象征速度和时代精神的造型语言而广泛流传，迅速扩展到日常物品的设计领域，如钟表、收音机、电话、家具和许多其他家用电器，都开始接受这一风格。流线型逐渐成为一种时尚流行，被称为流线型摩登（Streamline Moderne），成为20世纪三四十年代最流行的产品风格。

图7-1-3　克莱斯勒大厦

图7-1-4　克莱斯勒“气流”小汽车，现藏于美国密歇根州的克莱斯勒博物馆

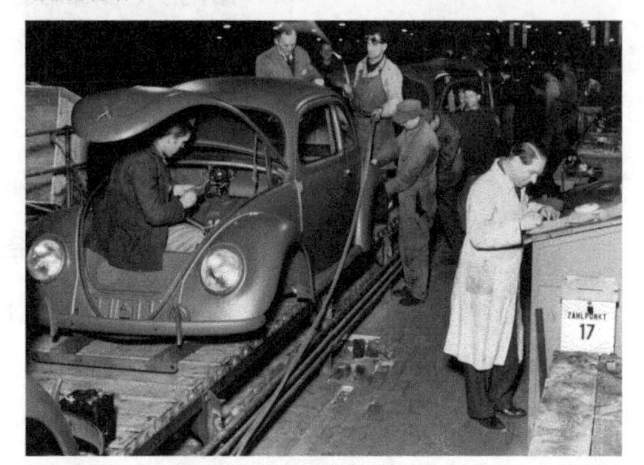

图7-1-5　1938年正式下线的甲壳虫小汽车在此后的70年间销量突破了2000万辆

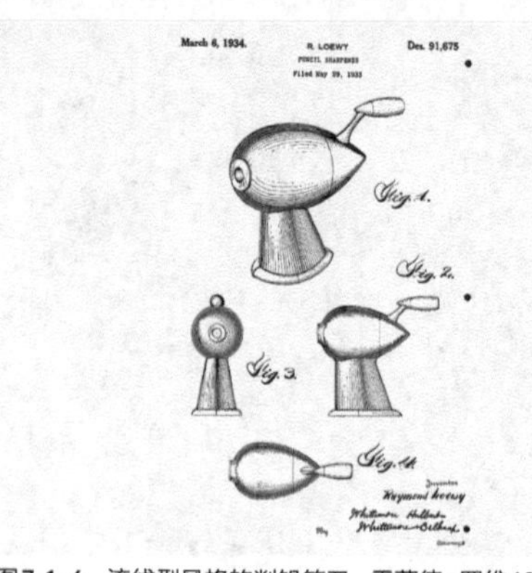

图7-1-6　流线型风格的削铅笔刀，雷蒙德·罗维1933年设计

与欧洲当时流行的功能主义不同，欧洲设计师倾向于以较低的生产成本设计物品，目标主要是使欧洲广大的工人阶级能负担得起，而美国更多地把设计作为一种提高消费产品销量的手段。流线型往往和繁荣的、令人兴奋的未来联系在一起，从而与美国的中产阶级的需求产生共鸣。

流线型风格的流行也使得早期的工业设计师有了用武之地，鲜明的设计风格改变了家用产品传统的形象，从而出现了一批专门为制造型企业提供工业设计服务的公司。图7-1-6是美国早期的工业设计师雷蒙德·罗维（Raymond Loeway，1889—1986）设计的一款削铅笔刀，这一设计中大胆采用了流线型风格。

第二节 美国早期的工业设计师

20世纪20年代，美国出现了一批最早从事工业设计工作的职业设计师，希内尔、罗维以及提格、盖迪斯、德雷夫斯都是其中杰出的代表。

一、提格

美国早期的著名工业设计师提格（Walter Dorwin Teaque，1883—1960）早年主要从事广告设计和平面设计，20世纪20年代末，美国经济陷入大萧条，大批量生产的工业产品外观上千篇一律，大公司都急于找到生存之道。深受欧洲现代主义和美国的设计文化影响的提格敏锐地发现了市场的动态，毅然结束了自己18年的广告生涯，开始从事工业设计的工作。1927年，提格与柯达公司开始合作。1930年，提格设计了一款最早的便携式相机，把相机的基本部件压缩到最基本的程度，为后来的35毫米相机提供了原型与发展基础。他与技术人员密切合作，善于利用外形设计的美学方式来解决功能与技术上的难点，这是美国工业设计师的一个重要特点（图7–2–1）。

1928年，提格在《福布斯》杂志上发表文章，提出了“现代设计需要现代营销”的思想，建议“设计师在用铅笔画在绘图板上之前，要和所有的商业部门一起，从生产计划中得到结果”。

提格一生设计了许多款著名的柯达相机。通过重新设计，柯达的相机与摄像机两个产品的销量在1934年增加了四倍。他还设计了一些具有艺术装饰风格的家用产品，如收音机等（图7–2–2）。

1955年，提格的设计公司与波音公司设计组合作，共同完成了波音707大型喷气式客机的设计，使波音飞机不仅外形简练且极富现代感，从而创造了现代客机经典的室内设计。

二、盖迪斯

诺曼·贝尔·盖迪斯（Norman Bel Geddes，1893—1958）是美国最早的舞台设计师、工业设计师之一，被《纽约时报》称为“20世纪的达·芬奇”。盖迪斯早年受到母亲的基督教科学派影响，喜爱辉煌的、闪光的、现代化的、充满美丽的流线型物品的未来新世界。在他职业生涯的最初阶段，贝尔·盖迪斯专注于剧场设计和戏剧布景。他在20世纪20年代后期扩展了新方向，转向建筑和室内设计，并开创新的工业设计领域，1932年他出版了《地平线》一书推广他的设计理念。

图7–2–1　提格1930年设计的柯达照相机，现藏于纽约布鲁克林博物馆

盖迪斯通过一系列设计作品塑造了现代美国作为创新者和未来领导者的国家形象。图7–2–3是他1940年为爱默生公司成立50周年庆典而设计的“爱国者”（Patriot）收音机，左侧的横向长条和旋钮上的五星都直接采用了美国国旗的视觉元素。

盖迪斯对未来充满了大胆的想象力，在1939年举办的纽约世界博览会上，盖迪斯用200个从未见过的图纸、模型、照片以及电影戏剧的布景和服装，房屋和设备、飞机和汽车表达了他对未来的乐观态度。图7–2–4是他早在1933年就开始设计的未来汽车模型。

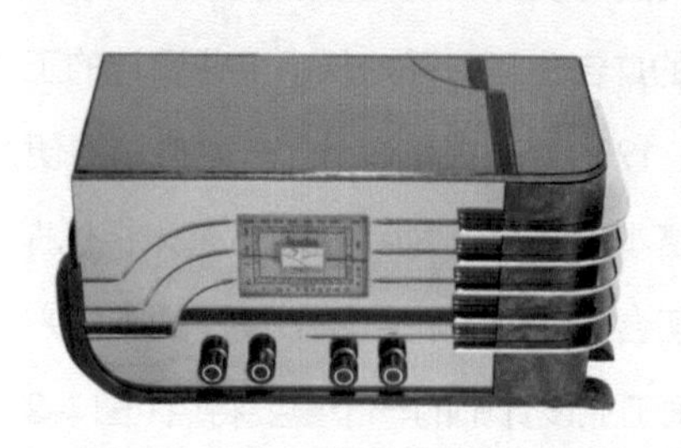

图7-2-2　提格1936年设计的Sparton557收音机，运用了非对称结构，钴蓝色镜面玻璃至今光彩夺目。现藏于纽约布鲁克林博物馆

图7-2-3　盖迪斯设计的“爱国者”收音机

三、罗维

雷蒙德·罗维（Raymond Loewy，1889—1986）一生完成了许多经典设计作品，从可口可乐的瓶身（1955）到美国总统专机“空军一号”的色彩涂装（1962），从IBM打孔机（1946）到斯蒂庞克公司（Studebaker）的Avanti跑车（1963），从好彩（Lucky Strike）香烟盒的包装到壳牌公司（Shell）的标志，数量有几千件之多，他也是第一位登上《时代周刊》封面的设计师（1949）。罗维出生于法国，第一次世界大战期间曾在军队服役，1919年移居美国，早期主要从事平面设计的相关工作，包括杂志设计与橱窗设计等。他作为工业设计师的第一项工作是在1929年，为一家名为基士得耶（Gestetner）的复印机厂家改良老式油墨复印机的设计。

雷蒙德·罗维发现“该款复印机四条外伸的腿在忙碌的办公室内有着潜在的危险”，因此设计了一个造型简洁且方便移动的外壳，使得整部机器的整体感更强，外观也变得美观。最终的产品不仅降低了加工设备所需的成本，而且还减少了其使用的空间，取得了良好的市场效果（图7-2-5）。

罗维敏锐地察觉到了美国大工业产品的优越性能和粗劣外形之间的差距，因而确定了自己的设计方向。他认为好的功能应该有好的外形，好的外形又可以更好地体现它的优越功能，同时还能够促进产品的销售，体现其商业价值。于是，他认定工业设计是一个潜在的巨大的市场。在为基士得耶设计产品成功之后，雷蒙德·罗维的设计订单纷至沓来，包括西屋电器（Westinghouse Electric）、霍普莫比尔汽车（Hupmobile）和西尔斯百货（Sears）等一流的企业。

罗维1934年为西尔斯百货公司设计的“寒点”（Coldspot）冰箱，改变了传统电冰箱的“箱式”结构，通过整体成型工艺，使外壳变得浑然一体，奠定

图7-2-4　盖迪斯1933年前后设计的汽车9号模型，明显受到流线型设计因素的影响

图7-2-5　罗维1929年设计的基士得耶复印机

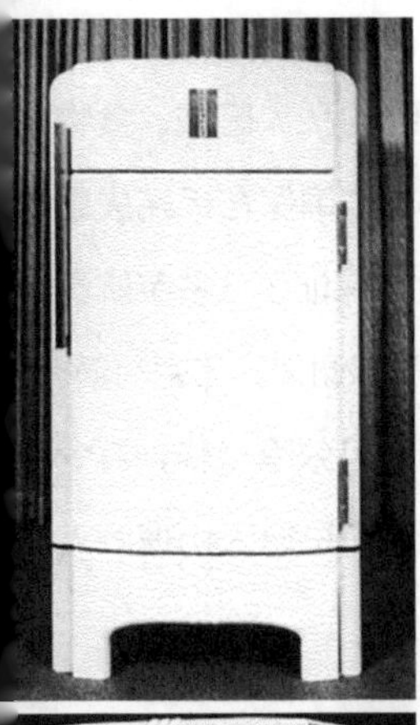

图7-2-6　罗维设计的Coldspot Super six冰箱

了现代冰箱的基本造型。在冰箱内部，罗维也作了合乎功能要求的设计调整，使产品更好地满足了用户的需要（图7-2-6）。

在"寒点"冰箱推出的第一年里，在核心技术没有任何较大改变的前提下，西尔斯的"寒点"冰箱销售量由65000台攀升到了250000台。这款产品也成为在已有技术条件不改的情况下，通过对产品外观进行更新赢得市场认可的一个成功典范，西尔斯公司也成为美国名列前茅的企业。设计史学家将这款产品看作是消费时代的新起点，称它是"第一件仅靠外观就能畅销的家用电器"。

1937年，雷蒙德·罗维与宾夕法尼亚铁路公司建立了合作关系，设计了几款著名的车型，包括GG1电力机车，K4s、T1、S1蒸汽机车等。如图7-2-7所示，S1是一件典型的流线型作品，车头采用了纺锤状造型，不但减少了三分之一的风阻，而且给人一种象征高速运动的现代感（图7-2-7）。

罗维宣称："对我来说，最美丽的曲线是销售上升的曲线。"他的设计带有明显的美国商业化气息，充满了浓厚的实用主义色彩。罗维的设计不是他个人的设计，背后是一整套的商业模式作为支撑，他从20世纪30年代开始建立自己的设计公司，后来公司规模不断扩大，人数不断增加，最多时雇员达到两百多人，而公司所有的作品都以"罗维设计"的名义进行推广，他的设计公司也成为20世纪世界上最大的设计公司之一。

图7-2-7 罗维和他设计的S1蒸汽机车

罗维认为设计师不能单纯为了追求形式的创新而忽略用户感受，“适度创新”的前提应该是争取消费者认同。因此，罗维提出了MAYA（Most Advanced，Yet Acceptable）原则，意思是设计上要尽可能的先进，但必须能够被消费者接受。

20世纪70年代，美国航空航天局（NASA）聘请罗维参与Skylab空间站的设计。罗维制订了太空旅行的第一个室内设计标准，包括室内设计和配色方案、可以从太空眺望地球的舷窗、每个船员放松和睡眠的私人区域、食物桌和托盘、工作服以及废物处理系统。NASA的设计要求是“确保在极端失重情况下宇航员的心理与生理的安全与舒适”，而罗维的设计保证了三名宇航员在空间站中生活了长达90天。后来，NASA专门给罗维写了感谢信，信中写道：“宇航员在空间站中，居然生活得相对舒适，精神饱满，而且效率奇佳，真令人难以置信！这一切都归功于阁下您的创新设计。而这设计正是您深切理解人的需求之后的完美结晶。”

四、德雷夫斯

作为美国第一批工业设计师，亨利·德雷夫斯（Henry Dreyfuss，1903—1972）设计了众多的产品，得到世界范围的认可，从20世纪30年代开始，他为贝尔电话公司长期设计各种电话机，领导了全球电话机的设计潮流。更为重要的是，他的设计理念主要基于常识的应用和科学的原则，特别重视产品设计中的人因分析和消费者研究，为工业设计的发展做出了巨大贡献。图7-2-8是他1959年设计的一款“公主”电话。

在20世纪三四十年代，德雷夫斯作为当时最为著名的工业设计师之一，致力于改善产品的外观、手感和可用性。但是，他和雷蒙·罗维及其他同时代

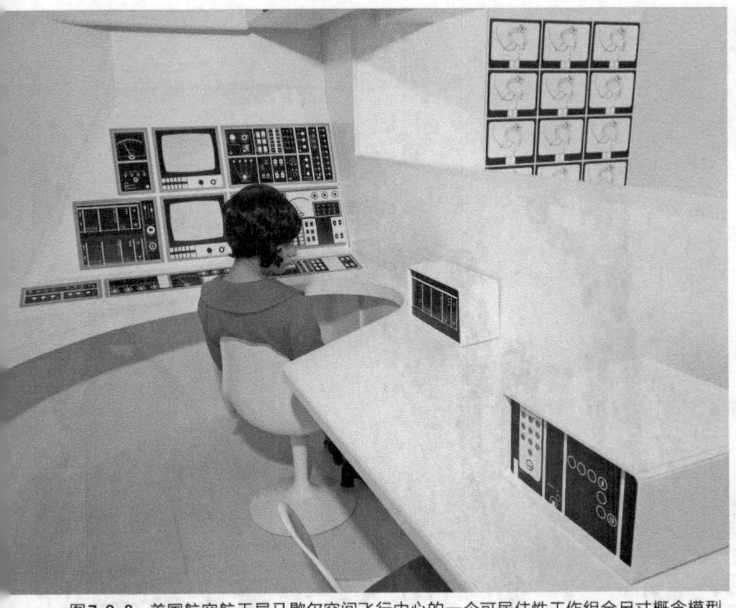

图7-2-9　德雷夫斯设计的电话作品

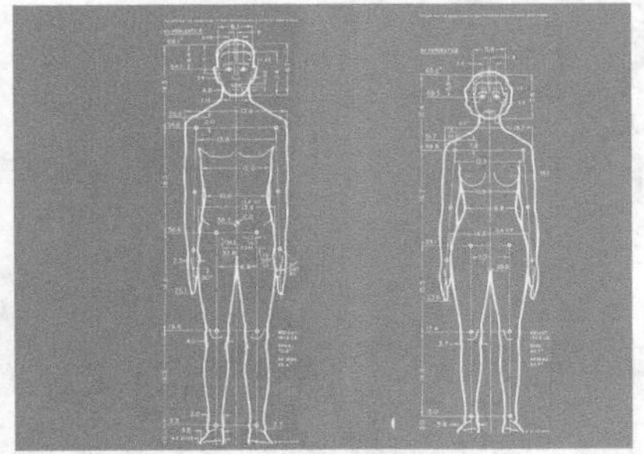

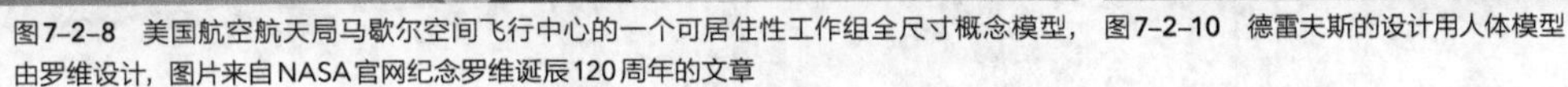

图7-2-8　美国航空航天局马歇尔空间飞行中心的一个可居住性工作组全尺寸概念模型，由罗维设计，图片来自NASA官网纪念罗维诞辰120周年的文章

图7-2-10　德雷夫斯的设计用人体模型

的设计师不同，德雷夫斯追求的不是产品优美的造型，他把工业设计作为一门科学来看待，提出了工业设计的科学方法。

1955年，德雷夫斯出版了《为人而设计》一书，从而为工业设计打开了一扇窗口。这本书不仅阐述了他的伦理和美学原则，还包括设计的案例研究，并解释了自己的“乔(Joe)”和“约瑟芬(Josephine)”的人体图。

1960年，德雷夫斯出版了他的经典设计著作《人体度量》，这本书搜集了大量符合人体工程学的人体测量图表，为设计师提供了精确的产品设计规范，从而为设计界奠定了人体工程学这门学科。1965年，美国几个工业设计协会组织合并，成立了新的美国工业设计师协会(The Industrial Designers Society of America，IDSA)，德雷夫斯当选为第一届协会主席。

第三节　美国的家具设计师

在美国，市场策略和经济效益是设计发展的重要原因，独立的设计师和设计事务所在美国设计中扮演着主要的角色。20世纪中叶，美国家具业和知名设计师合作，推出了一系列重要作品。

图7-3-1　克兰布鲁克艺术博物馆，也是克兰布鲁克教育社区的一部分

一、克兰布鲁克艺术学院

克兰布鲁克艺术学院（The Cranbrook Academy of Art）是一座规模很小的学校，多年以来只有十个系（工作室），每个系由一名导师（也称为驻地艺术家）和150名左右的学生组成，研究生课程的学习则是要在艺术家的指导和监督下完成自学。但是，克兰布鲁克艺术学院在美国具有极其重要的地位，1984年纽约时报文章指出："克兰布鲁克和它的毕业生以及教师们对整个国家都影响深远……克兰布鲁克，肯定比任何其他机构，更有权利认为自己是当代美国设计的同义词。"至今克兰布鲁克仍然是美国和全球最著名的艺术学院之一，被称为美国现代主义的摇篮，继续对世界艺术、建筑和设计做出贡献。

克兰布鲁克艺术学院是占地约1.29平方千米的克兰布鲁克教育社区的一部分，由报业巨头乔治·布什（George Gough Booth）在1932年创建，芬兰建筑师艾利尔·萨里宁（Eliel Saarinen，1873—1950）担任第一任校长。这两个人都深受工艺美术运动的启发。布什相信工艺将产生优越的产品，并为有道德、有责任的生活提供基础。萨里宁把工艺美术运动的设计实践和理论融入国际风格之中，他主张的学徒制的教学方法一直沿用到今天。萨里宁同时担任了建筑系的第一任导师，而他的女儿艾娃丽萨（Eva–Liisa，后来改名为Pipsan Saarinen–Swanson，1905—1979）则成为最早的设计系导师。

一大批美国年轻设计师都毕业于这所学院，如伊姆斯夫妇、小萨里宁、弗洛伦丝、贝尔托亚等。在克兰布鲁克，女设计师获得了与男性同等的发展空间，伊姆斯就曾这样评价他的太太："我能做的任何事，她都能做得更好。"另一名女设计师弗洛伦丝（Florence Schust，1917—　）1946年与汉斯·诺尔（Hans Knoll）结婚，共同创建了诺尔家具公司。1955年汉斯因车祸去世，弗洛伦丝成为诺尔公司的总裁，并在1965年退休后继续担任公司设计总监，她的努力使诺尔公司成为和赫曼米勒（Herman Miller）公司并称的美国两大国际家具集团。她和密斯·凡·德罗等设计大师保持了良好的关系，后者把著名的巴塞罗那椅正式授权给诺尔公司生产。

除了克兰布鲁克，美国其他高校的设计教育也在如火如荼的发展，培养了一大批本土设计师。如长期担任IBM设计总监的著名工业设计师诺伊斯（Eliot Noyes，1910—1977）1938年在哈佛大学设计学院获得硕士学位，他的老师就是包豪斯的创始人格罗皮乌斯。1940年，诺伊斯在担任纽约现代艺术博物馆（Museum of Modern Art，MoMA）工业设计部主任期间，举办了一次"家居家具有机设计大赛"（Organic Design in Home Furnishings），两位来自克兰布鲁克艺术学院的教师获得大奖，他们就是当时担任设计系导师的伊姆斯和建筑系助教小萨里宁（图7–3–2）。

二、伊姆斯夫妇

查尔斯·伊姆斯（Charles Eames，1907—1978）是20世纪最杰出的家具设计大师和建筑师、工业设计师之一，他的成就几乎是都和自己的第二任妻子蕾·伊姆斯（Ray Eames，1912—1988）共同完成的，包括晚年从事的电影制作工作。他早年就读于建筑系，因为激进的设计思想不被学校接受，只读了两年就离开了学校。受萨里宁校长的影响，伊姆斯1938年进入克兰布鲁克艺术学院学习，一年后担任设计系导师（1939—1941）。蕾曾经在纽约从事抽象主义绘画，1940年来到克兰布鲁克，一年后与伊姆斯结婚。婚后，夫妇搬到加利福尼亚继续他们的模压胶合板家具设计，伊姆斯在建筑、结构、材料

图7–3–2　伊姆斯（左）和小萨里宁（右）

方面具有极高的天赋，而蕾则擅长图形、色彩之类的平面设计和商业广告，她1947年还获得过纽约现代艺术博物馆举办的印花织物设计比赛的优胜。夫妇两人合作默契，是设计史上的一对黄金搭档。

1946年，伊姆斯研究了一种以多层夹板热压成型生产的椅子，经济实用，座位和靠背分离，坐上去感觉更舒服，这个设计很快由赫曼米勒公司投入生产，被命名为Lounge Chair Wood（LCW）。伊姆斯的设计风格对赫曼米勒公司产生了巨大影响（图7–3–3）。

伊姆斯夫妇致力于开发可批量生产和价格实惠的家具，但他们在高端市场的表现同样出色。1956年，他们第一次针对高端市场开发了一款编号为670座椅，这款座椅使用了金属脚架和发泡海绵作材料，后来被称为伊姆斯躺椅（Eames Lounge Chair）。这把椅子和配套的脚凳可以在房间随意组合，创造了一种弹性的空间，受到了中产阶段的追捧（图7–3–4）。

伊姆斯夫妇对新材料、新技术十分重视，率先将之用于家具设计上，开发了诸如玻璃纤维椅、塑料树脂椅、金属丝网椅等新产品。这些设计大部分被赫曼米勒公司生产。图7–3–5中的扶手椅是由他们设计的玻璃纤维椅，于1950年上市，成为伊姆斯最著名的设计之一，到今天仍然十分流行。这款设计在1948年纽约现代艺术博物馆举办的"国际低成本家具设计竞赛"（International Competition for Low–Cost Furniture Design）中获奖，很好地满足了第二次世界大战后社会对于低成本住房和家具设计的迫切需要。椅子提供了各种颜色和底座，如埃菲尔铁塔式的金属底座、木制底座和摇椅底座。

伊姆斯夫妇经常拍摄电影短片，记录自己在旅行中收集玩具和文物，或者布置展览或进行家具设计的过程。他们还制作了一部著名的影片，叫《十的力量》（*Power of Ten*），展现了从地球向宇宙的边缘不断扩大的宏观世界以及从人的皮肤到原子核的微观世界，具有很强的震撼力。伊姆斯结识了很多电影界的朋友，1968年他们专门为著名电影导演比利·怀德（Billy Wilder）设计了一把造型优美的椅子，如图7–3–6，具有很强的流动感。

三、小萨里宁

小萨里宁，即艾罗·萨里宁（Eero Saarinen，1910—1961）是20世纪中叶著名的有机现代主义风格设计师。他1923年随父亲艾利尔·萨里宁移居美国，曾在克兰布鲁克艺术学院学习，与伊姆斯夫妇、弗洛伦丝等成为好友。1940年他与伊姆斯共同合作获家具设计大奖，后来主要为弗洛伦丝主持的诺尔集

图7-3-3　伊姆斯设计的LCW椅

图7-3-5　配有摇椅底座的玻璃纤维扶手椅

图7-3-6　伊姆斯谢兹椅（The Eames Chaise）

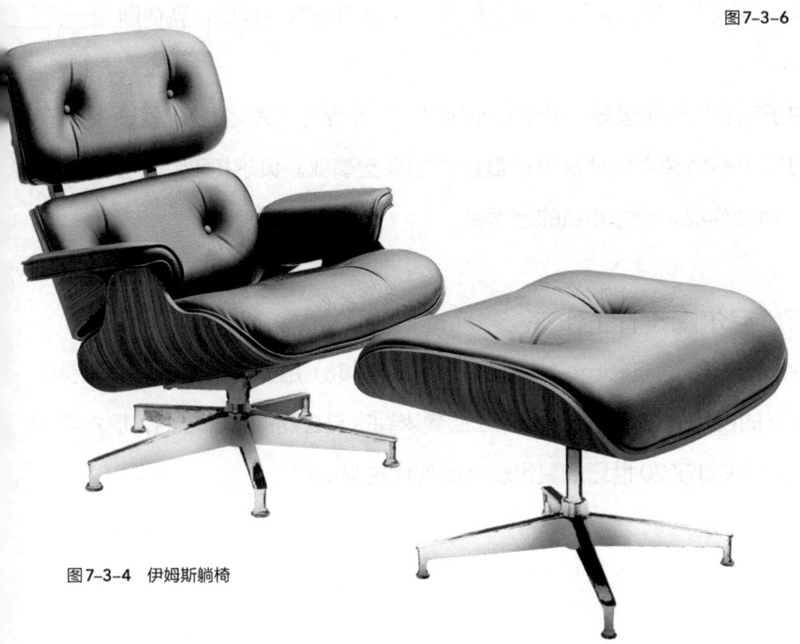

图7-3-4　伊姆斯躺椅

团设计系列家具。他在建筑方面的突出成就包括1948年设计的杰斐逊纪念碑和1956年设计的纽约肯尼迪国际机场候机楼。小萨里宁十分重视新材料新技术的应用，他认为："我们必须保持机敏与灵活的思维，用新的结构材料，新的造型方法，形成我们时代的新精神。"

在与诺尔公司长期合作期间，他设计了许多重要的家具，与伊姆斯的作品名称经常使用简单的字母缩写（如LCW、DCW）不同，小萨里宁往往为自己的作品起一个能够表达自己设计主张的名字，比如他最著名的子宫椅（Womb）椅和郁金香椅（Tulip）。他1948年设计的子宫椅椅身用玻璃纤维制成，加上橡胶的松软座垫和靠背，实现了人体舒适与现代美感的结合，被称为一件真正的有机设计，也成为萨里宁的经典作品之一，如图7–3–7。1956年小萨里宁设计的郁金香椅也被叫作基座（Pedestal）扶手椅，外形如同一朵花生长在一个圆形的底座上，见图7–3–8。这些作品都体现出有机的自由形态，而不是刻板、冰冷的几何形，被称为有机现代主义的代表作，成了设计史上的典范。

四、贝尔托亚

哈里·贝尔托亚（Harry Bertoia，1915—1978）出生于意大利，15岁时移居美国，22岁时进入克兰布鲁克艺术学院学习，24岁担任该校金属工艺系的导师，与小萨里宁、伊姆斯等优秀设计师成为同事，他还为蕾·伊姆斯设计过结婚戒指。1943年他搬到加利福尼亚和伊姆斯夫妇一起工作研究胶合板家具，1950年他受到弗洛伦丝的邀请为诺尔公司设计家具产品。

与伊姆斯、小萨里宁相比，贝尔托亚十分擅长在家具设计中运用金属材料，1952年他设计了著名的钻石椅（diamond chair），由钢丝按照网格形式焊接而成。贝尔托亚自己认为："这些椅子主要是由空气做成的，就像雕塑一样"（图7–3–9）。

由于钻石椅销量极好，诺尔公司向贝尔托亚支付了大笔的设计费，让贝尔托亚可以没有后顾之忧地从事他最喜欢的雕塑事业。贝尔托亚后半生完成了50余件雕塑作品，成为知名的艺术家。

五、尼尔森设计工作室

乔治·尼尔森（George Nelson，1908—1986）是美国工业设计师和美国现代主义的创始人之一，曾长期担任赫曼米勒家具公司的设计总监，尼尔森的设计工作室设计了20世纪最具代表性的现代主义家具。

图7–3–7　子宫椅

图7–3–8　郁金香椅

图7–3–9　钻石椅

尼尔森毕业于耶鲁大学，拿到了建筑学和美术学两个学士学位。1932年他在欧洲访问时，采访了密斯·凡·德罗等很多现代主义设计大师。回到美国后他曾为著名的建筑杂志《铅笔画》(*Pencil Points*) 撰写专栏，把欧洲大师格罗皮乌斯、密斯·凡·德罗、柯布西埃、吉奥·庞蒂的作品介绍给美国人。1935年尼尔森作为《建筑论坛》(*Architectural Forum*) 杂志的一名编辑，主要从事建筑理论写作，他在1945年出版了《明天的房子》(*Tomorrow's House*)，提出了对于未来家居的一些创新概念。

赫曼米勒公司的主席迪普瑞 (Depree) 对尼尔森的才华大加赞赏，决定聘请尼尔森出任赫曼米勒公司的设计总监，但尼尔森没有任何家具设计的经验。从1945年开始，尼尔森在这个职位上工作了25年，并促成了与伊姆斯夫妇、贝尔托亚、舒尔茨 (Richard Schultz)、野口勇 (Isamu Noguchi) 等著名设计师的合作。

1947年尼尔森在纽约开设了一个设计工作室，后来改成乔治·尼尔森联合公司，成功地将这个时代的许多顶级设计师聚集在一起，为赫曼米勒公司设计出一大批经典作品。其中，哈珀 (Irving Harper) 1954年设计的棉花糖沙发和莫尔豪斯 (George Mulhauser) 1955年设计的椰子椅最为出名 (图7–3–10，图7–3–11)。

尼尔森联合公司开创了企业形象管理，他们曾经与很多世界500强企业进行过合作。尽管尼尔森的很多作品其实都是他雇佣其他设计师完成的，但这就和罗维的公司一样，是美国商业化社会体系的一个缩影。

图7-3-10　棉花糖沙发

图7-3-11　椰子椅

探索与思考

- 现代设计思想起源于欧洲，为什么职业工业设计师最早在美国出现。
- 美国设计把商业利益放在首位，对于设计活动是利大弊，还是弊大于利。

第八章

现代与传统的融合

The primary factor is proportion.

——Arne Jacobsen

从1943年开始，76岁的赖特为位于纽约
第五大道的古根汉姆博物馆（如章首图所示）
（The Solomon R. Guggenheim Museum）
进行设计，直到他92岁去世那一年，
这项工程才完工。这也是赖特一生
设计的1000多件建筑（建成532件）中唯一
一个博物馆设计，它不同于赖特早年擅长的
以横向水平线为主体的现代主义风格，
而是表现出惊人的曲线机构，
从而实现了赖特“渲染出建筑中有机形式的
固有可塑性”（to render the inherent plasticity of
organic forms in architecture）的构想。
赖特认为美来自自然，螺旋式的设计令人
联想到鹦鹉螺的结构，连续的空间自由地
流动到另一个，恰恰符合了人们的参观路线。
从内部到外部，
赖特让现代主义设计与自己主张的
自然风格融合在一起。
从20世纪40年代开始，
更多设计师开始对现代主义风格提出了不同的改良，
就像上一章讲到的案例，
如果说伊姆斯的座椅设计更多要归功于
他对各种新型材料不懈的实验，
那么小萨里宁的有机现代主义风格与
他从小的生长环境有很大关系。
当北欧的文化传统与现代设计风格相互融合，
斯堪的纳维亚的设计经过了多年的酝酿，
终于在20世纪后半叶取得了令人瞩目的成绩。

第一节 发展中的现代主义设计

现代主义在欧洲开始传播，在不同国家都呈现了不同的特点。与建筑不同，在工业设计领域包豪斯式的国际主义风格并没有实现真正意义的“国际化”，而是出现了一定的进化，不再局限于几何体的组合，法国、意大利和瑞士的设计师在这方面做了有益的尝试。

一、法国的现代主义设计

巴黎作为20世纪初欧洲的艺术中心，是新艺术运动和艺术装饰风格的发源地，也是现代主义大师柯布西埃长期工作和生活的地方。在包豪斯大力研究钢管椅的时候，法国人却另辟蹊径，对金属材料进行了另一种方式的改造，使金属家具具有更广泛的应用。

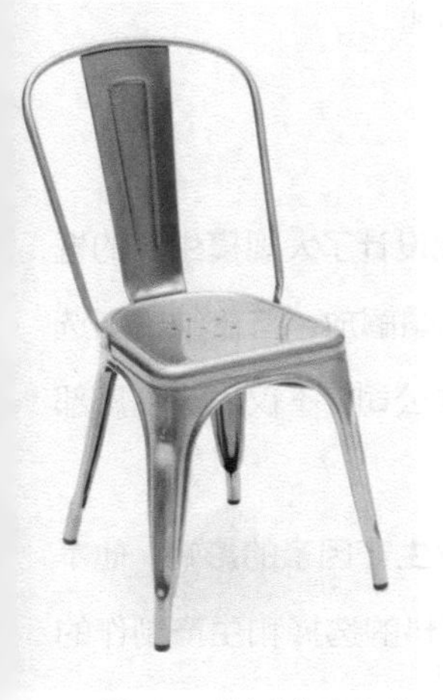
图8–1–1 帕奥查德于1934年设计的A型椅

帕奥查德（Xavier Pauchard，1880—1948）出生在一个工人家庭，是法国研究镀锌工艺的先驱。第一次世界大战前后，他发现可以通过将金属件浸入熔融的锌中来保护钣金不生锈。1927年，他创办了Tolix家具公司，开始设计和生产金属家具。他早期的产品完全用手工精心打造，将钣金件弯曲成精确的形状，然后焊接在一起，以其稳定性、轻盈性和强度而闻名。如他1934年设计的A型椅，具有防锈性能好、坚固耐用等优点，便于叠放，适合户外及各种天气状况，在家庭以及咖啡馆、工厂、办公室和医院中普遍受到欢迎（图8–1–1)。1937年，这款椅子在巴黎世界博览会上展出。直到今天，Tolix公司的椅子还在延续着最初的设计风格，所有的座椅下方都有独特的X形钢筋，被认为是创始人帕奥查德名字的首字母标记。

让·普鲁维（Jean Prouve，1901—1984）是法国另一位以金属为主体材料的设计师。他曾在南锡美术学院学习，毕业后开办了自己的金属工艺设计室，开始只生产锻铁灯具和金属扶手。1924年普鲁维开始充分利用刚发明不久的电焊技术制作金属薄板家具，以其独特的工业手法设计出一批充满创意的金属家具，主要以板状金属作为家具的主体构架，其强烈的现代工业美学气息立刻吸引了设计界的注意。

普鲁维的设计极其新颖而大胆，并时常结合机械装置设计出各种可调节的椅子，1929年他成为现代艺术家联盟（the Union of Modern Artists）的创始人之一。第二次世界大战期间，普鲁维成为法国抵抗运动的一员，并在

图 8-1-2　普鲁维 1930 年生产设计的休闲椅

图 8-1-3　普鲁维 1930 年设计的标准椅

1939 年为法国军队设计了便携式营房，后来又为难民设计了大规模生产的框架式住房。第二次世界大战结束后，随着 1944 年法国解放，普鲁维曾当选为南锡市的市长。同时，他还于 1947 年创办了普鲁维公司，不仅生产金属部件，还自己从事设计工作。

与现代主义相比，普鲁维设计风格更多来自工业生产因素的影响，他本人并没有接受过"国际式"的正规设计教育，他对材料的选择和生产制作的方式都源自制造业的需要。

在 1930 年设计普鲁维的标准椅中，前腿是包豪斯式的细钢管材料，而后腿则用钢板制成，座位和靠背用深色的橡木制作。其中的后腿设计的工业特征极其明显，具有很强的实用性、平衡性和耐用性。普鲁维认为：当人坐下的时候，大部分重心会落在后腿上，因此前后腿采用了不一样的结构，后腿的空心结构可以很好地把重力传递到地面。这把椅子也成为现代设计的经典，并被世界各地的设计博物馆收藏。柯布西埃曾对普鲁维给予了高度评价，认为他"结合了工程师的灵魂与建筑师的灵魂"（图 8-1-2，图 8-1-3）。

二、意大利的现代主义

意大利有着悠久的历史，古罗马和文艺复兴的光辉使意大利设计带有浓郁的艺术气息。受到德国和法国的影响，意大利很早就涌现出一批现代主义设计的领军人物，庞蒂就是其中的代表。

吉奥·庞蒂（Gio Ponti，1891—1979）出生于米兰，是意大利著名建筑师

图8-1-4　庞蒂设计的比利亚台灯和0024吊灯

和设计师。他曾经参加过第一次世界大战，战后在米兰学习建筑学，在此后60多年的设计生涯中，庞蒂广泛参与了建筑、室内、家具、灯具、包装、展示及玻璃等领域的设计。1928年，庞蒂创办了《多姆斯》设计杂志，大力宣传现代设计思想，展示意大利优秀设计作品，被认为是意大利现代主义设计的一面旗帜。从1936年起，庞蒂担任米兰理工大学的建筑学教授。1931年他设计了两款著名的灯具，其中"比利亚"（Billia）台灯由一个圆锥形灯座和球形灯头组成，而另一款0024吊灯则采用了喷砂玻璃和镀铬黄铜结构，保证了良好的照明性能和低能耗。二者都带有明显的现代主义设计风格。

1932年庞蒂与基耶萨（Pietro Chiesa，1892—1948）创建了丰塔纳艺术（FontanaArte）公司生产他设计的产品（图8-1-4）。比庞蒂小一岁的基耶萨是一位优秀的玻璃设计师，他早年做过玻璃工坊的学徒，其设计作品结合了现代艺术风格与卓越的制造技术。在初创的丰纳塔艺术公司里，他的才华充分展现出来，他一共设计了一千多件不同的产品，包括桌子、灯、玻璃窗等家居用品。其中很多佳作至今还在生产，如1932年设计的丰塔纳曲线桌和花瓶，如图8-1-5。

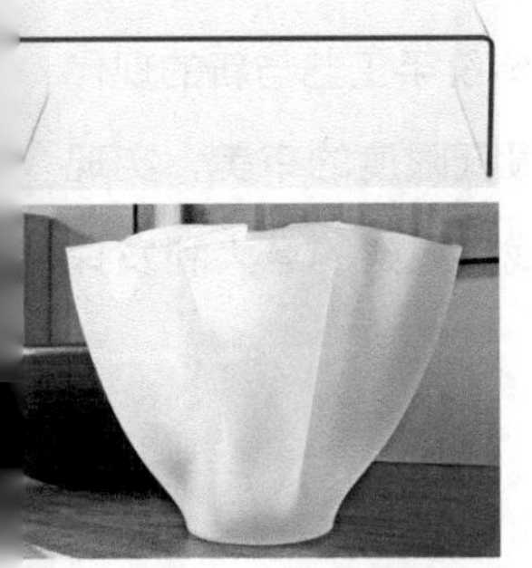

图8-1-5　基耶萨1932年设计的玻璃桌子和花瓶

庞蒂的才华注定无法被现代主义所掩盖。他1928年设计的咖啡桌把橡木和玻璃进行了有机的结合，光滑的圆角处理更适合家居的使用，这件作品被中产阶级视为改善家庭形象的优秀设计作品，其设计风格也对后世产生重要影响。我们甚至可以在当代最受欢迎的工业设计师马克·纽森（Marc Newson，1963—　）1994年设计的黑洞边际（Event Horizon）桌的曲线中找到庞蒂设计的影子，如图8-1-6。

图8-1-6　庞蒂1928年设计的咖啡桌和纽森1994年设计的铝制桌子

第二次世界大战前的意大利工业处于起步阶段，菲亚特（Fiat）、蓝旗亚（Lancia）、阿尔法·罗密欧（Alfa Romeo）等汽车公司一方面学习美国的先进技术，另一方面在设计上追求精致。在产品设计领域，1908年成立的奥利维蒂（Olivetti）公司十分重视工业设计的作用，特别是奥利维蒂公司的第二代主席阿德里亚诺1935年曾邀请包豪斯的毕业生瑞士人沙文斯基（Xanti Schawinsky，1904—1975）设计了Studio 42打字机（图8-1-7），此后又与另一位现代主义设计大师尼佐里（Marcello Nizzoli，1887—1969）长期合作。但随着第二次世界大战的爆发，意大利的工业遭到了严重破坏，阿德里亚诺曾因参加地下反法西斯组织而被捕，沙文斯基辗转来到美国纽约成为一名视觉艺术家。直到第二次世界大战结束后，奥利维蒂公司凭借鲜明的企业形象设计和尼佐里等设计师设计的产品，成为意大利设计在国际上的一张名片。

图8-1-7　奥利维蒂公司1935年生产的Studio 42打字机

图8-1-8　阿尔比尼书桌

另一名意大利现代主义设计代表人物阿尔比尼（Franco Albini，1905—1977）毕业于米兰理工大学建筑系，曾在庞蒂工作室工作，并在当时刚刚创办不久的米兰三年展上展出自己的作品。1928年，年轻的阿尔比尼设计了现代标志性的“阿尔比尼书桌”，结合了钢、玻璃和木材三种材料，具有简约的平衡感，这款产品在1949年由美国诺尔公司生产面世（图8-1-8）。

阿尔比尼的现代家具设计中经常融合了意大利传统手工艺与新的现代主义形式，他善于使用原始、便宜的材料来保证最低限度的审美，实现设计的优雅。他的这一设计特征在第二次世界大战后重建的意大利发挥了重要作用。

三、瑞士

瑞士具有优秀的手工传统，特别是制表业有400多年的历史，成为欧洲乃至世界著名的钟表王国，同时也吸收了欧洲各国的先进技术和工匠。1842年，法国人菲利普（Adrien Philippe）发明了垂式上弦钟表，他与波兰人帕泰克（Antoni Patek）共同在瑞士创建了百达翡丽（Patek Philippe）手表公司，而劳力士（Rolex）则是由德国人威斯多夫（Hans Wilsdof）1908年在瑞士注册。除了钟表之外，瑞士军刀同样受到全世界的喜爱。1891年，瑞士人埃尔泽纳（Karl Elsener）发明的第一把瑞士军刀仅有两种工具，分别是螺丝起子和开罐器，适于士兵在行军时开启罐头。到1897年，埃尔泽纳发明了新的弹簧，瑞士军刀才开始能够装进更多的工具，1909年他开始在瑞士军刀的红色握把上刻白色十字盾牌来做商标，并创立了维氏（Victorinox）品牌（图8-1-9）。

马克斯·比尔（Max Bill，1908—1994）是第二次世界大战前后最有影响

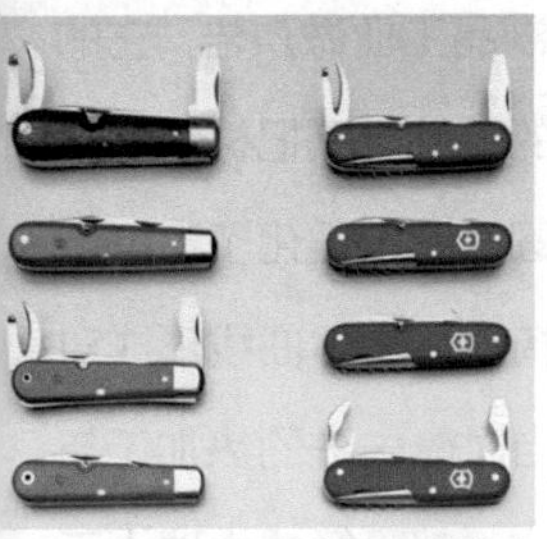

图8-1-9 瑞士军刀早期的产品，具有典型的功能主义特征。

图8-1-10 比尔设计的荣汉斯钟

图8-1-11 Max Bill系列腕表

的瑞士设计师之一。他少年时曾是一名银匠学徒，19岁进入德国德绍的包豪斯学院接受正规的设计教育，深受康定斯基和克利的影响。后来他回到瑞士，从事各种与设计有关的工作。他是建筑师，画家，也从事平面艺术和雕刻，更是一名设计评论家和工业设计师。比尔对数学与艺术之间的关系进行过深刻研究，他认为绘画或雕塑都与数学有着密切的联系，甚至要求艺术的创作原则应该处于一定的数学规律之下。比尔的理论和设计实践对瑞士的工业设计和平面设计都产生了巨大影响。

1950年，比尔担任了新成立的德国乌尔姆设计学院的首任院长，并设计了乌尔姆学院的校舍，从而担负起重新振兴包豪斯设计教育事业的重托，这也使他的影响力进一步扩大。1956年比尔为德国荣汉斯钟表公司（Junghans，也译作荣瀚宝星）设计了一款厨房用钟，其简约风格与精准比例使整体风格显得十分优雅（图8-1-10）。

另外，这款设计也充分体现了比尔在字体设计上的成就。新的无衬线字体是艺术与数学紧密结合的杰作，引发了全球设计界的瞩目。后来，这种用科学严谨的计算来表现字体清晰客观的视觉效果的设计风格被称为瑞士学院派（Swiss School），也被称为国际字体风格。荣汉斯公司至今还沿用比尔的字体设计，并用Max Bill的名字来命名它经典的系列腕表产品（图8-1-11）。

第二次世界大战前，比尔主要在瑞士苏黎世从事设计和教学活动，他曾与汉斯·柯雷（Hans Coray，1906—1991）等前卫艺术家、设计师创办了“苏黎世具体艺术”（Concrete Art）组织。柯雷早年在苏黎世大学取得过语言学的博士学位，1930年开始从事家具设计，其中他设计的兰迪椅（Landi Chair）（图8-1-12）在1939年在苏黎世举办的瑞士国家展上一举成名，成为当时的热门话题之一。

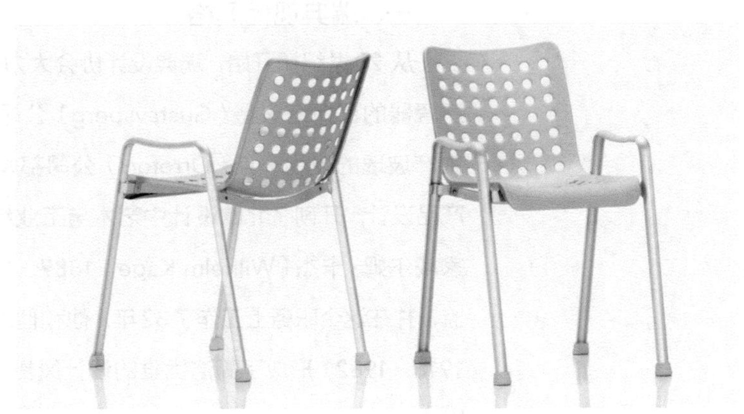

图8-1-12 兰迪椅

有意思的是，柯雷设计兰迪椅的初衷是为瑞士铝制品工业做广告，它的靠背和坐面由一整块工业铝板制成，既保证了有一定的弹性，又把材料的物理特性和美学特征发挥到了极致。靠背上切割出来的圆孔不仅强化了造型结构的坚固性，而且令椅子显得非常轻盈优雅。挺拔的椅腿和主体曲线形成对比，亚光的色泽又保证了这把椅子的整体感，体现了当时最先进的热加工与化学处理的效果。今天，兰迪椅和瑞士钟表、军刀一样，都已经成为瑞士工业设计的重要标志。

第二节 北欧设计风格的形成

北欧现代风格是现代主义的重要组成部分，兴起于两次世界大战之间的时期，主要以家具设计为代表，它首先以瑞典现代风格（Swedish Modern）为开端，以丹麦现代风格（Danish Modern）为高潮，而芬兰现代主义大师阿尔托（Alvar Aalto，1898—1976）则被视为北欧现代风格的一座高峰。

北欧的丹麦、瑞典、芬兰、挪威四国位于斯堪的纳维亚半岛，具有丰富的森林资源和水域辽阔的生态环境。这里并没有发生过像英国那样迅速发展的工业革命，因而手工艺的传统影响十分明显。北欧手工艺崇尚淳朴天然自然、忠实于自然材料，这种风格正好符合了早期工业化生产要求造型简练、经济实用和追求高生产效率的特点，于是，北欧实现了现代工业设计和手工业传统的完美融合，形成了独树一帜的斯堪的纳维亚设计风格。

一、瑞典现代风格

从 20世纪初开始，瑞典设计协会大力促进艺术家参与工业界的工作，生产瓷器的葛斯塔夫堡（Gustavsberg）公司和罗斯特兰德（Rorstrand）公司、生产玻璃的奥列夫斯（Orrefors）公司都聘请了著名艺术家负责艺术指导和产品设计，开创了北欧设计中艺术与工业结合的典范。1917年，年轻的艺术家威尔姆·卡杰（Wilhelm Kage，1889—1960）出任葛斯塔夫堡公司艺术总监，并在这个职务上工作了32年，他和他的继任者林德伯格（Stig Lindberg，1916—1982）形成了简洁优雅的设计风格，对北欧现代陶瓷设计产生了重大影响（图8–2–1）。

图8-2-1　卡杰设计的Argenta餐具系列是他最受欢迎的作品之一

1930年，瑞典建筑界的现代主义风潮开始兴起，由当时著名的建筑师、设计师阿斯普伦德（Gunnar Asplund，1885—1940）设计的斯德哥尔摩博览会展馆将瑞典的现代设计引向一个高潮，传统工艺与现代主义之间进行了激烈的交锋。瑞典著名家具设计师马姆斯滕（Carl Malmsten，1888—1972）就拒绝接受建筑和室内的现代主义风格，反对过于机械化严格，强调设计中的人情味，他在斯德哥尔摩建立了卡尔·马姆斯滕手工艺学校，希望用传统工艺来对抗阿斯普伦德等提倡的纯现代主义。而另一位年轻设计师布鲁诺·马松（Bruno Mathsson，1907—1988）在发展现代主义思想的基础上强调瑞典设计的传统和价值，成为瑞典现代风格重要的代表。

马松是瑞典著名的设计师和建筑师，出生于瑞典小城瓦那穆（Varnamo）的一个木匠世家，从小就聪敏好学，在父亲的家具作坊当学徒，逐渐形成了他传统工艺和现代主义相结合的理念。他的设计运用简单而优美的结构，并坚持使用木材和皮革等传统材料，形成了一种独特的轻巧感。马松还是最早研究人体工学的一位家具设计师，他的很多椅子的设计实际上是根据人体的曲线形状而来的。

1931年，只有24岁的马松设计了他的成名作蚱蜢椅（Grasshopper），从名字就能反映出其设计灵感来自大自然。1934年马松推出他的第一件弯曲胶合板休闲椅佩妮拉（Pernilla）系列，并在此后几年里他不断对椅子的材质进行过各种组合，包括呢料织物、纯牛皮以及用皮革编织和帆布编织等，颜色也进行了各种尝试，脚踏和椅腿也进行了不同的组合，如图8-2-2的后腿变成了轮子更加便于移动。

马松1935年前后设计的“伊娃（Eva）”椅，以弯曲胶合板及编结帆布条为构件，坐面与靠背被融合成一条连续的曲线，展现出如女性般柔美轻巧的特质（图8-2-3）。

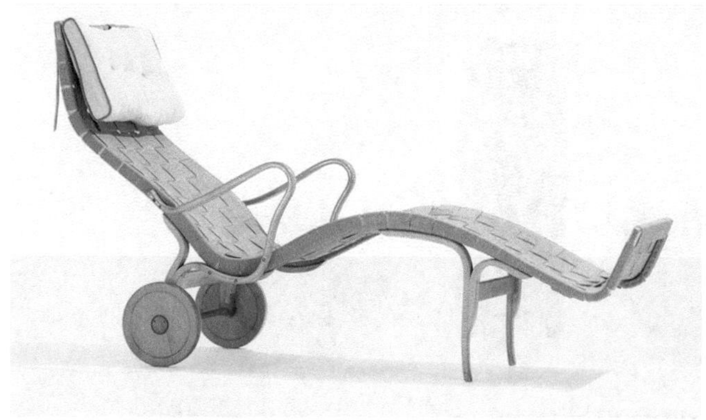

图 8-2-2　马松设计的佩妮拉躺椅

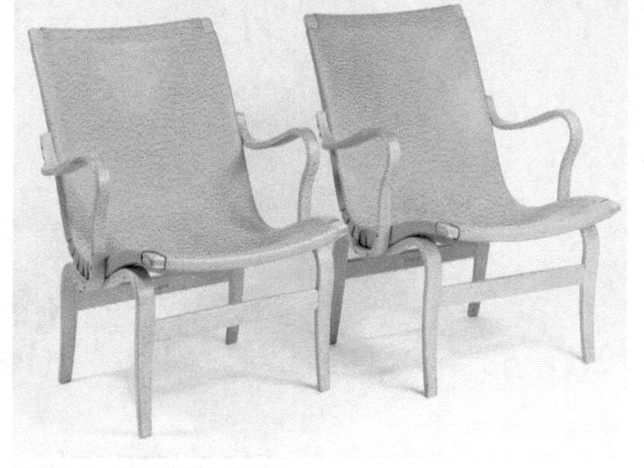

图 8-2-3　马松设计的伊娃椅

第二次世界大战以后马松在设计领域更加活跃，20世纪60年代时马松尝试使用钢管结构，设计出一批风格独特的家具。作为建筑师，马松是最早在设计中考虑使用地热和太阳能作为能量源的设计师之一。

二、丹麦现代风格

19世纪上半叶也被称为丹麦黄金时代（The Danish Golden Age），哥本哈根在经历大火和炮轰的破坏后迎来了重生，建筑师汉森（C. F. Hansen）担任重建哥本哈根的总设计师，另一名建筑师宾德斯波尔（M. G. Bindesbøll）设计了著名的托尔瓦德森美术馆（Thorvaldsens Museum），二者均表现出新古典主义的设计倾向。这一时期，丹麦名人辈出，在美术、音乐、文学方面都涌现了一大批杰出人士，包括我们熟悉的安徒生。宾德斯波尔的儿子托瓦尔德（Thorvald Bindesbøll，1846—1908）也是一位优秀的建筑师、画家和设计师，他设计的陶瓷产品造型较大，常常用曲线把不同的色彩划分成几个独立的区域，富有很强的装饰性，1904年他还设计了著名的嘉士伯啤酒的标志。

1904年，丹麦银匠乔治·杰生（Georg Arthur Jensen，1866—1935）创建了自己的银器工坊，此后一百年间，“乔治·杰生”成为一家专注于银制品设计和生产的公司，并在1910年获得布鲁塞尔国际展览会金奖。

杰生曾经在14岁时成为一名金匠学徒，后来又进入丹麦皇家艺术学院学习雕塑。他接受的金属加工手工训练和专业的艺术教育使他将二者很好地结合在一起。20世纪初，他的设计具有强烈的新艺术运动风格，他主张恢复艺术家工匠的传统，受到了用户的欢迎。很快，他的新艺术风格作品以其造型美观和质量上乘吸引了公众的眼球。

图8-2-4 博杰森设计的Grand Prix餐具

杰生的助手博杰森（Kay Bojesen，1886—1958）也是一名著名的设计师。他涉猎广泛，不仅设计金属制品，还在儿童家具、珠宝和家居用品设计领域多有建树。1938年博杰森设计的一套不锈钢餐具赢得了1951年的米兰三年展大奖（图8-2-4）。

博杰森1922年开始设计的木制玩具多年来受到孩子们的喜爱。他的座右铭是："线条应该会微笑。"1951年，博杰森设计了一款木头猴子，受到全世界的欢迎，并在伦敦的维多利亚和阿尔伯特博物馆展出。这款木头小猴可以摆出各种不同的姿势，可站可坐，可以倒挂在树上，可以吊单杠，能够充分发挥孩子们的想象力，成为丹麦人心目中知名度最高的玩具之一。直到今天，丹麦家居公司欧森丹尔（Rosendahl）还在销售凯·博杰森系列的玩具产品（图8-2-5）。

图8-2-5 博杰森设计的木制玩具

丹麦因为处于高纬度地区，灯具设计在家居设计中起着十分关键的作用。丹麦设计师保尔·汉宁森（Poul Henningsen，1894—1967）在20世纪20年代通过自己经典的PH灯具设计，表达了自己的设计理念：灯具不仅可以是一件雕塑般的艺术品，更重要的是，灯具要能提供一种无眩光的、舒适的光线，并创造出一种适当的氛围。以汉宁森名字缩写命名的PH灯具已经流行了近一个世纪。

汉宁森年轻时曾学习建筑，此后还为几家报纸和杂志撰写文章，为剧院写剧本。另外，他还是一名作家和社会批评家。汉宁森设计的PH5灯具于1925年在巴黎世界博览会上展出并荣获金牌，后来，PH系列灯具由丹麦著名灯具制造商路易斯·波尔森（Louis Poulsen）公司生产，至今畅销不衰（图8-2-6）。

图8-2-6 汉宁森设计的PH5吊灯

PH灯具有着鲜明的人性化设计特征：

1. 所有光线都经过至少一次反射才到达工作面，以获得柔和、均匀的照明效果，并避免清晰的阴影；

2. 并且无论从任何角度均不能看到光源，以免眩光刺激眼睛；

3. 对白炽灯光谱进行补偿，以获得适宜的光色；

4. 减弱灯罩边沿的亮度，并允许部分光线溢出，避免室内照明的反差过强。

PH灯具具有极高的美学价值，遵循了照明科学原理，体现了北欧工业设计的鲜明特色。汉宁森一生设计了四十余种PH灯具，它们与不同的室内环境协调一致，取得了市场上的巨大成功。图8-2-7是汉宁森1958年设计的洋蓟灯。

图 8–2–7　汉宁森 1958 年设计的洋蓟灯是 PH 系列灯具的巅峰之作

卡里·柯兰特（Kaare Klint，1888—1954）是丹麦建筑师和家具设计师，被称为现代丹麦家具设计之父，他的父亲也是一位建筑师。柯兰特的椅子设计基于功能出发，比例上能够适应人体要求，采用不上漆的原木、皮革及素色织物，创造了一种自然而亲切的设计语汇（图 8–2–8）。

柯兰特对丹麦现代家具的设计产生了重要影响，特别是在 1924 年他在丹麦皇家艺术学院教授家具设计课程，培养了莫根森（Børge Mogensen）和克耶霍尔姆（Poul Kjærholm）等著名设计师。

三、芬兰现代主义大师阿尔托

阿尔瓦·阿尔托（Alvar Aalto，1898—1976）是芬兰建筑大师和设计大师，也是雕塑家和画家，作品包括建筑、家具、纺织品和玻璃器皿。他的家具设计被认为是斯堪的纳维亚现代主义设计的重要标志。

阿尔托早年在赫尔辛基理工大学学习建筑学，1923 年开办了自己的建筑事务所，1925 年与建筑师艾诺结婚，后者成为他最重要的合作伙伴。阿尔托还在芬兰和国外参加了多个著名的建筑设计比赛。1929 年，他设计了两个重要的建筑作品，即图尔库新闻报（Turun Sanomat）大厦和帕米奥（Paimio）疗养院，开始表现出现代主义的设计风格，并引起世界的关注。1939 年由他设计的美国纽约世界博览会芬兰馆受到了赖特的高度赞誉。

在 20 世纪二三十年代，阿尔托夫妇密切合作，在家具设计上做了很多探索性工作。阿尔托善于学习，从霍夫曼和索内特的设计中寻求灵感，通过对木材进行长期实验，成功利用胶合板完成了不规则曲线造型的雕塑般效果。阿尔托设计的三足凳和为帕米奥疗养院设计的座椅完全展现了阿尔托在家具设计上的成就（图 8–2–9，图 8–2–10），1935 年阿尔托夫妇等人创建了Artek公司，专门销售阿尔托设计的家具。直到今天，Artek仍是芬兰最著名的家具公司之一。

1936 年，阿尔托夫妇在伊塔拉（Karhula-Iittala）玻璃公司主办的一次设计比赛中获奖，这件获奖作品后来被称为阿尔托花瓶，也被叫做甘蓝叶（Savoy）花瓶，现在已经成为芬兰设计的国际知名标志性作品（图 8–2–11）。

1941 年，阿尔托受麻省理工学院之邀，赴美国任教。回国后阿尔托曾经完成过很多雕塑作品，此后他还从事过城市规划方面的工作。艾诺为伊塔拉公司设计过很多的玻璃制品，虽然她于 1949 年因病去世，但直到今天，她的很多作品仍在生产（图 8–2–12）。

图8-2-8　柯兰特1933年设计的旅行椅（Safari Chair）和甲板椅（Deck Chair）

图8-2-9　阿尔托1933年设计的三足凳

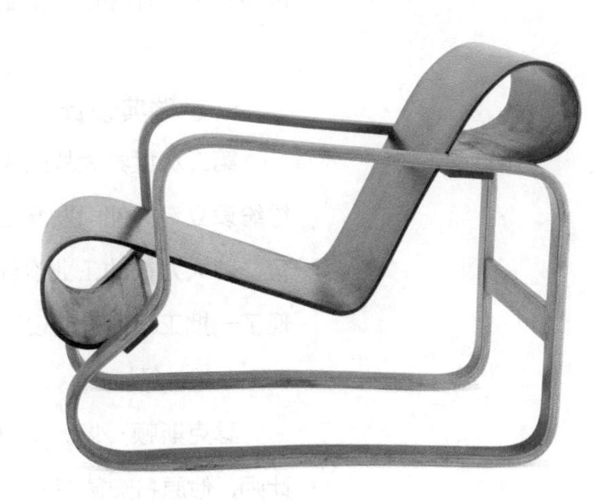

图8-2-10　阿尔托1932年设计的帕米奥椅

图8-2-11　阿尔托花瓶

图8-2-12　艾诺·阿尔托设计的水杯

第三节 斯堪的纳维亚设计

斯堪的纳维亚地区在现代设计的运动中始终独树一帜，到20世纪50年代，来自瑞典、丹麦、芬兰的一大批优秀设计师脱颖而出，受到世界的关注。与欧洲的现代主义和美国的国际主义风格不同，北欧设计很好地体现了现代主义设计风格与手工业传统的结合，很多优秀设计师都从事过金匠、木匠、石匠等传统工艺的学徒工作。

1954年，美国举办“斯堪的纳维亚设计”展览，并作为优良设计的范例介绍给美国的工业设计界，斯堪的纳维亚设计由此得名。1956年联邦德国举办了“丹麦的新式样”家具展，1958年巴黎也举办了名为“斯堪的纳维亚风格”的设计展。斯堪的纳维亚设计的影响逐渐传播到全世界。

一、瑞典设计

第二次世界大战结束后，斯堪的纳维亚各国大力扶持工业发展，各国都纷纷设立专门部门发展工业设计。瑞典工业设计协会专门从事工业设计的教育，并大力推动工业设计师与企业之间的合作。到20世纪50年代，瑞典出现了一批工程背景的设计师群体，他们经常以设计团体而非个人的方式活跃在工业设计领域。

瑟克斯顿·沙逊（Sixten Sason，1912—1967）是瑞典一位杰出的工业设计师，他原名安德森（Andersson），曾在巴黎学习绘画，并从事过插画家工作。后来他把自己的姓改为Sason，在西班牙语的意思是“香料”。从1939年开始，沙逊在萨博（Sabb）公司为瑞典及其盟国设计军用飞机，战后仿效美国工业设计师的方式建立了自己的设计工作室。1949年，他为萨博公司设计的第一辆汽车Sabb 92投产，此后又为萨博公司设计了一系列车型，沙逊的设计科学运用了空气动力学原理，具有线条流畅的造型及合理的内部空间。沙逊还设计了伊莱克斯（Electrolux）真空吸尘器、胡思瓦纳（Husqvarna）摩托车以及家用设备、电动工具产品。沙逊的设计借鉴了美国的流线型风格，设计中的造型语言极富现代气息（图8-3-1）。

瑞典的哈苏公司是世界知名的摄影器材生产商，第二次世界大战期间，哈苏为瑞典空军生产军用照相机，此外还生产手表和钟表部件，也为萨博汽车提供零配件。但哈苏公司的真正目标是制作高品质的民用相机。1945—1946

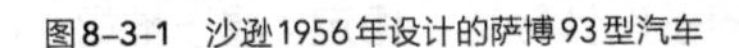

图8-3-1　沙逊1956年设计的萨博93型汽车

图8-3-2　哈苏第一款民用相机1600F于1948年问世，现已成为收藏家的珍藏

年，哈苏举办了一次内部设计比赛，沙逊的设计图纸和木制模型获得优胜，成为哈苏相机的第一个原型。经过多年发展，哈苏已成功征服了世界各地的专业摄影师，1969年人类首次登上月球的照片就是使用哈苏相机拍摄的。与日本和美国的相机制造商不同，哈苏相机坚持了北欧的传统，至今很多部件仍然坚持手工制作（图8-3-2）。

1943年，瑞典一名17岁的男孩坎普拉普（Ingvar Kamprad）注册了一家公司——宜家（IKEA），今天它已经成为世界上最大的家具零售商。截至2016年9月，宜家在48个国家拥有和经营389家门店。全世界的宜家商店通常是蓝色的建筑，黄色的字体，而蓝色和黄色也是瑞典的民族色彩。

宜家公司的很多畅销产品都来自北欧的经典设计。如图8-3-3所示，著名的波昂（Poäng）扶手椅是日本设计师中村登1976年设计的作品，到2016年生产了超过3000万件，而其造型风格无疑受到了芬兰设计大师阿尔托1939年设计的“扶手椅406”的影响。再如图8-2-12艾诺·阿尔托设计的玻璃水杯，也经常能在宜家商场找到类似的产品。

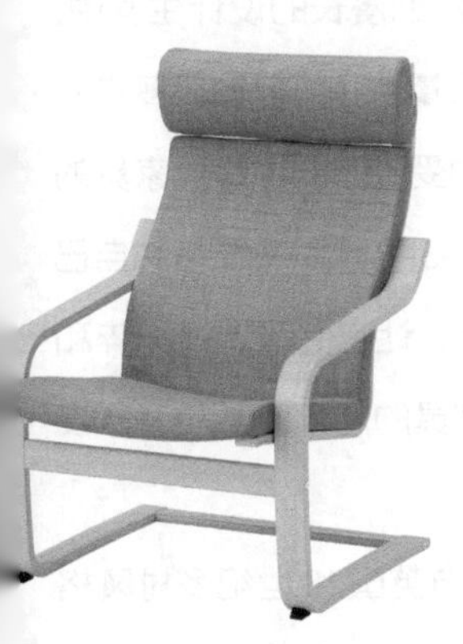

图8-3-3　上图为阿尔托1939年的设计，下图为宜家1976年的产品

二、丹麦设计

20世纪中叶，以雅各布森、维格纳、莫根森以及芬·居尔等为代表的一大批丹麦家具设计师逐渐被世界所熟知，成为斯堪的纳维亚设计的杰出代表。

雅各布森（Arne Jacobsen，1902—1971）出生于哥本哈根一个犹太商人家庭，他小时候曾经想学习绘画，但遭到父亲的反对而学习了更加实用的技术，他曾学过石匠工艺，后进入皇家艺术学院学习建筑。在他还是一名学生的时候，他就设计了一把椅子参加1925年巴黎国际装饰艺术博览会并获得银奖，在法国参展期间，他被柯布西埃的新精神馆所表现出来的现代主义风格折服。雅各布森早期的作品主要集中在建筑领域，设计风格追求现代前卫。

雅各布森重视家具、陈设、地板、墙纸、照明灯具和门窗等的细部设计，将其重要性与建筑总体和外观设计等量齐观。他的大多数设计都是为特定的建筑而作的，因而与室内环境浑然一体。20世纪50年代的时候，雅各布森在家具设计领域取得了惊人的成就，他设计的三款椅子成为设计史上的经典。

1952年设计的“蚂蚁”（Ant）椅最早是为诺和（Novo，1989年改为诺和诺德）制药公司的餐厅设计（图8-3-4），椅子设计轻巧、稳定、易于堆叠，最初的设计是由三个塑料腿和一个胶合板座位制成，由丹麦最著名的家具制造商弗里茨·汉森（Fritz Hansen）公司生产。后来这款设计做了细微的调整，塑料腿换成了钢管，三条腿换成了四条腿。

雅各布森1958年为SAS（Scandinavian Airlines System，即斯堪的纳维亚航空）皇家酒店设计的两款座椅具有雕塑般的美感，这就是著名的“天鹅”（Swan）椅和“蛋”（Egg）椅。此外，雅各布森为SAS酒店设计的灯具也成为丹麦路易斯·波尔森公司的畅销产品（图8-3-5至图8-3-7）。

另一位丹麦家具设计大师维格纳（Hans Wegner，1914—2007）出生在丹麦南部，少年时曾跟随一位制作橱柜的木匠师傅做学徒，培养了自己对于木材的感受力。成年后他去部队服役，退役后上了一所技术学院，然后去了哥本哈根的丹麦工艺美术学院和建筑学院学习。之后，维格纳与当时知名的建筑师合作，主要负责室内的家具设计，如1940年他曾经和雅各布森一起工作。几年后，他与莫根森合作创立了自己的设计事务所，在维格纳漫长的设计生涯中，他设计了超过500种不同的椅子，其中有100多件被大量生产，他的很多作品已成为丹麦设计的标志。1944年前后，30岁的维格纳受到了中国明代家具的启发，设计了一系列的中国椅（China Chair），见图8-3-8。后来维格纳自己评价说：“我试图剥去这些旧式椅子中所有外在的风格，让它们呈现最纯粹和原始的结构。”在维格纳的设计里面，来自中国明代家具的清素雅致与北欧设计的简洁现代得到了完美的融合。

1947年维格纳设计的孔雀椅（Peacock）灵感来自英国18世纪乡村风格的温莎椅，维格纳以他对家具的材料、质感、结构、工艺深入的了解对这款西方的经典家具进行了重新解读（图8-3-9）。

图8-3-4　蚂蚁椅由雅各布森1952年设计

图8-3-5　蛋椅

图8-3-6　天鹅椅

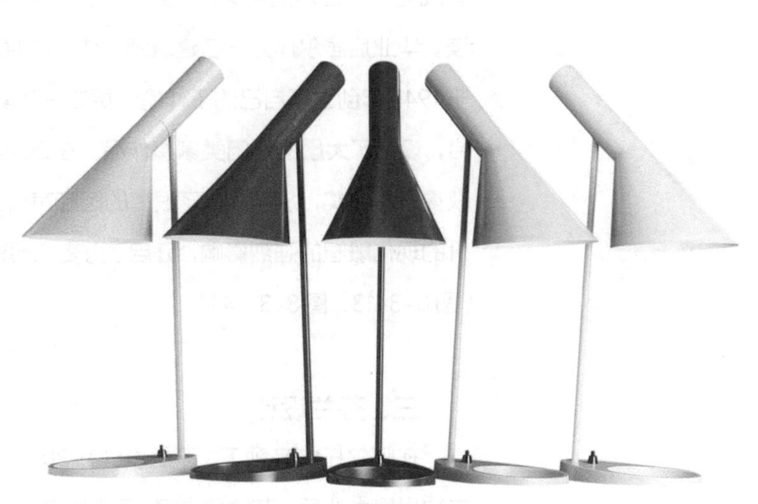

图8-3-7　以雅各布森命名的AJ台灯是他于1957年为SAS酒店设计的

维格纳的设计很少有生硬的棱角，转角处一般都处理成圆滑的曲线，精致的做工充分体现了木材的亲和之美。图8–3–10是他1949年设计的一把椅子，名字就叫“the Chair”，拥有流畅优美的线条，精致的细部处理和高雅质朴的造型。椅子很好地表达了维格纳“不断提纯”（Continuous Purification）的设计理念，他把椅子简化到只有一个座位和四条腿，靠背和扶手成为一体。这把椅子曾出现在1961年的美国总统大选电视辩论中，甚至比两位候选人尼克松和肯尼迪的形象还显得突出。

莫根森（Borge Mogensen，1914—1972）与维格纳同龄，同样也曾在丹麦工艺美术学校就读，但他最初接受的是家具设计的教学课程，他24岁时又进入丹麦皇家艺术学院建筑学院学习。他曾与雅各布森、维格纳合作过，但对他影响最大的还是丹麦家具设计的先驱、他的老师柯兰特。1945年，莫根森在皇家艺术学院任教，深受柯兰特的影响。柯兰特曾提出了家具的尺寸和比例都会影响到用户使用的观点，而莫根森通过对生活方式的研究，确定了家用物品的尺度标准。比如，他调查了一般家庭拥有的餐具、衬衫的数量，用来确定厨柜和衣柜的尺寸。莫根森于1942—1950年为丹麦最大的零售企业FDB（丹麦合作社）的家具设计部工作，创作了许多简洁且廉价的家具，如1944年设计的J39椅子（图8–3–11）和Spoke–back沙发（图8–3–12）。莫根森认为，好的家具不应该仅供少数人品赏，而应该让人人都能拥有，他的思想在丹麦乃至全世界都发挥了重要影响。

另一位丹麦设计师芬·居尔（Finn Juhl，1912—1989）与莫根森的风格迥然不同，他的家具设计体现了手工艺和现代设计的巧妙结合。小时候，居尔希望成为一个艺术史学家，但最后在父亲的干涉下进入皇家艺术学院建筑系就读。毕业后居尔作为一名建筑师工作，同时设计完成了一大批家具作品。居尔于1945年创立了自己的工作室，更专注于家具设计，他将实木构架与皮革结合，设计了大量的休闲类家具作品。在20世纪50年代的米兰三年展上，居尔获得五次金奖，从而获得了很高的国际声誉。他的风格受到原始艺术和抽象有机的现代雕塑的强烈影响，开启了丹麦家具设计向有机风格发展的新设计理念（图8–3–13，图8–3–14）。

三、芬兰设计

在阿尔托的带领下，芬兰设计在20世纪中期一直保持着强劲的发展。第二次世界大战后，芬兰成立了一系列与工业设计有关的机构，如芬兰工业设计

图8-3-8 维格纳设计的中国椅

图8-3-9 维格纳设计的孔雀椅

图8-3-10 维格纳1949年设计的“the Chair”

图8-3-11 莫根森设计的J39椅

图8-3-12 莫根森设计的Spoke-back沙发

图8-3-13 居尔1945年设计的45型椅

图8-3-14 居尔1946年设计的BO63椅

师协会，促进了战后工业设计的发展。芬兰的玻璃器皿在20世纪50年代的米兰三年展中获得了极高的声誉，其中，威卡拉（TapioWirkkala，1915—1985）和萨尔帕内瓦（Timo Sarpaneva，1926—2006）取得了巨大成就。雕塑家出身的威卡拉的工作范围从塑料瓶、金属制品、玻璃、陶瓷到胶合板家具，还设计了1952年赫尔辛基奥运会邮票和芬兰纸钞。威卡拉初期的玻璃制品多以无色透明为主，如图8-3-15是他1947年为伊塔拉公司设计的花瓶。后来受到来自意大利穆拉诺岛的玻璃工艺的启发，威卡拉设计的玻璃制品色彩更加丰富，如图8-3-16是他1966年为意大利Venini公司设计的彩色花瓶。

萨尔帕内瓦1948年毕业于赫尔辛基工业艺术学院（现为赫尔辛基艺术与设计大学），20世纪50年代初他开始在伊塔拉公司从事玻璃制品的设计工作，并在1954年和1957年的米兰三年展上获得大奖。1956年萨尔帕内瓦设计了公司新的高端产品i-line系列，他用伊塔拉（littala）名字的缩写“i”设计出一个新的标志，直到今天还被伊塔拉公司沿用。图8-3-17是他20世纪60年代设计的水杯套装。另外，萨尔帕内瓦在1959年还设计了伊塔拉公司的另外一款经典产品——铸铁锅，如图8-3-18。1998年，这款设计还出现在了芬兰邮票上，它既现代，又传统，设计师让产品设计重新回归本质属性。2003年伊塔拉公司把这款设计重新推向市场。

另外，塔皮奥瓦拉（Ilmari Tapiovaara，1914—1999）和鲁梅斯涅米（Antti Nurmesniemi，1927—2003）在20世纪中叶表现十分活跃，他们在设计中把现代主义风格和传统相结合，得到国际设计界的认可。塔皮奥瓦拉1946年为赫尔辛基学生宿舍设计的多莫斯椅乘坐舒适、便于叠放，如图8-3-19。鲁梅斯涅米在20世纪50年代设计的咖啡壶用搪瓷制成，造型朴素自然，如图8-3-20。

鲁梅斯涅米的妻子伊斯科琳（Vuokko Eskolin）也是一名优秀的设计师，

图8-3-15　伊塔拉蘑菇花瓶

图8-3-16　Venini博莱（Bolle）系列花瓶

图8-3-17　萨尔帕内瓦设计的伊塔拉六件套水杯

曾为玛丽马克（Marimekko）公司设计了经典的红白条纹衬衫，她的纺织品设计被纽约大都会博物馆永久收藏。

1951—1970年，乔治·杰生公司的纽约经销商卢宁为鼓励斯堪的纳维亚地区优秀的设计师，专门设立一个卢宁奖，每年颁给两位来自北欧的杰出设计师。丹麦的维格纳和芬兰的威卡拉成为首届卢宁奖得主。鲁梅斯涅米夫妇分别在1959年和1964年获得卢宁奖，成为佳话。

鲁梅斯涅米是芬兰设计界一位承上启下的人物，与其他出生于第一次世界大战至第二次世界大战之间的大师相比，他成名较早。20世纪60年代名声大噪的芬兰设计大师阿尼奥（Eero Aarnio，1932—　）在年轻时担任过鲁梅斯涅米的助手，而他最著名的作品——球椅，被认为曾受到过鲁梅斯涅米的指导。

图8-3-18　萨尔帕内瓦设计的铸铁锅

图8-3-19　多莫斯椅

图8-3-20　搪瓷咖啡壶

探索与思考

- 现代化生产方式和传统之间的矛盾，应该怎样调和。
- 丹麦设计师为什么会在20世纪五六十年代崛起。

第九章

战后欧洲重建

Less, but better.
——Dieter Rams

第二次世界大战结束后的十几年间，
当斯堪的纳维亚的设计师们用自己结合了
传统与现代的新设计风格确立了北欧在
世界设计界的地位的时候，
欧洲的老牌工业国家正在试图通过
工业设计建立新秩序来恢复旧日的荣光。
1946年，意大利皮亚乔公司委托航空工程师
阿斯卡尼奥（Corradino D'Ascanio，
1891—1981）设计一款轻型摩托车，
因其流线的外形被称为“维斯帕”（Vespa，
意大利语意为黄蜂）。
车体加工工艺采用了类似飞机制造的拉伸工艺，
操纵简便，经济适用。维斯帕摩托车的设计是
传统摩托车设计上的重大突破，
受到意大利民众的喜爱，
1953年美国影片《罗马假日》（见章首图）
则把这款摩托车搬上了大银幕，
被视为第二次世界大战后意大利本土设计
力量崛起的象征。
在德国，乌尔姆学院被视为继承了包豪斯未尽的使命，
其与博朗公司的合作促进了系统设计理论的形成。
与此同时，英国人怀着对一个世纪前举办
世界博览会的辉煌的记忆，
通过举办两次大型展览活动来向
民众宣传工业设计的作用。

第一节 英国的设计复兴

第二次世界大战后英国工业设计由于官方的支持和设计组织的成立，促进了全民对设计的尊重和认识。1944年英国贸易部成立的第一个民间机构，就是工业设计委员会（Council of Industrial Design），负责通过切实可行的手段来促进英国工业产品设计的改善。1946年在伦敦举办的BCMI展是该委员会举办的一次重要活动，特别是其中设立的“工业设计意味着什么”（What Industrial Design Means）主题展区，是英国政府对民众的一次设计普及教育。

一、BCMI展览

早在1945年9月，英国工业设计委员会就向各贸易协会发布了展览公告，其中宣布了举办展览的目的：

> 工业设计委员会将在明年夏天举办一个全国性的展览，范围包括全部的消费产品——服装、家居用品和装备、办公设备以及交通工具……它将代表现代英国工业可以生产最好的、唯一最好的产品……这将是英国工业在战后呈现给的英国人民和世界第一个伟大姿态。

这次展览的主题称为“英国会制造”（The Britain Can Make It，缩写BCMI）。因为战争已经给英国造成了沉重的债务，政府希望通过出口贸易获得外汇收入。这次展览中展示的商品只用于出口，并且至少在短期内不会提供给英国国内家庭消费者。因此，英国人也把这次展览戏称为“Britain Can’t Have It”。

英国工业设计委员会把这次展览看作是“国家设计展”，希望让民众了解到工业设计对经济复兴的影响。英国贸易部部长克里普斯（Stafford Cripps）强调说：“设计是当今英国工业至关重要的因素。”

但是，在当时的英国，“设计”和“设计师”还是一个新的概念，大部分英国人并不了解工业设计怎么能够提高产品的销量。因此，这次展览除了向海外市场展示精心设计的商品外，还向英国公众介绍了工业设计的基本思想，其中包括了展现设计师的作用和英国设计史的展台。（图9–1–1）

最终，展览被安排在著名的维多利亚和阿尔伯特博物馆举行，在9万平方英尺的展览面积里，共展出了英国设计的5000件商品。第一部分“战争到和平”着重介绍战时技术和生产的发展将如何应用于战后的重建，而“货物是由什么制造的”主题展则通过最新的影片来展示如何从原材料制成最终的产品。此外，观众们还可以看到“热、光和电力产品”、“书籍和印刷品”、“女装”

图9-1-1　2012—2013年，美国安德森汽车博物馆举办了英国BCMI回顾展

等专门展厅。其中最引人注目的是一个名为“工业设计意味着什么”（What Industrial Design Means）的特别展区。在这个展区中，英国设计师布莱克（Misha Black，1910—1977）为观众提供了关于工业设计师的工作的性质的详尽描述，从而体现了设计师制造大规模生产的产品和现代主义伦理在设计过程中的重要性。

由于大部分参观者对设计并不熟悉，布莱克选择将设计过程的讨论集中在一个案例研究上。他最终选择一个英国人常见的简单产品——蛋杯（Eggcup）作为研究对象，并制作了一个高4米的石膏模型放在展区入口来吸引观众，见图9-1-2。另外，布莱克还通过一个故事板来解读工业设计师的工作流程，包括数据收集、咨询、原型设计到投产，见图9-1-3。

布莱克用一首小诗来向民众解释工业设计师:

此间的这个人（Here is the Man）
他解决所有的这些问题（He solves all these questions）
他决定了你家的蛋杯应该的样子（He decides what the eggcup shall look like）
他就是工业设计师（He is the Industrial Designer）
他和工程师、工厂管理者合作（He works with the Engineers, the Factory Management）
影响他的是你到底想要什么（and is influenced by what you want）

图9-1-2　BCMI展上的蛋杯，被布莱克用来作为案例解释工业设计的过程

布莱克于1959—1975年担任了英国皇家艺术学院的工业设计教授，并于1959—1961年担任国际工业设计联合会的主席，1972年还被授予爵士爵位。

在BCMI展览上，近5000名设计师展出了他们最新的设计成果。其中不乏受

图9-1-3　BCMI展上用故事版展示“工业设计师是怎样工作的”过程

图9-1-4　鲍登向观众展示他设计的“经典”自行车

图9-1-5　1960年生产的太空人自行车，现藏于纽约布鲁克林博物馆

到市场认可的杰作，也有探索性的概念设计作品。如本杰明·鲍登设计的“经典”（The Classic）自行车，他号称这个设计代表了未来20年的自行车（图9-1-4）。

本杰明·鲍登（Benjamin Bowden，1906—1998）的设计具有优美的曲线和昂贵的价格，鲍登最初的设想是用铝合金作为材料，直到1960年，美国商人为了迎合当时美国和苏联进行太空竞赛的国际环境，把这个设计改名为太空人（Spacelander）并改用玻璃纤维材料进行生产，但也只生产了544台。今天，这款自行车也已经成为博物馆的藏品（图9-1-5）。

二、英国艺术节

1951年夏天，为了展现英国在科学技术、工业、艺术、建筑、设计领域的成就，英国举办了一次全国性的展览活动，被称之为英国艺术节（Festival of Britain）。它标志着英国的民众已经走出了战争的阴影，整个国家正行驶在快乐前行的发展道路上。这个活动在全国各地都有分会场，如建筑展在伦敦波普拉区，科学展主要在南肯辛顿，工业和电力展放在了格拉斯哥。而整个艺术节的核心是在伦敦泰晤士河南岸。

在南岸举办的众多活动里面，包括一个设计回顾展，展示了“英国工业当代成就的例证”，显示“在英国各种产品都已达到了设计和技艺的很高标准”。这个展览主要按照英国工业设计委员会给出的要求，从外观、质感、工艺、技术效率、适用性和生产的经济性等指标选出参展的作品。英国艺术节让“好设计”（Good Design）的概念深入人心，让更多人了解到了现代设计的原则和产品设计的理性方法。

在艺术节上，设计和科学的关系也变得十分密切，比如将当时科学界炙手可热的X射线晶体学概念作为设计元素，应用于服装、壁纸和家庭用品的设计上。在南岸的一家餐厅里也尝试了以水晶结构家具为主题进行装饰。平面设计师盖姆斯（Abram Games）设计了艺术节的会徽——节日之星，从图9-1-6的海报中能够看出这个设计也带有X射线的含义。

在英国艺术节上，设计师雷斯（Ernest Race，1913—1964）专门为这次活动设计的羚羊椅（Antelope）受到了欢迎，如图9-1-7。

雷斯是英国著名的家具设计师，第二次世界大战前主要从事纺织和室内设计方面。第二次世界大战后，他创办了雷斯家具公司，并利用新的材料设计新的家具。在当时，英国政府制定了一个专门的“实用家具标准”（the Standards of Utility Furniture），在原材料短缺、日用品急需的情况下，鼓励公司使用替代材料，设计生产出低廉、实用的民用生活品。该计划对家具生产制定了规范化标准，推行了设计中的理性方法和程序。雷斯的第一个设计BA3椅就使用了来自英国战斗机废弃的铝铸件，如图9-1-8，这个设计也参加了1946年的BCMI展览。

图9-1-6　英国艺术节海报

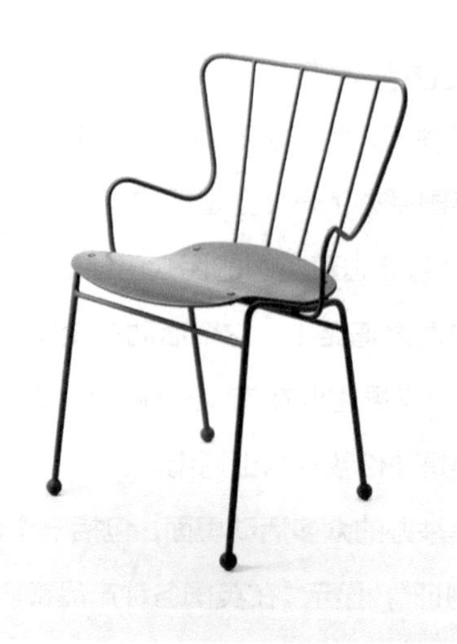
图9-1-7　雷斯1951年为英国艺术节设计的羚羊椅

图9-1-8　雷斯1945年设计的BA3铝椅

图9-1-9　杰森椅

图9-1-10　罗宾·戴为皇家节日音乐厅设计的座椅

雷斯的设计特点是巧妙运用了现代材料，他的许多设计都以来自海外的动物命名，如火烈鸟、苍鹭、獐鹿、跳羚等。他为1951年英国艺术节设计的露台家具——羚羊椅被认为是20世纪50年代的标志性设计之一，洋溢着从战争中走出来的乐观主义色彩。

1955年，雷斯的作品参加了米兰国际家具展，其中BA3椅获得了金牌，而羚羊椅获得了银牌，这也是英国家具设计第一次获此殊荣。今天，雷斯的椅子已经被伦敦维多利亚和阿尔伯特博物馆、纽约现代艺术博物馆收藏，很多作品还在被他创建的雷斯家具公司继续生产。

在英国艺术节上，还展出了一些英国本土公司与海外设计师合作的成果，如由丹麦设计师雅克布（Carl Jacobs）设计、英国堪德亚（Kandya）公司生产的杰森椅（Jason Chair），如图9-1-9。这把轻巧的椅子座椅和靠背由一张柔性胶合板弯曲而成，表现出与美国设计师伊姆斯不同的处理手法。这把椅子连续生产了20年，1951年在英国艺术节的南岸餐厅就放了300把。

1951年的英国艺术节对现代主义设计风格进行了新的发展，设计师运用各种有机的形体来代替现代主义规则的几何形，用更加鲜艳的色彩丰富了产品的表现力，并利用科技的进展，让设计作品被更多的民众了解。在家具设计方面，多采用纤细的金属与浅色的木材相结合，更加轻巧，更方便使用。这种风格被称为当代风格（Contemporary Style），因为起源于英国艺术节（Festival of Britain），也被称为节庆风格（Festival Style）或南岸风格（South Bank Style）。

三、英国工业设计师的成长

在1951年的英国艺术节上，还有一对设计师夫妇赢得了巨大的专业声誉，这就是被称为英国家具设计之父的罗宾·戴（Robin Day，1915—2010）和他的妻子，著名纺织品设计师露西安娜·戴（Lucienne Day，1917—2010）。

1951年，罗宾·戴设计了英国艺术节的标志性产品——皇家节日音乐厅（Royal Festival Hall）的座位，大大提高了他的专业声誉。这个项目非常复杂和苛刻，包括餐厅和门厅家具、礼堂座椅和乐队椅子，每种都有特定的功能要求。罗宾·戴设计的音乐厅座椅是由轧制钢制成，并用铸钢作为支柱，直到今天仍在使用。餐厅和门厅的椅子使用了模压胶合板材料，翼状扶手和细长的黑钢杆腿具有鲜明的艺术特征，如图9-1-10。罗宾·戴是英国第一位在家具中利用这些材料的设计师。

图9-1-11　罗宾与露西安娜

图9-1-12　罗宾·戴1962年设计的聚丙烯椅

罗宾·戴是20世纪最重要的英国家具设计师之一，有着长达半个多世纪的职业生涯。他为了缓解当时英国战后材料的匮乏，使用了价格低廉的新材料例如胶合板和塑料设计家具。1948年，罗宾·戴以一件胶合板储物柜的设计获得纽约现代艺术博物馆（MoMA）的设计竞赛一等奖，从而使英国现代设计开始被世界了解。罗宾·戴设计的胶合板椅子在1951年的英国艺术节上大放异彩，而他的妻子露西安娜的纺织品设计也在展会上广受好评，见图9-1-11。

罗宾·戴为英国希尔（Hille）家具公司设计了大量家具，他的设计充分发挥了功能家具的特点，如1957年为英国铁路系统设计的休息厅椅，结构简单而结实，外形朴素，难以损坏，能较好地适应公共场所高频率的使用。

皇家工业设计师（Royal Designer for Industry）是英国皇家艺术学会在1936年建立的一种荣誉，专门授予那些已经实现“持久卓越的美学和有效的工业设计”的人，以鼓励优秀的工业设计，并提高设计师的地位。获得这一头衔的英国公民被准许在姓名后面加上RDI的缩写作为后缀，被认为是在包括工业设计领域在内的各种设计学科中获得的英国最高荣誉。罗宾·戴夫妇分别在1959年和1962年被授予英国皇家工业设计师称号。

2009年初英国皇家邮政发行的一套十枚的英国经典设计邮票中，罗宾·戴1962年设计的聚丙烯椅就榜上有名，成为英国设计的代表。这把椅子在半个世纪以来已在全球数十个国家售出了2000多万把，现在仍在继续生产中（图9-1-12）。

在这套邮票里面包括了英国经典红色双层巴士、遍布街头的红色电话亭、协和式客机、企鹅出版社书封、超短裙以及1931年工程师哈利·贝克（Harry

图9-1-13　Mini小汽车

图9-1-14　1963年格兰奇设计的柯达傻瓜相机

Beck）绘制的伦敦地铁图等，而1959年由伊斯格尼斯（Alec Issigonis）设计的Mini汽车也名列其中，被认为是英国战后最成功的设计之一。Mini最初定位是一款价格低廉的小型车，后来成为20世纪60年代最流行的汽车之一（图9-1-13）。

英国政府通过一系列政策并举办活动，促进了英国工业设计的发展，帮助工业设计师迅速成长。如格兰奇（Kenneth Grange，1929—　）就是在战后成长起来的英国优秀工业设计师之一。

格兰奇1956年开始他的独立设计生涯，1972年创办了有影响力的五角星设计工作室，2013年格兰奇以其卓越的设计成就而被授予爵士爵位。半个多世纪以来，他的许多设计成为人们生活中熟悉的物品，从派克（Parker）钢笔和凯伍德（Kenwood）食品搅拌机，从打火机到剃须刀，从洗衣机到电熨斗……他还负责设计了英国铁路的高速列车的外形和内部布局。

1963年，格兰奇设计了世界上第一款傻瓜相机。柯达公司希望缩小相机的尺寸，让它可以装进口袋里。格兰奇的设计使这一构想成为现实，它所需要的曝光技巧极为简单，暗盒胶卷的装卸也十分方便，使其获得了极好的口碑。到1970年，这款相机创下了5000万的销量（图9-1-14）。

伊斯格尼斯和格兰奇分别在1964年和1969年获得英国皇家工业设计师（RDI）荣誉称号。在他们的指引下，一大批战后出生的年轻人走上了工业设计的道路，他们中间既有詹姆斯·戴森（James Dyson，1947—　）这样的商业巨擘，也有拉古路夫（Ross Lovegrove，1958—　）、莫里森（Jasper Morrison，1959—　）以及汤姆·迪克森（Tom Dixon，1959—　）这样的设计天才。

第二节　德国工业设计的发展

德国是第二次世界大战的战败国，战后被分割成联邦德国和民主德国两部分，经济也遭到重创。就像1919年第一次世界大战结束时那样，德国面临着再次重建，而设计教育则又一次被寄予厚望。从格罗皮乌斯开始形成的传统认为：设计应该首先考虑为国家、国民的利益服务，而不仅仅是商业利益。新一代的设计师希望能够重新建立包豪斯式的实验中心，在这样的背景下，乌尔姆设计学院成为战后德国最重要的设计学府。

一、乌尔姆学院

1946年，德国一批年轻的知识分子考虑创建一个教学和研究机构，以培养人文教育的理想，并将创意活动与日常生活联系起来，这被视为乌尔姆学院最早的起点。在这群人里面，包括茵琪·舒尔（Inge Scholl，1917—1998）和奥托·艾舍（Otl Aicher, 1922—1991），茵琪的弟弟妹妹都在第二次世界大战时参加反战活动被盖世太保处决，后来她写了《白玫瑰》一书来纪念这段历史。而艾舍是舒尔一家的好友，曾从战场上逃脱并在舒尔家里躲避，战后进入慕尼黑艺术学院学习雕塑。

1952年茵琪与奥托·艾舍结婚，1953年他们和瑞士设计师、包豪斯校友马克斯·比尔共同创建了德国乌尔姆设计学院（Ulm School of Design，德语Hochschule für Gestaltung Ulm，因此缩写为HfG）。比尔担任了学院的第一任院长，还亲自设计了学校的校舍和其中的家具（图9–2–1）。

办学初期，乌尔姆设计学院被视为包豪斯的继承者，比尔主张通过设计使个人创造性和美学价值观与现代工业达成平衡。一大批包豪斯时期的优秀师生来到乌尔姆任教，如包豪斯的摄影导师彼得汉斯（Walter Peterhans，1897—1960）和当时已经成为美国耶鲁大学教授的阿尔伯斯（Josef Albers，1888—1976）都是乌尔姆最早的教师，当年曾经负责包豪斯基础课程的约翰·伊顿也在乌尔姆开设了色彩课程。同时，密斯·凡·德罗、格罗皮乌斯、赫伯特·拜耶等包豪斯元老以及伊姆斯夫妇等世界知名设计师都曾来乌尔姆讲学。

乌尔姆设计学院的教学设计中强调设计的系统性、整体性，特别重视设计的多学科背景（图9–2–2），在教学中综合运用社会学、心理学、政治学、经济学、哲学的背景知识，通过系统设计的思维方法把美学和技术相结合，使工业设计不再像早期的设计师一样仅仅凭借个体经验和感性化的表现来完成，而是逐渐变成了一门学科。

图9–2–1　比尔设计的乌尔姆设计学院校舍和家具

1953—1968年，乌尔姆学院一共招收了640位学生，其中一半是来自世界上49个国家的外国留学生。在专业设置和学科建筑方面，乌尔姆学院与当时的德国工业需求相结合，形成了产品设计、建筑设计、视觉传达、信息设计和影视制作五个专业体系，同时把设计教育与现代工业技术更加紧密的联系起来，确定了现代设计的系统化、模数化、多学科交叉的复合学科性质。

乌尔姆学院学制为四年制，第一年不分专业，主要完成视觉文化、造型基础（素描、制图、字体、摄影等）、制造技术以及相关课程。二年级到四年级学生开始分专业学习，高年级学生要广泛地参与社会企业的设计项目，在老师

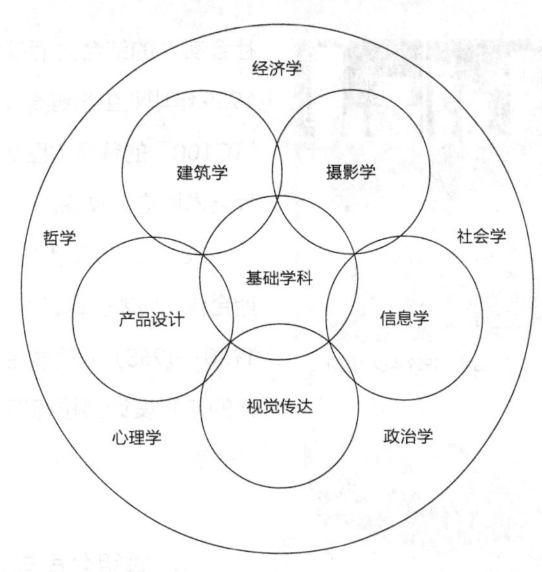

图9-2-2　乌尔姆设计学院的教学设计

的指导下，形成小的设计团队，去解决完成不同的设计项目。

1956年，阿根廷人马尔多纳多（Tomás Maldonado，1922—　）接任比尔担任乌尔姆设计学院院长，他的教学思想更加开放，认为设计师的成功不仅依赖于创造力，"也依赖于思维方式和工作方法的策略性和精确性，科学和技术知识的广度，以及解读文化中最隐秘、最细微的变化的能力"，美学的考虑不再是设计的基本概念，而是设计师还要更多研究材料、制造和产品使用环境的不同要求，还要有在可用性、识别性和营销方面的考虑。马尔多纳多将学院从包豪斯形式主义的影响下摆脱出来，将其引导到更为注意人文主义的广泛领域，并在教学中引入了社会科学和符号学的研究，将设计上升到严谨的科学系统范畴。如德国教育家本斯（Max Bense，1910—1990）曾在乌尔姆设计学院开设了哲学和符号学的课程。

马尔多纳多认为设计过程就是基于科学和基于直觉的两种思考方式的结合，他希望建立一种科学化、规范化的设计方法以求得普遍适用的设计法则。在马尔多纳多的领导下，学校形成了一种新的教育理念，体现艺术和科学系统的思维方法，后来被称为"乌尔姆模式"（Ulm Model）。

乌尔姆设计学院成为当时世界上影响最大的设计院校，它强调科学和技术，在设计中考虑人机工程学和美学的融合，引导了符号学的研究，并与业界建立了密切的合作关系。"乌尔姆模式"也奠定了早期设计管理学科的基础原则。乌尔姆学院把自己的教学活动和设计实践紧密联系在一起，在设计与社会实践的结合力面获得了巨大的成功，也培养了一大批优秀的设计师。如1959年毕业生洛维奇（Hans Roerich）的毕业作品是为企业设计的一套名为“TC100”的餐具（图9-2-3），因其具有高度的理性主义美学精神而被纽约现代艺术博物馆收藏。

图9-2-3　洛维奇1959年设计的TC100餐具

20世纪50年代中期，乌尔姆设计学院与德国博朗（Braun）公司开始了长期合作，博朗公司邀请奥托·艾舍和产品设计系主任古格洛特（Hans Gugelot，1920—1965）带领学生为公司开展新产品的设计，当时刚刚进入博朗公司工作的年轻设计师拉姆斯（Dieter Rams，1932—　）和乌尔姆师生一起，设计了一系列新产品，形成了博朗产品独特的风格。

二、博朗公司与系统设计

图9-2-4　博朗HM6-81音响柜

博朗公司创办于1921年，开始只是一个生产无线电的小厂。第二次世界大战结束后公司开始生产家用电器，1953年乌尔姆学院的教师艾希勒（Fritz Eichler）成为博朗董事会成员，负责公司的产品开发与广告设计，开始了与乌尔姆设计学院的深度合作。另外，包豪斯毕业的希尔歇（Herbert Hirche）和华根费尔德也为博朗公司设计过产品，如图9-2-4是希尔歇1958年设计的音响柜。

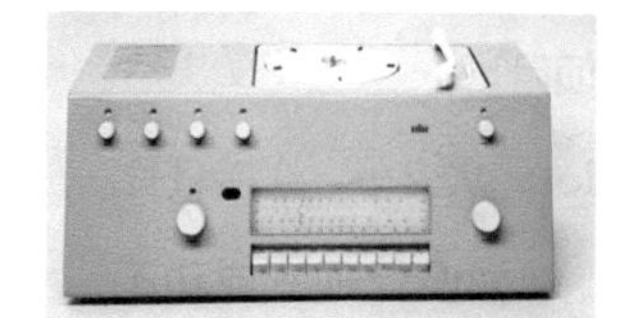
图9-2-5　古格洛特和林丁格设计的博朗AG组合音响

1955年，在杜塞尔多夫无线电展览会上，博朗公司展出了新的电子产品，这是博朗设计风格的第一次正式亮相，奥托·艾舍和他的学生一起设计了展台的外观。古格洛特为博朗公司制定了基本的产品设计原则，图9-2-5是1956年他和林丁格（Herbert Lindinger，1933—　）设计的博朗AG组合音响。

图9-2-6　拉姆斯和古格洛特设计的博朗SK组合音响

拉姆斯早年学习建筑和室内设计，23岁进入博朗公司并一直工作了40年。古格洛特和拉姆斯都深受马尔多纳多科学系统设计观和现代主义理性设计思想的影响，在他们的设计中通过秩序化和规范化，将产品造型归纳为有序的、可组合的几何形态设计模式，获得了简练而单纯的视觉效果。1956年，拉姆斯和古格洛特合作为博朗公司设计的SK系列组合音响就是一个典型的例子（图9-2-6）。

古格洛特把乌尔姆学院的系统设计理论引入到博朗公司，其基本原理是以高度秩序的设计来整顿混乱的人造环境，使杂乱无章的环境变得更加有关联、更加系统性，在设计时首先创造一个基本模数单位，在这个单位上反复发展，形成完整的系统。古格洛特和拉姆斯设计的音响设备就是最早基于模数体系的系统设计作品，每一个单元都可以自由组合。从系统设计的理论根源来看，其核心是理性主义和功能主义，并受到乌尔姆初期强烈社会责任感的影

图9-2-7　拉姆斯1960年设计的通用货架

响；从形式上看，则采用基本单元为中心，形成高度系统化的、高度简单化的形式，整体感非常强，但是也同时具有冷漠和非人情味的特征，与德国的民族性格一致。系统设计也成为德国设计的标志性特征之一。

系统设计的思想也影响到家用电器以外的其他领域，也影响到欧洲其他国家。如丹麦的克里斯蒂安森（Ole Kirk Christiansen，1891—1958）发明的乐高积木可以看作系统设计方法在儿童玩具中的应用，而拉姆斯在20世纪60年代设计的通用货架系统可以根据需要自由搭配、任意组合（图9-2-7）。

拉姆斯用一句话解释了他的设计理念："少，但更好（Less，but Better）。"20世纪70年代，他倡导可持续设计的原则，认为"浪费就是犯罪"。他提出的"好设计"的十条原则对今天的工业设计仍有重要的指导作用。

三、德国设计的新时期

乌尔姆设计学院通过与博朗公司的合作，创造了崭新的乌尔姆—博朗体系，奠定了战后德国设计的风格。但是，乌尔姆所体现的是一种战后工业化时期知识分子式的新理想主义，虽然具有非常合理的内容，但是由于过于强调技术因素、工业化特征、科学的设计程序，因而没有考虑甚至是忽视人的基本心理需求，设计风格冷漠、缺乏个性而显得单调。

进入20世纪60年代，乌尔姆学院在教学上的科学化倾向越来越严重，各种科学理论相继引入教学，设计方法学研究逐渐成熟。马尔多纳多等人在未减

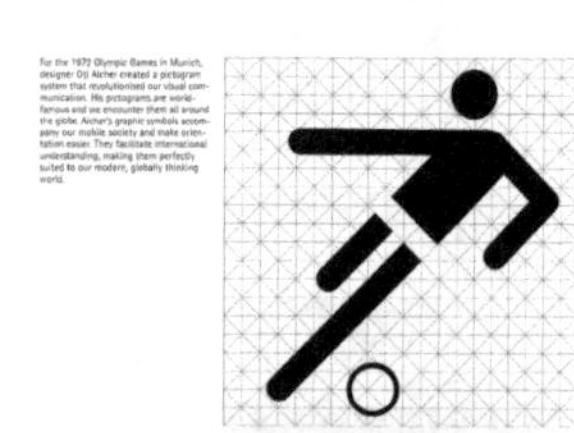

图9–2–8　艾舍设计的1972年奥运会的视觉系统

少理论课程的前提下，尝试在理论与实践之间、在科学研究与造型行为之间寻求新的平衡，并随着对科学技术和商业化的反思，逐渐形成了设计的批判理论。但学院财政状况逐渐恶化，内部矛盾重重，1968年乌尔姆学院被迫关闭。

乌尔姆学院在设计理论方面进行的尝试也留下了宝贵的遗产。如奥托·艾舍设计的图像符号系统直接影响了今天火车站、机场、地铁、体育场等公共场所的导视系统设计，图形设计突破了语言或教育背景的限制，让所有人都能理解标识所表达的内容。他后来还担任了1972年慕尼黑奥运会的设计指导，设计了世界上第一套人体几何图形来表现运动项目，如图9–2–8。

图9–2–9　萨帕和扎努索1965年设计的TS502收音机

受到乌尔姆设计学院和系统设计思想的影响，一大批年轻的德国设计师迅速崛起，并广泛与世界各地的企业开展合作。如理查德·萨帕（Richard Sapper，1932—2015）是20世纪后半叶德国工业设计的代表人物，他的产品设计通常结合了技术创新，具有简单的形式但不乏让人惊喜的元素，他有十几件作品被纽约现代艺术博物馆和伦敦的维多利亚和阿尔伯特博物馆永久收藏。

萨帕出生在慕尼黑，年轻时在梅赛德斯·奔驰公司的设计部开始了他的设计生涯。1958年他迁居到米兰，短期加入过意大利现代建筑设计大师庞蒂的工作室。从1959年开始，萨帕和意大利设计师扎努索（Marco Zanuso，1916—2001）合作了18年，设计出很多优秀作品。如二人为意大利Brionvega公司设计的收音机、电视和其他电子产品，成为永久的经典。其中1965年设计的TS502收音机具有一个可折叠外形（图9–2–9）。而同年为西门子设计的折叠Grillo电话机具有雕塑般的简洁美学，被认为是翻盖手机的前身（图9–2–10）。

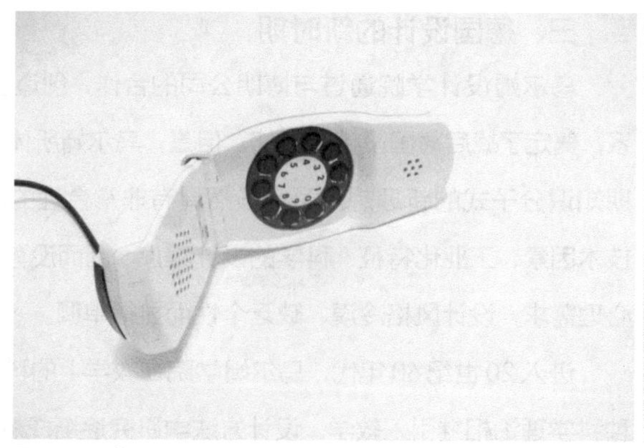

图9–2–10　萨帕和扎努索1965年设计的西门子电话

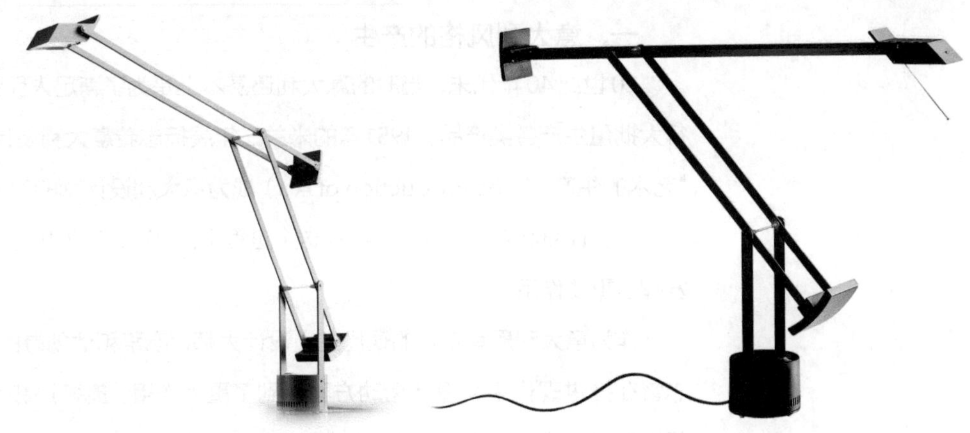

图9-2-11 Tizio台灯

1972年，萨帕为意大利雅特明特（Artemide）公司设计了Tizio灯，这是第一台使用卤素灯泡的台灯，带有低压电流导电臂，灯的设计具有平衡感和雕塑感（图9-2-11）。在20世纪70年代，萨帕还为美国诺尔家具公司和意大利阿莱西（Alessi）公司设计过产品，1980年开始，萨帕成为美国IBM公司的首席设计顾问。

第三节 意大利设计的崛起

和萨帕长期合作的意大利设计师扎努索1916年出生于米兰，1945年就开办了自己的设计工作室。他曾经在《多姆斯》杂志担任编辑，对意大利现代设计运动理论做出了一定贡献。另外，他还担任米兰理工大学的教授30余年，讲授建筑、设计和城市规划的课程。1956年扎努索作为发起人之一，创办了意大利工业设计协会（意大利语Associazione per il Disegno Industriale，缩写AID），他对意大利的战后的一代设计师有明显的影响。

第二次世界大战结束后的十几年间，意大利设计迅速成长为世界设计界一支不可忽视的力量，它不同于美国设计的高度商业化，也不同于斯堪的纳维亚设计的传统，其设计是结合了传统工艺材料、现代思维方式和设计师的个人才能。

一、意大利风格的产生

20世纪40年代末，当时的意大利还基本上是为了满足人民生活需要而进行大批量生产各类产品。1951年的米兰三年展标志着意大利设计运动的起点，“艺术的生产”（The Production of Art）成为意大利设计师的口号，“实用加美观”的设计原则变得深入人心。在这个进程中，庞蒂、尼佐里等老一代设计师发挥了重要作用。

作为意大利最有影响的现代主义设计大师，庞蒂和他创办的《多姆斯》杂志曾在推进现代主义设计运动方面起到了重大作用。庞蒂还和其他设计师一起恢复了战后的米兰三年展，为优秀设计师提供了公开展示的机会，并设立金圆规奖以鼓励设计中的革新精神，这使米兰很快成为意大利工业设计的中心，米兰理工大学成为设计师的摇篮。

1956年，庞蒂设计了一把编号为699的木椅，因为重量仅有1.7千克而得名“超轻椅”（Superleggerd，如图9–3–1）。其造型简洁，符合了战后物资短缺、大批量生产的迫切要求。为了证明这把椅子的强度，庞蒂从四楼把这把椅子扔到地上，竟然毫发无损，并宣称：“一把好的椅子用一个手指就能举起来，并能承受任何胖子的重量。”事实上，在卡西纳（Cassina）公司的广告图片里，一个男孩真的只用一根手指就把超轻椅提了起来。

第二次世界大战后的奥利维蒂公司成为意大利优秀设计的又一个典范。尼佐里为奥利维蒂设计的系列打字机确立了现代打字机的基本形状：圆弧形、外壳朴素、机器内部可分解成2~3个部分以便维修和保护。1948年，尼佐里与工程师合作，为奥利维蒂设计的“Lexikon（词典）80”打字机，采用了铝合金压模铸造工艺，具有流线型风格（图9–3–2）。舒适的圆柱键盘代替了以前的针头键盘，设计简洁，手感更加舒适，受到市场好评，也满足了当时意大利文化发展的需要。1950年，尼佐里还为奥利维蒂公司设计了意大利第一台便携式打字机“Letter22”。1952年，奥利维蒂公司在纽约现代艺术博物馆举行了工业设计专题展（Olivetti: Design in Industry），受到国际设计界的高度关注。

二、传统手工艺与设计文化

意大利的设计师在工作中既注重紧随潮流，又重视民族特征和地方特色，也强调发挥个人才能。与其他国家的设计师相比，意大利的设计师更倾向于把现代设计作为一种艺术和文化来操作。如韦尼尼（Paolo Venini，1895—1959）热衷于威尼斯穆拉诺（Murano）岛上的传统玻璃工艺，创办了Venini玻璃公

图9-3-1 庞蒂设计的超轻椅

图9-3-2 奥利维蒂Lexikon80打字机，现藏于美国印第安纳波利斯艺术博物馆

司，聘请了设计师比安科尼(Fulvio Bianconi)，将传统手工艺和现代设计相结合，创造出了一系列色彩艳丽、造型优美的玻璃制品。他们1952年前后设计的“Pezzati(斑点)”花瓶，被认为具有万花筒般的色彩效果和喜剧面具般的欢快力量，成为20世纪50年代乐观精神的物质符号(图9-3-3)。

第二次世界大战前就十分活跃的设计师阿尔比尼擅长使用天然材料。他借鉴了意大利民间的藤编工艺，设计了一系列的家具作品。藤制的各式座椅、桌子和篮子等材料成本低廉，种类繁多，价格便宜，虽然大部分产品通过手工完成，但又符合一定的工业化逻辑。

意大利设计师喜欢给自己的设计作品起一个别致且又含义的名字，以体现设计的文化性。阿尔比尼也不例外，如图9-3-5右图的藤椅名为“雏菊”(Margherita)，以代表它的天然气息和风格乡村，也获得了1951年米兰三年展金奖。

阿尔比尼在20世纪50年代表现得极为耀眼，充分发挥了他对产品结构和形式美的理解，设计了很多优秀的作品。图9-3-6是阿尔比尼设计的路易莎(Luisa)椅，木质结构的各个部件可以拆卸组合，固定在横木上的椅背可前后移动，整体造型高雅含蓄，体现出高度的严谨朴素。阿尔比尼用为自己长期工作的秘书路易莎夫人的名字为其命名，这把椅子的设计获得了1955年的金圆规奖。

阿尔比尼1953年设计了一张便于挪动的小桌，以适应战后兴建的大量小型公寓的使用需要，见图9-3-7。它采用了简单的三足支撑，其中一条腿伸长到桌面上方，变成一个把手，桌面周围的边沿略微高起，把桌面变成了一个圆盘容器，阿尔比尼把它叫做“小鹤”(Cicognino)桌，2008年卡西纳公司重新生产了这件作品。

图9-3-3　Venini玻璃公司的斑点系列花瓶

图9-3-4　阿尔比尼设计的藤凳

图9-3-5　雏菊椅

图9-3-6　阿尔比尼设计的路易莎椅

图9-3-7　阿尔比尼1952年设计的小鹤桌

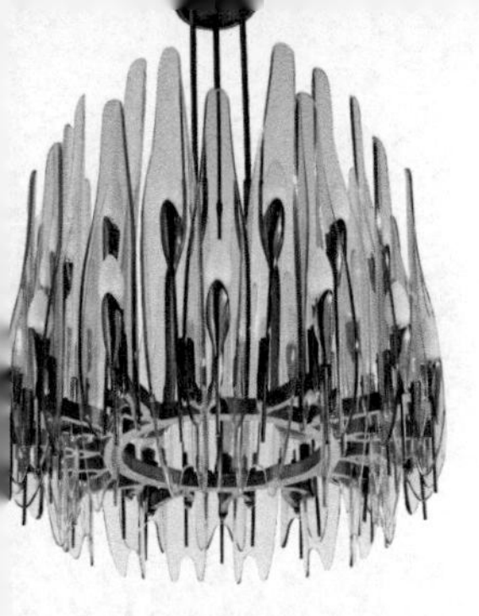

阿尔比尼生前的大部分作品由Poggi公司生产，这是一家生产定制高档家具的小型公司，成立于1890年，一百多年来坚持不被规模化大工业化生产方式影响。但由于近年来高级工匠人才缺乏，该公司于2007年宣布倒闭。

三、设计引导生产模式

图9-3-8　因格兰德设计的吊灯

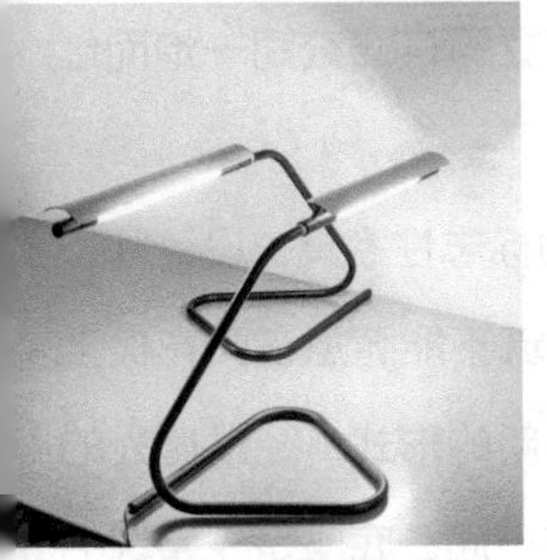

图9-3-9　图比诺台灯

在意大利，设计师具有崇高的社会地位。意大利的许多设计师毕业于米兰理工大学或都灵建筑学院，他们多才多艺，既可以设计豪华的法拉利跑车，也可以设计生活常见的意大利面。由于意大利设计师的杰出成就，意大利逐渐形成了由设计引导的生产方式，设计和生产形成了良性循环，使企业在设计活动中受益。如奥利维蒂公司凭借着工业设计的作用进入了美国市场，又在世界上第一次使用了企业识别系统（Corporate Identity System，简称CIS）设计，加速了品牌的推广。1963年奥利维蒂聘请年轻的设计师贝里尼（Mario Bellini，1935—　）担任新的首席设计顾问。

庞蒂和基耶萨创建的丰塔纳艺术公司则在20世纪50年代的意大利照明行业继续保持了他们在战前的领导地位，他们还与著名的玻璃设计师因格兰德（Max Ingrand，1908—1969）合作，设计了一系列新颖的玻璃灯具，如图9-3-8。这家公司还于1963年重新生产了庞蒂1931年设计的0024灯。

为庞蒂生产了超轻椅的卡西纳公司起源于有着三百年家具制造历史的意大利卡西纳家族，早在17世纪他们就开始从事教堂木器家具的制作。1927年只有18岁的西萨尔·卡西纳（Cesare Cassina，1909—1979）和他的兄弟共同创建了卡西纳公司，被认为是意大利现代家具的起点。卡西纳公司与众多设计师建立了密切的合作关系，生产了柯布西埃、布劳耶、里特维尔德等设计师设计的很多经典产品，西萨尔还参与创建了另外两家世界知名的家居公司——B&B Italia和Flos。

Flos的名字出自拉丁语的flower，也就是“花”的意思，这个名字最早由意大利设计师皮埃尔·卡斯蒂利奥尼（Pier Giacomo Castiglioni，1913–1968）提出来并被采用，皮埃尔是著名的设计师兄弟组合——卡氏三兄弟中的老二，他和大哥利维奥（Livio，1911—1979）合作开办了设计工作室。卡氏三兄弟中最小的阿切尔·卡斯蒂利奥尼（Achille Castiglioni，1918—2002）加入了他们的设计工作室（利维奥于1952年退出），表现出其更加惊人的才华。他1949年设计的轻巧灵活的图比诺（Tubino）台灯（图9-3-9），将塑料和轻金属作为主要的材料，创造出简洁极致的造型，表现出对灯具设计独特的理解。

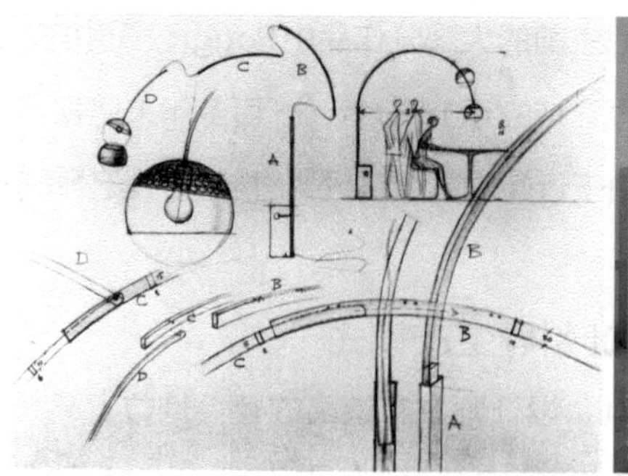

图9–3–10　卡斯蒂利奥尼兄弟设计的抛物线灯

卡斯蒂利奥尼兄弟出身于艺术世家，他们的父亲是意大利著名的雕塑家。阿切尔上大学时学习建筑，毕业后开始研究产品设计有关的造型、工艺和材料问题，致力于发展一个完整的设计流程。1956年，他成为意大利工业设计协会（ADI）的创始人之一，并长期在米兰从事工业设计教学。1962年阿切尔和皮埃尔合作设计的抛物线（Arco）落地灯使新成立的Flos公司一炮而红（图9–3–10）。

高度2.5米的抛物线落地灯成为20世纪60年代的标志性家具。设计师最初是希望设计一款餐厅的吊灯，由于意大利很多古建筑不能随意在天花板上开孔，阿切尔用更加宏大的罗马式圆弧建构了一个全新的形式，经过抛光的金属材料和传统大理石底座用简洁现代的造型联系在一起。底座是一整块的大理石，在上面有一个孔洞，既方便装配，又可以作为移动时的把手。

Flos公司还在1962年生产了卡氏兄弟设计的塔西亚（Taccia）台灯，它的外形以金属底座和半圆灯罩组成，因为外表酷似雷达也被称为雷达台灯（图9–3–11）。设计师希望使用新兴的塑料材料作为灯罩，金属底座更利于散热。但实际生产的时候他们发现灯泡的热度比他们想象得更高，灯罩只能使用玻璃和铝片来完成。2010年，Flos公司使用最新的LED光源重新生产了这款经典设计。

卡氏兄弟的设计往往是实用功能、简洁造型和奇特联想的结合，喜欢采用一些现成的部件来创造意想不到的优雅格调。1957年，他们设计的凳子使用了拼贴艺术般的手法，把一个红色的拖拉机座位、一块弯曲的钢板和一根横木组合在一起，三者通过工业螺母进行连接，传达了意大利从农业经济向工业阶段转变的过程，因而取名为佃农（Mezzadro）凳（图9–3–12）。到1970年，这个设计才被正式生产，原来的拖拉机座也换成一个相似的但更加舒服的座位，并在酒吧、餐厅等场所广泛使用，成为当时流行的高技术风格的代表作。

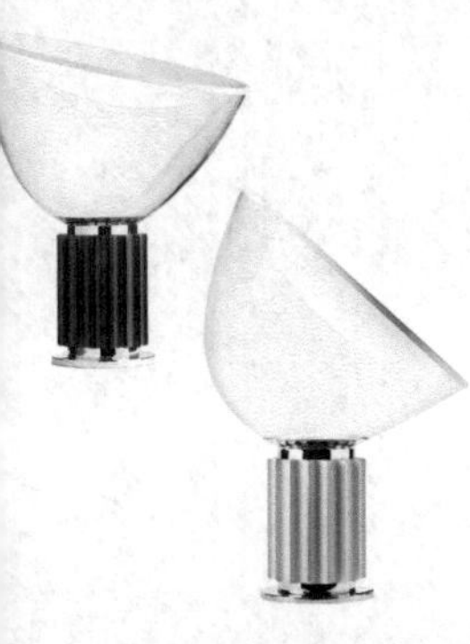

图9-3-11 卡氏兄弟设计的塔西亚台灯

意大利社会的变革对设计产生了重要影响，另一位在20世纪后半叶十分活跃的著名设计师马吉斯特拉蒂（Vico Magistretti，1920—2006）在1959年的时候为卡西纳公司设计了卡里米特（Carimate）椅（图9-3-13）。英国《卫报》评价说：这把椅子数年来都十分畅销，是乡村的简朴与城市的繁华的结合。

马吉斯特拉蒂1945年毕业于米兰理工大学，在20世纪后半叶表现十分突出，特别是他后来为卡特尔（Kartell）公司设计的灯具被看作是意大利设计的代表作。20世纪60年代，这家公司率先把塑料材料用于生产家具和灯具产品，并邀请了一批意大利年轻设计师参与设计，引领了世界的设计潮流。

图9-3-12 卡氏兄弟1957年设计的佃农凳

在意大利，很多像吉奥·庞蒂和阿切尔·卡斯蒂利奥尼这样的建筑师和艺术家在第二次世界大战后投身于产品设计领域，并与很多家居产品公司进行了深入合作。在这个过程中，很多原本是作坊式的小企业快速成长起来，这也为设计师提供了创作的更大舞台。

通过米兰三年展和金圆规奖，很多年轻设计师脱颖而出，这也让全社会乃至世界各国都看到了意大利已经形成了独特的设计文化。从20世纪60年代开始，意大利社会经济逐渐从战争中复苏，思想解放运动席卷欧美，意大利设计逐渐出现了新的转向，设计不再是普适性的民主，开始追求个性和美感。从那时起，意大利人一直走在世界设计思潮的前沿。

图9-3-13 马吉斯特拉蒂1959年设计的卡里米特椅

探索与思考

- 请查阅拉姆斯关于好设计的十项原则，并讨论这些原则对今天的工业设计有着什么样的积极意义。
- 意大利设计的历程对我国工业设计发展有何启示？

第十章

技术推动设计发展

Plastics are the hallmark of modern design.

——Peter Muller-Munk

到20世纪60年代，
世界经济已经逐渐从战争的影响中恢复，
日益增长的消费需求和生产力不足之间的
矛盾成为制造商面临的问题。
因此，设计师开始转向能够满足大批量生产
需要的新材料、新技术，比如塑料。
彼得·穆勒蒙克（Peter Muller-Munk，
1904—1967）曾经说过："塑料是现代设计的标志。"
而他的作品也体现了这种说法，
比如1962年他为MSA公司设计的
V-Gard安全帽采用了新的塑料材料，
到今天还在生产，已成为经典产品。
穆勒蒙克出生于德国，1926年移居美国，
1935年在卡耐基理工学院创建了美国
第一个工业设计本科专业。
在这一时期，以塑料为代表的新技术不断
应用于生产和生活，
也为设计师提供了新的用武之地。
率先掌握新技术、采用新材料的设计师成为那个时代的
宠儿，一大批年轻设计师走上了历史舞台，
如意大利的科伦波、芬兰的阿尼奥、丹麦的潘顿等。
另外，1957—1975年美国和苏联在开发人造卫星、
载人航天等空间探索领域开展了激烈的竞争，
也吸引了公众的浓厚兴趣，
设计师运用这些新的设计元素开展设计，
开拓出很多新的领域。

第一节 材料发展与塑料时代

1964年，著名的设计师组合萨帕和扎努索为意大利Kartell公司设计了轻巧的K1340堆叠儿童椅，这是第一把完全用塑料制成的椅子。塑料具有良好的加工性能，比以前的任何材料都更容易加工成曲面。19世纪，人们就已经开始对这种新材料进行了探索，但直到20世纪中叶才取得了突破性进展，这让意大利和北欧设计师能够借此充分展现自己的才华（图10–1–1）。

一、塑料的早期应用

1862年，英国人帕克斯（Alexander Parkes）在伦敦的展览会上展出了自己发明的一种用硝化纤维素制成的新材料，他用自己的名字命名为“帕克辛”（Parkesine）这就是世界上最早的热塑性塑料。早期的塑料主要用来代替象牙，但因为遇热后就会变软而没有被大规模应用。后来这种方法经过美国人的改进，改名为“Celluloid”投入商用，中文音译为赛璐珞。美国早期的电影曾使用以赛璐璐制作的透明胶片，把人物画在胶片上，背景画在纸上，来实现不同的效果。在过去一百多年里，赛璐珞还被用来制作乒乓球，但因为它易燃且能够释放有毒气体，直到2014年才被国际乒乓球联合会弃用。

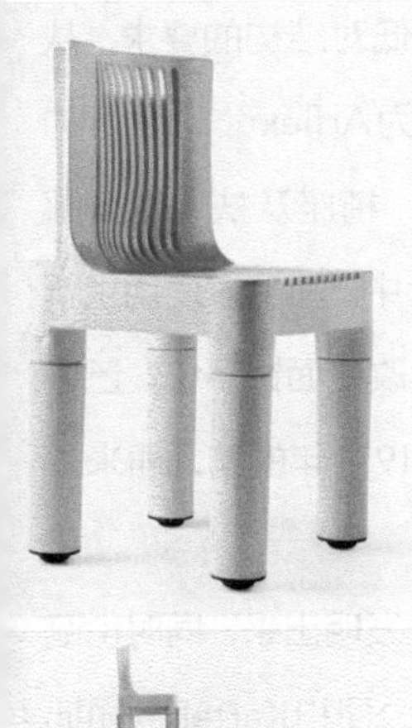

1907年，比利时出生的贝克兰（Leo Baekeland）在纽约发明了一种新的廉价的复合材料，他把苯酚和甲醛混合后加热，冷却后就会变得很硬。他把这种新材料叫作bakelite，中文称为酚醛塑料，俗称电木或者胶木。由于电木具有耐高温、绝缘性好和一定的硬度的特点，在20世纪上半叶被广泛用于制作收音机、电话、钟表等产品。如图10–1–2是英国布什（Bush）公司在1949年设计的9英寸TV–12电视机，外壳就是用电木制成，到1950年这台小电视机已经能够收看五个频道。

图10–1–1　K1340塑料椅

第一次世界大战结束后，塑料材料的研究取得了一个又一个新的突破，德国法本公司开发了聚苯乙烯（PS）和聚氯乙烯（PVC），前者一般被制作成文具尺、梳子、肥皂盒等日常用品，而PVC塑料则用于制作雨衣、台布、窗帘以及各种管道。

1939年，美国杜邦公司在纽约世界博览会上展出了一种新的合成纤维材料，即聚酰胺（PA），这就是我们熟悉的尼龙，这是杜邦公司花了12年时间研究的成果，在20世纪40年代引发了消费者的热情。尼龙不只是用于纺织品的

图10-1-2　1949年的布什TV-12电视机

图10-1-3　特百惠公司生产的塑料容器

图10-1-4　扎努索设计的“Lady”沙发

面料，它具有良好的耐热性，也被用于制造齿轮，轴承和汽车的引擎罩。聚甲基丙烯酸甲酯（简称PMMA，也被称为Acrylic），就是我们常说的有机玻璃，音译也叫亚克力，具有高透明度，低价格，易于机械加工等优点，是平常经常使用的玻璃替代材料。1937年亚克力实现了规模化生产，在第二次世界大战中被用于制造飞机的挡风玻璃。1948年美国生产了世界第一款亚克力浴缸，直到今天，大部分的浴缸和广告灯箱都是用亚克力制造的。

聚乙烯（PE）是1933年由英国ICI公司发明的，也分为低密度聚乙烯（LDPE）和高密度聚乙烯（HDPE），前者主要用来制造薄膜和包装材料，而高密度聚乙烯可用于容器、管道以及汽车配件。到20世纪50年代初，聚丙烯（PP）被发明出来，常被用于生产各种塑料瓶。1946年创建于美国的特百惠（Tupperware）公司生产的塑料保鲜容器，很多就是采用聚丙烯和聚乙烯塑料制成的。特百惠公司还创造了一种直销模式，使新兴的塑料产品既满足了安全卫生、美观实用的生活需要，又让广大的家庭妇女通过向亲朋好友推销产品获得收益来提高社会地位。特百惠的产品在1999年被美国《财富》（*Fortune*）杂志誉为“20世纪经典产品”，2009年特百惠公司还获得了红点（Reddot）年度设计团队奖（图10-1-3）。

1937年发明的聚氨酯（PU）是一种应用广泛的材料，可用于制作涂料、胶粘剂、放水材料以及泡沫材料，其中硬质聚氨酯泡沫主要用于建筑隔热材料、保温材料，设计师发现它还可以通过改变形状来降低对结构的要求，从而摆脱了对框架的依赖。如意大利著名设计师扎努索为Arflex公司设计的“Lady”沙发（图10-1-4），设计简单，沙发椅分成椅背、椅座及扶手四个部件，安装方便，并用四根细钢管腿进行支撑。在这个设计中，扎努索使用了新的聚氨酯发泡材料作为填充物，他评价新材料“不仅可以改变面饰系统，还可以革新结构制造，并具有形式的创新潜力”。这件作品在1951年的第九届米兰三年展上获得金奖。

20世纪60年代，更坚固的新一代材料如ABS塑料被发明出来，同时也诞生了更复杂的加工工艺，如注塑成型。意大利Artemide公司和Kartell公司把这些新的技术转化为一种新的设计风格，塑料的应用从厨房用品延伸到各式各样高品位高质量的家具和灯具，而塑料制品的新颖造型及鲜艳颜色也创造出了轻快的20世纪60年代生活方式。

二、意大利的塑料产品设计

Artemide公司以生产灯具出名，它的创始人之一吉斯蒙迪（Ernesto Gismondi，1931— ）毕业于米兰理工大学航空工程专业，1959年还在罗马获得了导弹工程学士学位。自20世纪60年代初，吉斯蒙迪一直致力于灯具的设计和生产，他和设计师马萨（Sergio Mazza）一起创立雅特明特（Artemide）公司，并在20世纪70年代以后的后现代设计运动中扮演了重要角色。另外，他还长期在米兰理工大学教授火箭发动机课程，他还是一名优秀的设计师，担任过意大利工业设计协会副会长。

雅特明特公司十分重视新材料的运用，如1965年设计师马蒂奥利（Giancarlo Mattioli, 1933— ）设计的Nesso台灯就使用了新兴的ABS塑料。这种材料具有较高的抗冲击强度和更好的机械强度以及良好的加工性能，让设计具有完美的整体感。Nesso台灯外型酷似一个巨大的蘑菇，反映了一定的波普艺术倾向，是20世纪六七十年代最经典灯具之一（图10–1–5）。

塑料能够使用注塑机等设备进行注塑、挤塑、吹塑、压延、层合等加工，给设计师更大的发挥空间。雅特明特公司还与马吉斯特拉蒂合作，在20世纪60年代使用玻璃纤维增强塑料（GFRP或FRP，俗称玻璃钢）材料设计了Selene系列座椅，能够实现叠放，大大节省了运输和收纳空间（图10–1–6）。

Kartell公司的创始人卡斯泰利（Giulio Castelli）是一位化学工程师，这使得他十分重视新的塑料材料的应用，而他的妻子安娜（Anna Castelli Ferrieri, 1918—2006）则是一位出色的设计师。她于1943年毕业于米兰理工大学的建筑专业，曾和著名设计师阿尔比尼一起工作并深受影响。安娜的代表作品是她1967年设计的一套模块化塑料组合柜，可以根据需求组合成各种床头柜、浴室柜和收纳柜，具有很强的灵活性和适应性（图10–1–7）。这一作品也被纽约现代艺术博物馆收藏，2014年它还被重新制作成金属材料的版本参加了米兰家具展。

卡斯泰利夫妇的合作使得Kartell公司从20世纪60年代开始名声大噪，他们和一批年轻的设计师合作，把塑料家具推向了全世界。科伦波（Joe Colombo, 1930—1971）是一位具有重要影响的意大利设计师，早年学习过绘画和建筑，还从事过雕塑，25岁时他放弃了艺术创作转向从事设计工作。从1963年开始，科伦波为Kartell公司设计了一系列塑料座椅，从第一把编号为4801的椅子开始，他的设计表现出极强的流畅线条，具有强烈的前卫风格，而且还可以适用于不同的场合（图10–1–8）。

图10–1–5 Nesso台灯

图10-1-6　Selene系列座椅

图10-1-7　安娜设计的模块化组合柜

图10-1-8　科伦波设计的4801椅

科伦波大胆使用新材料并设计出大量新的产品。他设计的埃尔达（Elda）休闲椅用大面积玻璃钢材料进行支撑，与以往伊姆斯等人用胶合板设计的休闲椅相比，呈现出惊人的魅力。如图10-1-9，座椅的支撑结构从旋转底座一直延伸到顶部，给坐在椅子上的人一种强烈的安全感。

科伦波擅长使用塑料材料。比如，1965年科伦波设计的Universale（意思是万能的、全球的）椅，开始是用铝制成，但后来发现塑料更能够发挥设计的特点，因而开始使用ABS塑料和聚丙烯并实现了大规模生产（图10-1-10）。

科伦波还特别注意室内的空间弹性因素，认为空间应是有机的、可变的、有联系的，而不应是孤立的、固定的产品。他设计的可拆卸家具产品就充分体现了这一设计思想。科伦波1969年设计的移动式储藏系统（Portable storage system）由B-Line公司出品，主要是一系列用ABS塑料制成的储物小柜，柜子台面下面的抽屉可以像扇面一样旋转（图10-1-11）。设计拆装方便，可以实现模块化生产。

三、北欧的塑料产品设计

与意大利设计师相比，北欧人似乎更善于使用传统的木材，但他们在应用新材料方面并不逊色，反倒是充分利用了塑料的成型工艺，创造出更加符合人体的曲线。如芬兰设计师库卡波罗（Yrjö Kukkapuro，1933—　）在1964年设计的卡路赛利（Karuselli）休闲椅，被誉为是世界上最舒适的一把椅子（图10-1-12）与科伦波的埃尔达休闲椅类似，这把椅子的支撑外壳也采用了玻璃钢，通过镀铬钢圈与橡胶阻尼器与底座连接，既可以前后摆动，也可以旋转，体现了北欧设计师在人体工程学研究上的成果。

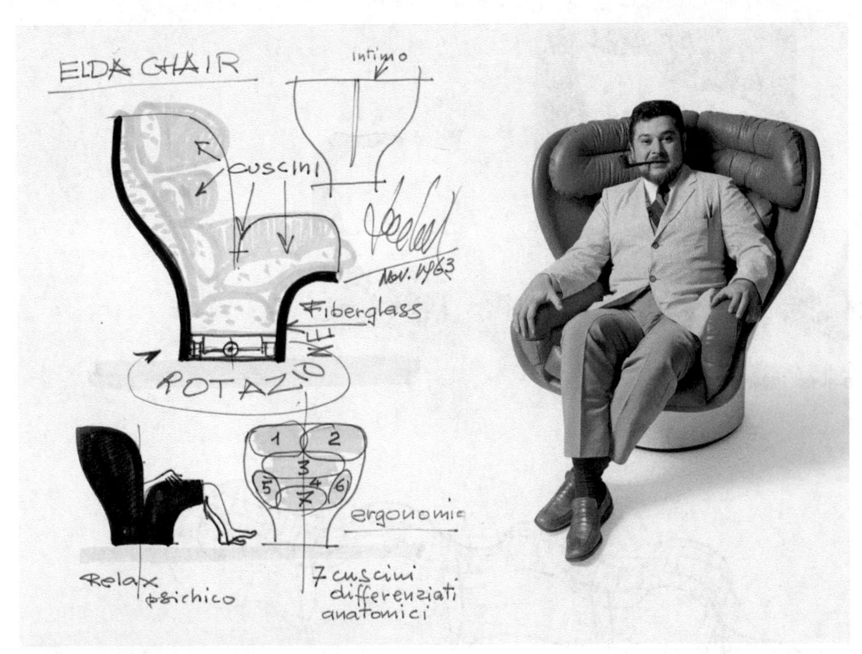

图10-1-9　科伦波和他设计的埃尔达休闲椅

图10-1-10　Universale椅

图10-1-11　科伦波设计的储物柜

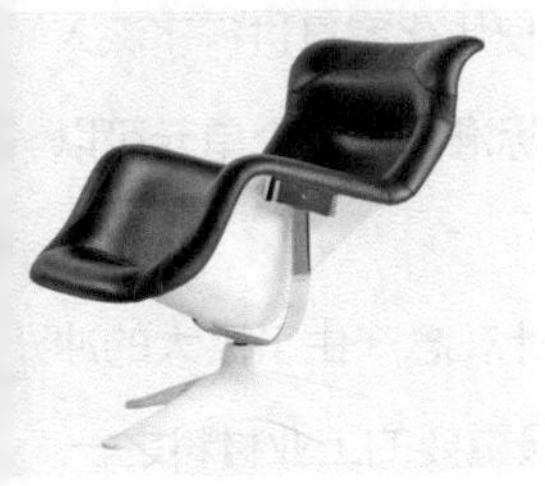
图10-1-12　库卡波罗设计的卡路赛利休闲椅

而在运用新材料方面最有成就的北欧设计师当属丹麦人潘顿（Verner Panton, 1926—1998）。潘顿1951年毕业于在丹麦皇家艺术学院，曾在雅各布森的事务所工作，1955年他创办了自己的设计事务所，并创造了一系列具有探索性质的建筑作品，如折叠房屋（1955）、硬纸板屋（1957）和塑料房（1960）等。他潜心研究新材料在设计中的应用，设计出许多富有表现力的作品。

潘顿曾说："大多数人都生活在沉闷的浅色的统一色调中，害怕使用颜色。我工作的主要目的是使他们的环境更加精彩，以此来激发人们使用自己的想象力。"在20世纪60年代，潘顿在这种思想的指引下，不断寻找新的想法，让家庭实现"更舒适、更多的体验、更多的颜色"的目标。他在1968年设计的生活之塔（Living Tower）内置木制框架，使用聚氨酯材料进行填充，具有雕塑般的有机形状（图10-1-13）。潘顿希望借此来达到人与周围环境之间的和谐，通过这一设计来促进家庭成员之间的沟通和互动。

潘顿还与美国赫曼米勒公司合作，进行整体成型的玻璃钢材料家具的研制工作，并于1968年推出了一款可以量产的S型椅子，这就是著名的潘顿椅（图10-1-14）。潘顿椅只需要一次模压就能成型，在生产工艺和结构组织上呈现出一种全新的美学概念。同时，简洁的有机造型恰好可以贴合人体的曲线，轻盈靓丽，具有强烈的雕塑感。

图10–1–13　潘顿设计的“生活之塔”

图10–1–14　潘顿椅

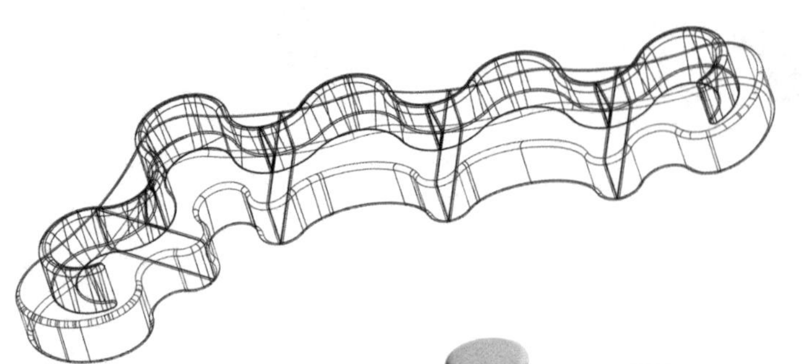

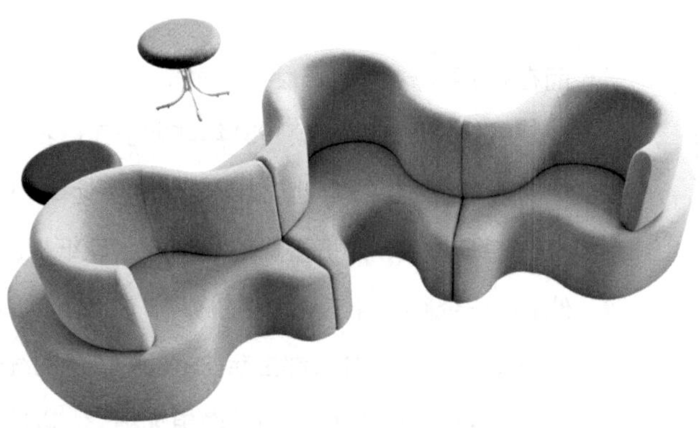

图10–1–15　潘顿设计的CLOVERLEAF模块式沙发

潘顿椅没有传统座椅的椅腿或者底座，改变了座椅的设计观念，至今仍享有盛誉，并被世界许多博物馆收藏。另外，潘顿还对模块化家具进行了深入研究，如他设计的CLOVERLEAF沙发，每个单元都是标准形，多个单元可以自由组合，满足各种环境的需要（图10–1–15）。

新材料不但大大丰富了设计语言，而且对传统设计观念产生了极大的冲击。设计师对塑料情有独钟，不仅因为塑料是20世纪最重要的工业材料之一，还具备良好的加工性能，能赋予设计师广阔的创作空间。同时，塑料产品美观实用，通过大批量生产降低了价格，让普通大众也可以享用到设计师的作品，更多人开始树立通过优秀设计提升生活品质的观念。

第二节 高尾鳍汽车与太空时代

1957年，苏联发射了第一颗人造卫星，标志着美国和苏联太空竞赛的正式开启。太空竞赛在20世纪60年代达到白热化，美苏两国各自向太空发射了30多艘载人飞船，完成60多人次的太空飞行。1969年美国阿波罗11号完成人类第一次登月任务，使太空竞赛达到顶峰。太空竞赛也点燃了民众的热情，美国人敏锐地发现了这一商机，飞行概念的元素被首先应用在汽车上，可以看作是设计领域太空时代的发端。这是一个新的技术、科学和文化高速发展的时代，整个社会都表现出对技术的乐观和崇拜，太空时代的设计师运用自由的、有机的线条、造型和材料，推进了设计创新。

一、美国汽车的高尾鳍竞赛

哈利·厄尔（Harley Earl，1893—1969）是世界上第一位职业汽车设计师。早在1928年，美国通用汽车公司就聘请他负责汽车的外形和色彩设计。到1937年，通用公司的“艺术与色彩部”改成“造型部”，厄尔成为整个公司的副总裁。第二次世界大战期间，厄尔曾为美国军队研究军用汽车的伪装色彩涂装。

第一辆安装了尾鳍的汽车是1948年在厄尔的领导下由设计师赫尔希（Frank Hershey，1907—1997）设计的凯迪拉克跑车，其尾鳍的灵感来自第二次世界大战期间美国飞行员驾驶的洛克希德P–38战斗机。从图10–2–1赫尔希绘制的草图来看，整辆汽车更像是一架没有翅膀的飞机，而尾鳍只是为了增加表现力。

克莱斯勒（Chrysler）公司的设计师艾克斯内尔（Virgil Exner，1909—1973）敏感地意识到尾鳍的作用，他专门在密歇根大学进行风洞测试来验证尾鳍在空气动力学方面的优势。艾克斯内尔曾经在厄尔领导下的通用汽车工作过，1938年进入设计师罗维的公司，并为斯蒂庞克（Studebaker）公司设计过1947款星光跑车。当艾克斯内尔1949年加盟克莱斯勒时，汽车的车身设计是由工程师而不是由设计师完成的，导致车型老化且缺乏美感。艾克斯

图10-2-1　凯迪拉克草图中首次给汽车加上了尾鳍

图10-2-2　克莱斯勒300系列跑车

内尔通过自己的努力改变了克莱斯勒的困境，并在1955年推出了克莱斯勒C300，此后每年推出一款车型，从1956年的300B到1965年的300L，这一系列豪华双门跑车确立了克莱斯勒的品牌形象，具有强劲马力和硬朗线条，被称为“肌肉汽车”，这也是艾克斯内尔提出的“新潮外观”（Forward Look）概念的最好体现。

图10-2-2分别是1955年的C300和1961年的300G，可以明显看出车身被降低且更有侵略性，而尾鳍部分被不断地加强成为新的焦点，从视觉效果上看让人联想到发射卫星的运载火箭的尾翼。

20世纪50年代后期，太空运载火箭的形象已在报纸和电视机的传播下变得逐渐深入人心，艾克斯内尔也随之在300系列跑车中采用的曲面玻璃和更加复杂的尾鳍，迫使通用汽车的设计师发挥出更大的想象力。1959年，凯迪拉克推出了有着更夸张尾鳍的新车型（图10-2-3），其“火箭”式尾灯更具震撼性视觉效果，这也是哈利·厄尔为通用公司设计的最后一款车型。

克莱斯勒公司和通用汽车公司之间的高尾鳍竞争成为这一时期美国设计行业最醒目的标志，但也遭到了一些批评，评论家认为这种设计风格“毫无节制”，消费者也从开始的狂热慢慢变得冷静。厄尔于1958年退休，而艾克斯内尔也在1962年失去了在克莱斯勒的主导权，此后的车型中，标志性的尾鳍逐渐消失。尽管后人对厄尔评价不一，但他作为汽车设计的先驱，对整个行业都有深远影响，他开创了汽车设计中的黏土模型技术，还把概念车设计列入企业战略，直到今天还在沿用。

二、太空时代对设计的影响

当美苏太空竞赛如火如荼的时候，从文学艺术到社会都表现出极大的热忱，一大批未来太空题材的小说、电影应运而生。设计师们也用自己的方式参与其中，一大批新颖的设计形式不断出现。

1968年，一部科幻电影《2001：太空奥德赛》上映了，它比计划公映的时间晚了两年，却比阿波罗11号登月成功早了一年多。导演组建了一个天体艺术家、航空专家和美术指导组成的团队，由航空航天工程师们设计了太空船内部的开关面板、显示系统以及通信设备，使得这部电影的很多场景具有真实的科技感和未来感。如图10-2-4，带电话听筒和拨号盘的公文包已经具备了今天笔记本电脑和智能手机的功能，曾为美国航空航天局（NASA）工作过的插画师兰奇（Hans-Kurt Lange）设计制作了电影中的宇航服。

图10-2-3　1959年通用公司设计的凯迪拉克高尾鳍跑车

来自法国的工业设计师穆固（Olivier Mourgue，1939—　）设计的Djinn系列椅子成为电影的一大亮点。与电影里面的其他道具不同，这把座椅创造了巨大的市场价值。第一把Djinn休闲椅在1964年就已经开始销售，Djinn的名字来源于阿拉伯神话中可以满足人三个愿望的精灵，那时的穆固只有25岁。穆固用波浪起伏椅面和支撑腿形成一个连续的有机整体，彻底颠覆了传统椅子的支撑结构，这把椅子也因为电影被称为2001椅（图10-2-5）。

图10-2-4　电影《2001：太空奥德赛》剧照

1967年英国电视剧《囚徒》（The Prisoner）被视为“悬疑科幻”电视剧的鼻祖，其中出现了另一把更加有名的作品——芬兰设计大师艾洛·阿尼奥（Eero Aarnio）设计的球椅（Ball Chair）。到2001年，科幻电影《黑衣人2》上映时，经过重新设计的球椅更是出现在电影海报上，如图10-2-6。

阿尼奥1932年出生在赫尔辛基，曾在鲁梅斯涅米的工作室工作，早期的设计风格多采用北欧的传统材料，甚至还对藤编工艺产生浓厚的兴趣。1962年他创办了自己的工作室，当时，芬兰著名的家具制造商阿斯科（Asko）公司也希望利用新的塑料材料来改变公司产品的形象。1963—1965年间，阿尼奥经过反复实验，终于完成了一件类似航天舱的座椅，即球椅。它的外形是一个用玻璃钢材料制成的球形，前面有一个圆形开口，内部铺上软垫，当人坐在里面会有一种太空旅行的感受。阿尼奥使他的“球椅”成为那个时代的一种象征，使乘坐者有一种被保护的感觉，从而获得内心的安全感（图10-2-7）。

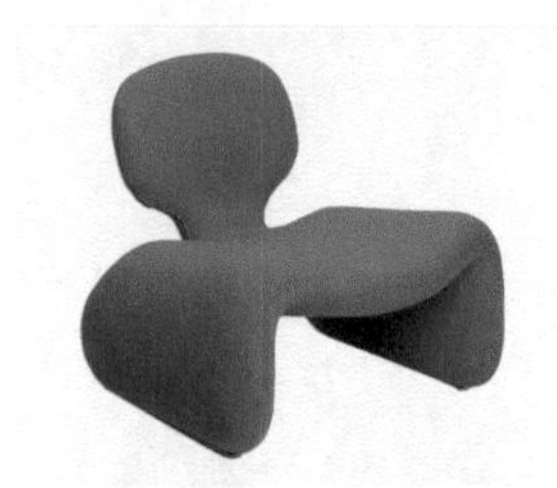

图10-2-5　Djinn休闲椅

图10-2-6 《囚徒》中的球椅与《黑衣人》中的球椅

图10-2-7　阿尼奥和他的球椅

图10-2-8　泡泡椅

1968年，阿尼奥对球椅重新进行了改造，外壳被换成亚力克的透明塑料，并用一个不锈钢框架把椅子悬挂起来，可以在水平方向摇晃，从而产生气泡般的漂浮感，因此命名为泡泡椅（Bubble Chair，图10-2-8）。

阿尼奥设计了一大批“太空”风格的作品，符合了20世纪60年代流行文化，且经常出现在科幻影视作品当中。他的设计采用非常简单的几何形式，便于批量化生产。阿尼奥的设计生涯一直延续到21世纪初，他创造了大量新颖的设计，如为儿童设计的玩具和家具等。

三、太空时代的设计风格

在太空竞赛的年代，载人飞行器由于受到空间、重量的限制，要求内部空间和设施的设计尽可能小巧。受其影响，这一时期的家具和家电设计也出现了可折叠的、可组合的、小型化的趋势。

1967年，意大利设计师皮内蒂（Giancarlo Piretti，1940—　）为Anonima Castelli公司设计了著名的“PLia”折叠椅，把造型减少到最低限度，其淡雅的色彩看起来几乎是透明的、非物质的，但它仍然是一个极具功能性的实用物品，具有轻盈和灵活的造型特征，椅子通过三个金属圆盘连接背部，腿和座位，能够折叠成一个只有5厘米厚的扁平的平面。由于其简单的构造和简单的制造，PLia椅大大降低了生产成本，自1969年以来生产超过700万把椅子。（图10-2-9）

同样在1967年，一盏马吉斯特拉蒂设计的台灯获得了当年的金圆规奖。这盏灯名为“Eclisse”（日食），有内外两个灯罩，通过内侧灯罩的旋转而获得不同的光照效果。当内侧灯罩完全转向里面时，灯光就会出现像日环食时的奇妙景象（图10-2-10）。

1971年意大利著名设计师科伦波因心脏病去世，第二年，他生前在28平方米空间中设计的全套家具总成（Total Furnishing Unit）在1972年美国纽约现代艺术博物馆举办的“意大利—家居新面貌”（Italy: The Domestic Landscape）大型工业设计展中引起了轰动。这套家具总成共有四组，包括厨房、卧室、卫生间等（图10-2-11）。这些产品都是由可折叠、组合的单元组成的，在不同的房间具有不同的组合的灵活性，具有强烈的未来感。科伦波解释说：“如果人类存在的必要元素可以按照可操作性和灵活性的要求来计划，我们将创建一个可适应任何空间和时间状况的居住系统。”

科伦波的设计前卫、现代，对当代设计有很大影响。他1967—1969年设计的“附加生活系统”（Additional Living System，如图10-2-12所示），由若

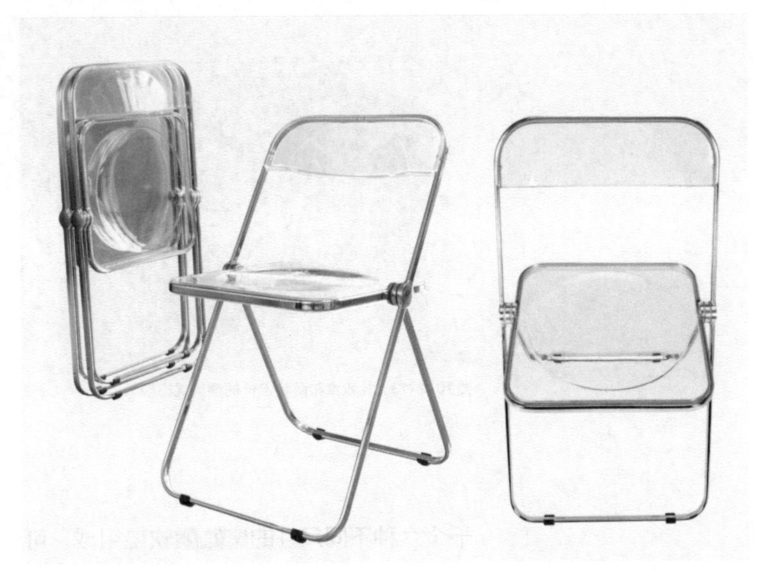
图10-2-9　PLia椅

图10-2-10　日食台灯

图10-2-11　全套家具总成（局部）

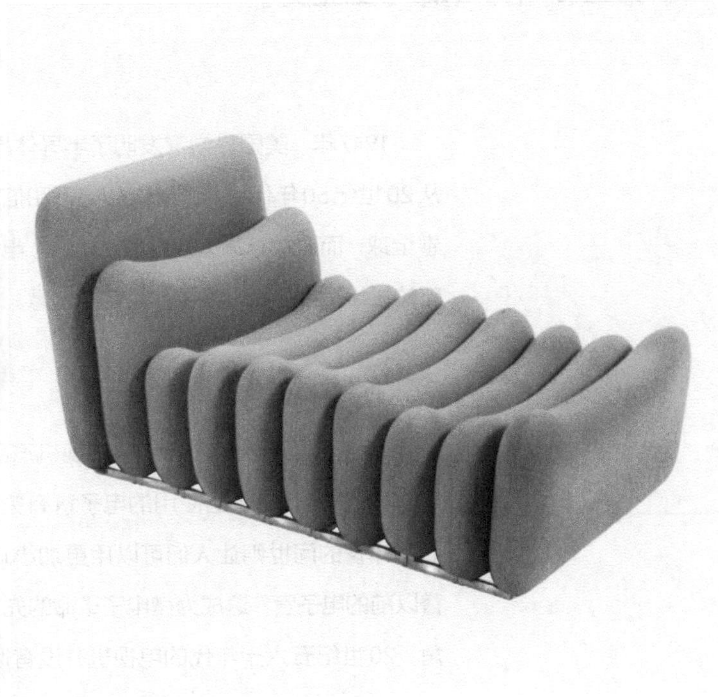
图10-2-12　科伦波设计的"附加生活系统"

图10-2-13　扎奴索和萨帕设计的便携式电视机

干个六种不同尺寸的聚氨酯软垫组成，可通过底部的金属支架进行自由组合，能够满足各种不同情况下的使用需要。

在意大利，扎奴索和萨帕这对金牌组合甚至把电视机都做成了光滑雅致的小型几何造型，1964年他们设计的Algol便携式电视机具有镀铬手柄和倾斜的屏幕，是当时最引人注目的电视机之一（图10-2-13）。

第三节 电子革命与工业美学

1947年，美国科学家发明了半导体晶体管，使人类进入了一个新的时代。从20世纪50年代到80年代，以电子和信息技术为先导，一场信息产业革命席卷全球，而这次革命直接导致了信息、电子、计算机等的诞生和发展。面对崭新的领域，设计师们发挥了各自的智慧。

一、早期电子产品的设计

20世纪上半叶的收音机、电视机产品呈现出明显的家具化特点，这主要是与1904年以来普遍使用的电子管有关——这类元件体积大、功率消耗大。而晶体管的问世则让人们可以用更加小巧的、消耗功率低的电子器件，来代替以前的电子管，这成为微电子革命的先声，为后来集成电路的诞生吹响了号角。20世纪五六十年代的电视机并没有彻底摆脱家具化的影响，但设计师运用造型语言把产品设计得更加轻盈。

1948—1965年，英国著名设计师罗宾·戴为Pye公司设计了大量收音机和电视。在图10-3-1中，左侧为罗宾在1957年设计的Pye CS17型落地电视，仍然保留了家具的特征，简洁的线条则趋于现代主义设计风格。而右图是罗宾1965年设计的Pye电视机，其造型已经发生明显的变化，这也对后来电视机设计产生了重要影响。

在这一时期，也有一些公司追求新奇的设计风格。如1958年德国的Kuba公司出品的Komet电视机，几乎就是一个完整的家庭娱乐中心。如图10-3-2，在下部的柜门里面，左侧是一台留声机，中间是电视接收器，右侧则是一台支持多频率的无线电收音机。另外，这个长度达216厘米、高度171厘米的大柜子还具备唱片存储架功能，甚至还能定制原始的录音模块。设计师将其造型制成一艘帆船的样子，上部的船帆位置布置了8个扬声器，甚至还可以旋转角度。这台设备价格昂贵，售价超过了一个普通德国工人一年的工资，因此没有取得市场的成功。而Kuba公司也经过几次转手，终于在1972年倒闭。

美国飞歌（Philco）公司在20世纪50年代的设计（图10-3-3）在今天仍然会觉得十分前卫，他们生产的Predicta电视机是为假日连锁酒店生产的，但是设计被消费者认为太激进，销售并不理想，而产品可靠性不佳，最终使飞歌公司在1960年破产。但这个把电视屏幕装进镜子的设计十分独特，到20世纪90年代，这款设计又被重新生产出来。

第二次世界大战后的日本也积极投身于电子革命，1946年成立的“东京通信工业株式会社”就对新兴的晶体管技术十分热衷。1955年他们制造了日本第一台晶体管收音机TR-55（图10-3-4），体积比以往的产品小了几倍，甚至可以放入衬衫的口袋。为了打入美国市场，创始人之一的盛田昭夫（1921—1999）把公司的名字改为“SONY”，即索尼。到1960年，索尼公司发明了世界上第一台使用晶体管的微型电视机TV8-301。

1958年的《实用电视》杂志刊登了一篇题为《现代电视接收器设计》的封面文章，专门介绍了由法国设计师夏博诺（Philippe Charbonneaux，1917—1998）设计的Teleavia电视机，并与老式的家具风格产品进行对比（图10-3-5）。夏博诺还是一位出色的汽车设计师，曾为雷诺、福特、布加迪等公司设计过汽车。从图片上可以看出，新的电视机外形彻底被改变，新的设计理念正在孕育。法国著名设计师罗杰·塔隆（Roger Tallon，1929—2011）后来解释Teleavia成功的原因时说：“这还是第一次让形状、功能和材料彻底融合在一起”。

图10-3-1　罗宾·戴设计的Pye牌电视机

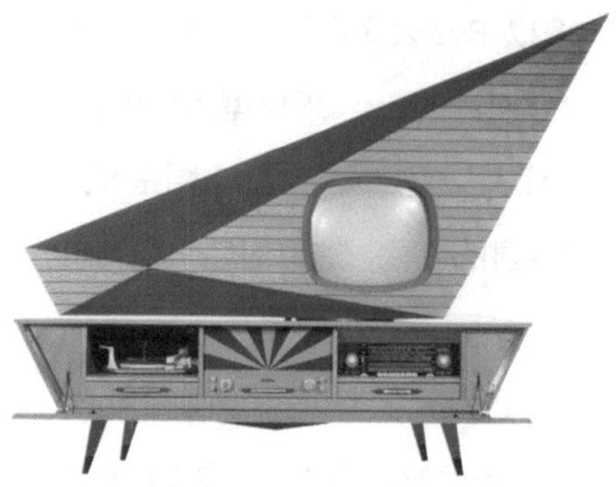

图10-3-2　德国Kuba公司的Komet电视

图10-3-3　美国飞歌公司生产的Predicta电视机

图10-3-4　日本第一台晶体管收音机TR-55（上）和世界上第一台晶体管电视机（下）

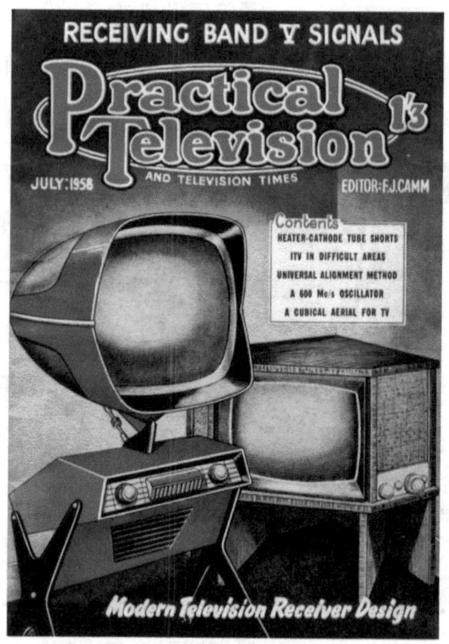

图10-3-5　1958年的《实用电视》杂志封面

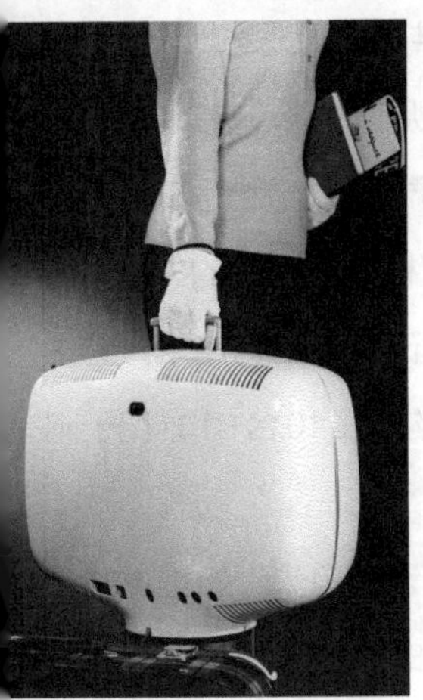

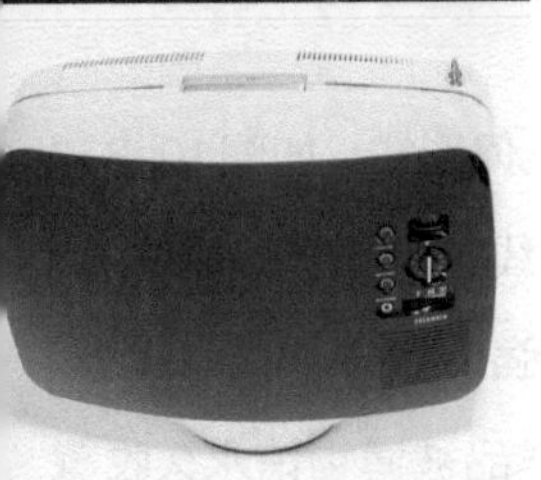

图10-3-6　塔隆设计的便携式电视机

二、法国工业美学思想

罗杰·塔隆在大学里学习工程学，于1953年加入了被称为“工业美学之父”的雅克·维耶诺（Jacques Viénot，1893—1959）创建的研究所，并很快担任了技术与艺术总监。维耶诺的思想对塔隆的设计生涯影响深远。

维耶诺是一名教育家，也是法国工业设计的先驱。他在1949年创建了法国第一个工业设计机构，1951年又创办了法国工业美学协会（Institut d'Esthétique Industrielle），目的是通过设计提高法国工业产品的“工业美学”标准。1965年，工业美学的概念逐渐被工业设计代替，而法国工业美学协会在1984年也改名为法国设计协会。早在1953年，维耶诺就提出了创建一个工业设计的国际组织的想法，四年后国际工业设计联合会成立。

1952年，由维耶诺负责、法国工业美学协会出版了《工业美学宪章》，这些法则至今仍然被作为产品设计的重要依据。他的工业美学宪章包括13项原则，如功能美学原则、经济原则、功能价值原则等，强调功能美是工业美学的基础。

维耶诺去世后，塔隆成为工业美学的标志性人物。同时，他在设计教育领域发挥了重要作用。1957年，塔隆在巴黎应用艺术学院开设了全法国第一个设计课程，而后塔隆于1963年在著名的法国国立高等应用艺术学院创建了设计系。

另外，作为美国公司通用电气的设计顾问，塔隆还设计了冰箱、洗衣机等家电产品。他1963年设计的Teleavia P111便携式电视机（图10-3-6），造型美观，功能实用，1966年上市后取得了商业上的巨大成功。

塔隆和他的团队设计了数百种产品，涉及餐具、家具、手表、交通工具等各种领域，创造了很多工业设计的经典作品。他认为：“设计既不是一门艺术，也不是一种表达方式，而是一个有条理的创造性过程，它可以推广到所有的概念问题。”

法国的工业美学思想受到了设计师的广泛关注。在20世纪六七十年代，欧洲设计师发展出一种新的理性主义设计风格，既符合现代主义的功能要求，又能体现设计师的独特个性，并能够充分表现产品的技术特征，形成了“高科技的几何化外观”。意大利的贝里尼、丹麦的延森等优秀设计师就是其中的代表。

三、贝里尼的设计

贝里尼（Mario Bellini，1935—　）于1959年毕业于米兰理工大学建筑学院，1963年后任奥利维蒂公司的设计顾问，同时也为其他公司设计产品，

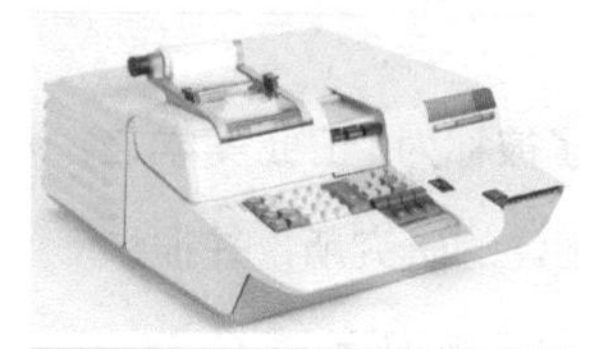

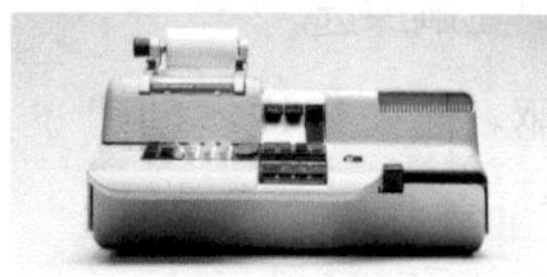

图10–3–7　奥利维蒂Programma 101桌上计算机

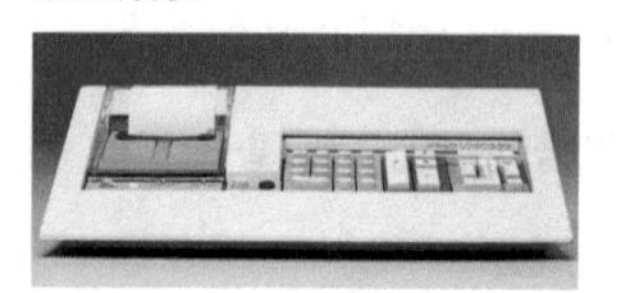

图10–3–8　贝里尼设计的Logos 55型台式计算器

涉及家具、灯具、家用器具、音响耳机等。他为奥利维蒂公司成功地设计了一系列打字机和计算器。1964年，年轻的贝里尼和工程师佩罗托（Pier Giorgio Perotto，1930—2002）合作，为奥利维蒂设计了世界上第一台台式计算机Programma 101，缩写为P101。P101改变了以往计算机体积庞大的外形，开启了“个人电脑”（Personal Computer，即PC机）的新历史。这台电脑大约生产了44000台，主要销往美国，如美国航空航天局就购置了10台P101用于阿波罗11号登月计划。

贝里尼在P101的设计中实践了“以人为中心”的设计思想，如其中的可编程磁卡是一项革命性的发明，任何人只需要插入一张已经完成编程的磁卡，就可以在几秒钟内执行程序（图10–3–7）。

20世纪70年代后，他的风格趋向于直线切割的几何形式。如图10–3–7中是贝里尼1974年设计的Logos 55型台式计算器，线条简练，结构清晰，通过色彩搭配能够对功能区进行有效的分割，具有很强的整体感。1987年，他在纽约现代艺术博物馆举行了回顾展，有20多件作品被博物馆永久收藏（图10–3–8）。

四、延森的“硬边艺术”风格

所谓“硬边艺术”，是20世纪50年代末兴起的一种绘画风格，与当时流行的抽象表现主义不同，前者风格的画家通常用几何图形或有清晰边缘的造型制造出纯净的视觉效果。而丹麦著名工业设计师雅各布·延森（Jacob Jensen，1926—2015）为邦与奥卢胡森公司（Bang & Olufsen，简称B&O公司）设计的产品就具备硬边艺术的特点，造型简洁高雅，操作方便。从1965年开始的近30年间，延森为B&O公司设计了234款产品，其中很多成为设计史上的经典，他发展了B&O的设计语言，使之成为丹麦设计的新形象。1978年，纽约现代艺术博物馆举办了B&O延森设计展，他有20件作品被永久收藏（图10–3–9，图10–3–10）。

1990年，雅各布·延森把自己的设计工作室交给了儿子蒂莫西·雅各布·延森（Timothy Jacob Jensen，1962—　）管理。之后，雅各布延森设计（Jacob Jensen Design）在上海、曼谷及丹麦都成立了工作室。

电子技术的发展对于工业设计的影响是巨大的，贝里尼和延森是较早意识到这种变化的设计师。贝里尼认为随着机械部件基本上被电子线路所取代，产品的外形将不再像以往那样受到结构的制约，而是更多由文化传统、美学和人机工程等综合因素来决定。延森认为“设计是一种语言，它能为任何人理解”，他将强调技术性、功能性的音响设备变成简洁的视觉语言，改变了人们对日常事物的看法。

探索与思考

- 材料技术对于工业设计有哪些作用？请对未来可能出现的新材料进行讨论，并预测设计的发展趋势。
- 工业美学和工业设计有什么区别和联系？

图10-3-9　延森1967年设计的BeoVox 2500音箱

图10-3-10　延森1972年设计的Beogram 4000电唱机

第十一章

文化的碰撞

Industry should be culture.

——Ettore Sottsass

技术的发展并不是孤立的，
就像塑料的兴起，不单纯是由设计师
一方推动的，与当时的科技、社会、
文化环境都有着密不可分的关系。
在20世纪七八十年代，意大利的索托萨斯
（Ettore Sottsass）等设计师开始对设计
有了更加深入的认识和理解，
他说："设计对我而言……
是一种探讨生活的方式，
它是一种探讨社会、政治、爱情、食物，
甚至设计本身的一种方式。
归根结底，它是一种象征
生活完美的乌托邦方式。"（见章首图）
从20世纪60年代开始，
世界范围内普遍出现了新的经济复苏，
新能源、新技术、新材料极大地改变了社会的方方面面。
这一时期世界范围内的市场差异化开始出现，
与以往强调通过标准化生产以满足用户需要不同，
不同的文化群体开始表现出不同的消费要求，
设计向产品注入新的、强烈的文化因素，
新的设计观念不断产生。

第一节 从波普到后现代

波普（POP）一词来自英文popular，即流行的，最早起源于英国第二次世界大战之后成长起来的青年艺术家，他们对现代主义风格单调的风格感到厌倦，追求新兴的流行文化，并强调自我，追求标新立异。波普风格的艺术和设计在社会上产生了深远影响。

一、波普设计

从设计上来说，波普风格并不是一种单一的风格，而是多种风格的混杂，它追求大众化的、通俗的趣味，反对现代主义自命不凡的清高，在设计中强调新奇和性感的造型，大胆采用刺激而艳俗的色彩，主要表现在奇特的家具设计以及风靡的迷你裙设计上。波普风格在20世纪六七十年代受到欧美广大年轻人的喜爱。

早在1935年，西班牙著名艺术家萨尔瓦多·达利（Salvador Dalí，1904—1989）就曾以当时的女明星维斯特（Mae West）的嘴唇为蓝本设计了一款沙发，到1971年，意大利青年设计团体65工作室重新设计了这件作品，他们用聚氨酯发泡塑料作为填充材料，面料是有弹性的莱卡织物，让人坐在上面感觉非常柔软，名字也重新命名为玛丽莲沙发，向好莱坞女星玛丽莲·梦露致敬。（图11–1–1）

在美国，以安迪·沃霍尔（Andy Warhol，1928—1987）为代表的艺术家用日常生活中的物品和流行的时代偶像符号重新定义了什么是艺术。艺术家不再是象牙塔里面的自娱自乐，沃霍尔通过夸张的表达方式使美国人看到了普通产品当中蕴含的新价值，可口可乐、香蕉、米老鼠都成为他的创作素材。图11–1–2是他1962年绘制的金宝汤罐头。

波普风格很快就波及法国、意大利等其他国家的设计领域。法国设计师皮埃尔·鲍林（Pierre Paulin，1927—2009）1967年设计的“舌椅”（Tongue Chaise），成为波普设计的代表作，并折射了欧洲新一代的生活风格，如图11–1–3。他的设计与莫格设计的Djinn椅在设计手法上有一定的联系，但在造型上又表现出更为大胆的风格，甚至改变了坐姿。

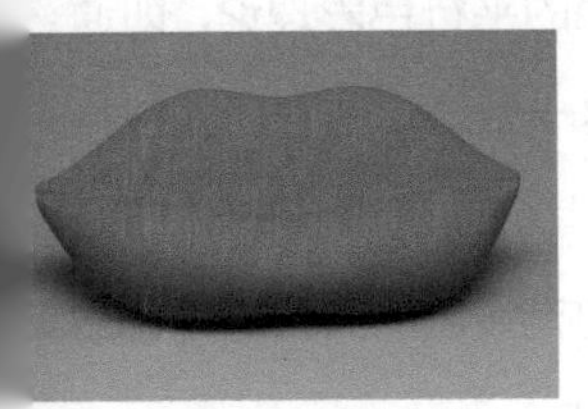
图11–1–1 玛丽莲沙发

鲍林年轻时曾学习过陶瓷和雕塑，他对斯堪的纳维亚和日本设计有着浓厚的兴趣。1954年开始，他为欧洲著名的索内特（Thonet）公司设计家具。在1958年至1959年期间，鲍林先后在荷兰、德国、日本和美国工作，全球性

图11-1-2　金宝汤罐头（局部）

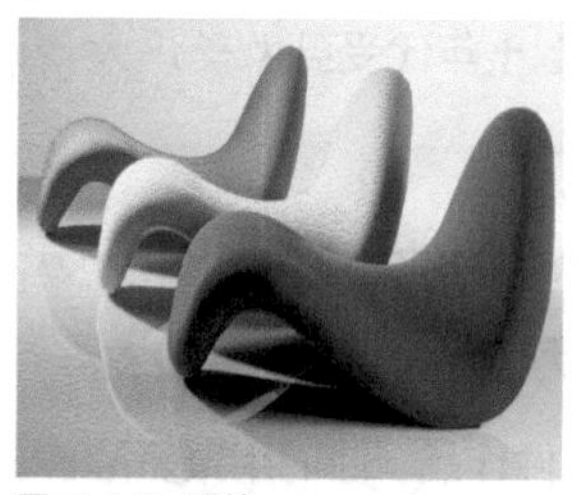

图11-1-3　舌椅

的旅行和东西方文化的交融，使鲍林成为一个具有国际性视野和前瞻性的前卫设计师。

1960年他开始在巴黎创建了他的个人设计事务所，设计了一系列具有开拓价值的座椅。鲍林的作品具有强烈的抽象形态，这些座椅通常用金属钢管和玻璃钢作为支撑体，以发泡塑料和弹力织物作为软垫，创造出新的美感，并让乘坐者感到更加舒适。

在英文里面，POP还有爆发、爆裂的含义，同时也可以表示汽水。波普设计十分强调色彩与造型带来的视觉效果，这与丹麦设计师潘顿富有激情的室内和灯具设计达成了共识。潘顿尤其擅长在设计中使用鲜艳的色彩和几何图案，他设计的潘顿椅也常常被视为是波普设计的典型代表。潘顿设计的系列室内装置，将对色彩的运用发挥到极致，具有未来主义梦幻空间效果，如他与意大利的科伦波和法国的穆固合作完成的“视觉2号（Visiona 2）”成为1971年科隆家具博览会最大的焦点，波浪起伏的座椅如同雕塑和躺椅构成的雕塑家具装置形式古怪，大红、玫红、蓝色、紫色等单纯而强烈的色彩相结合色彩鲜艳，给人一种强烈的感受，如图11-1-4。

潘顿是一位色彩大师，在设计中他充分利用了他的平行色彩理论，即通过几何图案，将色谱中相互靠近的颜色融为一体，这一做法让他利用新材料实现了设计作品中丰富的色彩。1970年他用透明的有机玻璃设计的环球灯（Globe，也叫VP-Ball灯）就像一个漂浮的行星，让灯泡发出的柔和的光芒由各种反射发散出来，让用户感觉不到刺眼，如图11-1-5。

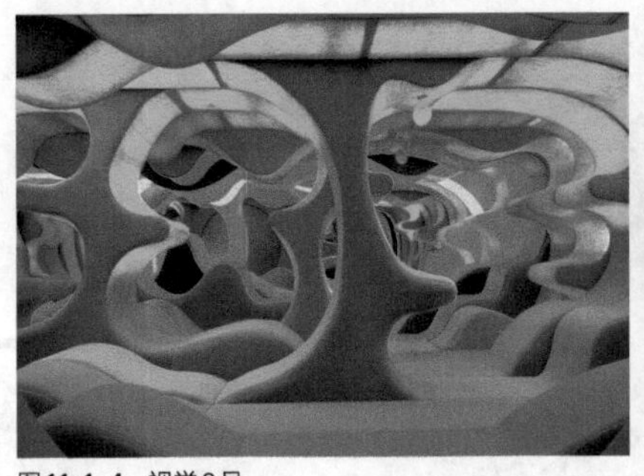

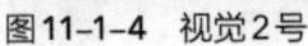

图11-1-4　视觉2号

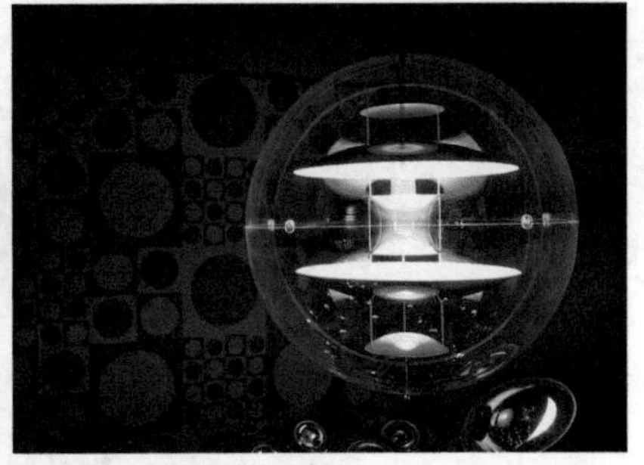

图11-1-5　潘顿设计的环球灯

意大利著名设计师盖特诺·佩西（Gaetano Pesce，1939—　）对工业设计的发展有着重要的影响，他多才多艺，涉猎广泛，还是一名出色的建筑师和城市规划师。他擅长创造性地运用色彩和材料，主张通过艺术、建筑和设计建立个人与社会之间的联系。1969年佩西设计的UP系列座椅，带有鲜明的波普艺术倾向，造型性感夸张，线条圆润柔和，色彩鲜艳，具有丰满的女性人体美特征，被称为柔软的避难所。UP椅子运用聚氯脂新材料，并可以压缩和真空包装，便于运输，打开后慢慢展开，称为“松开成型”。

在意大利，还有一大批年轻的设计师走在了一起，激发出更大的创作热情，其中迪·阿比诺（Donato D'Urbino，1935—　）和罗梅茨（Paolo Lomazzi，1936—　）组成了联合工作室，并与建筑师德帕斯（Gionatan De Pas，1932—1992）一起，成为意大利最著名的激进设计组合之一。从1966年开始，他们合作了二十多年，完成了建筑、城市规划以及家具等大量设计项目。其中1967年设计的全透明充气座椅“Blow”椅被视为波普风格的典型代表，如图11-1-7。

Blow椅的整个椅子不需要任何支撑结构，完全靠注满体内的空气和坐垫及PVC透明塑料组成，具有革命性的意义。尽管这些作品受到诸多质疑，如因为重量太轻而导致稳定性差、不透气使得散热性不好、遇热或遇到尖锐物会容易损坏等，但这件作品却创造了惊人的销量。这件作品也让生产它的意大利Zanotta公司逐渐引领起新的设计潮流。

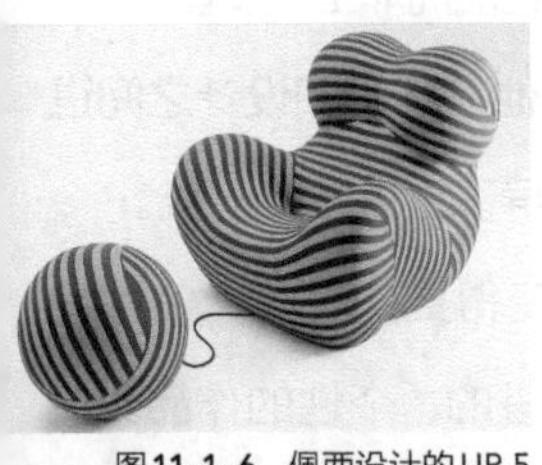

图11-1-6　佩西设计的UP 5沙发

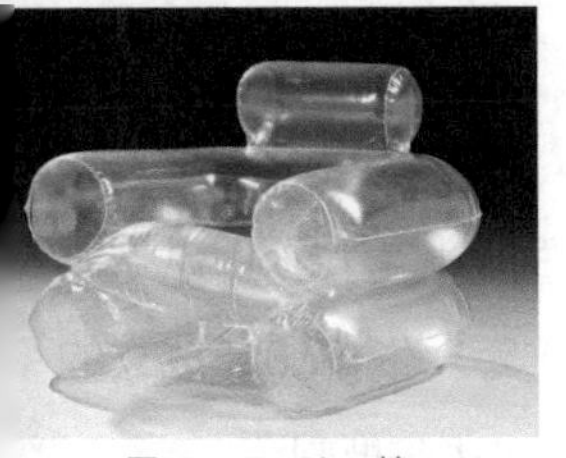

图11-1-7　Blow椅

波普风格的设计师善于利用当下时髦的元素作为创作题材，如迪·阿比诺和罗梅茨工作室1970年设计的另一件作品就把沙发设计成了一只棒球手套的形状，并以当时著名的美国棒球明星乔·迪马乔（Joe DiMaggio）的名字命名，称之为“Joe”沙发（图11-1-8）。这款手形沙发因为充满了趣味和想象，到现在还会在很多场合见到类似的产品。

“波普”是一场广泛的艺术运动，反映了第二次世界大战后成长起来的青

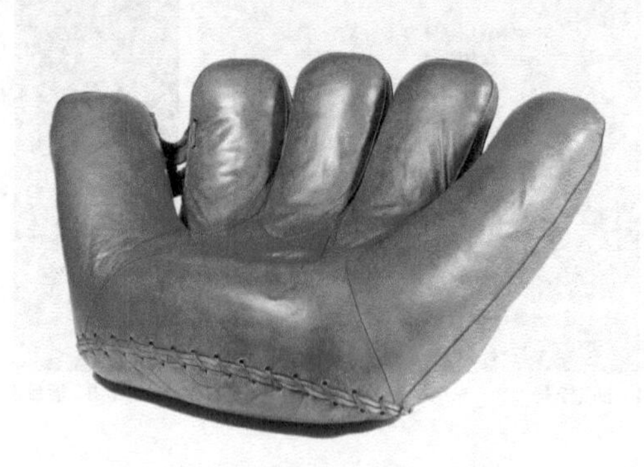

图11-1-8　Joe沙发

图11-1-9　波普风格的裸女座椅

年一代的社会与文化价值观以及力图表现自我，追求标新立异的心理。波普设计过于追求形式主义，呈现出艺术化的倾向，而不考虑生产技术的可行性和商业价值，往往走向极端。如英国艺术家艾伦·琼斯（Allen Jones）在1969年设计的家具，使用了仿真的半裸女性形象（图11-1-9），受到很多争议。到20世纪70年代初，波普设计就像它追求的短暂流行形式一样，很快衰落了，取而代之的是设计师们将从更深层次的文化上对工业设计进行新的反思。

二、反设计

1969年，奥利维蒂公司一台小型便携式打字机问世，这就是索特萨斯设计的"情人节"打字机。如图11-1-10，打字机被装在一个橘红色的ABS塑料外壳里，重量轻，易于携带。与奥利维蒂以前生产的传统便携打字机相比，它表现出一种创新和反叛，"情人节"打字机更像是一个时尚消费品而非工作设备。

索特萨斯的设计打破了公认的"优良设计"标准，他在艺术和设计之间进行的思考与实践使他成为"反设计"运动的先驱，并领导了激进设计潮流。

到20世纪70年代，随着经济发展，社会环境也变得更加宽松，使得设计师们有机会充分发挥他们的想象力，设计出更多激进的、个性的作品。在意大利，由于深厚的文化底蕴和全社会对设计的高度重视，一大批年轻设计师脱颖而出。其中，布兰兹（Andrea Branzi，1938—　）和其他几位设计师在佛罗伦萨创办阿基佐姆联盟（Archizoom Associati，1966—1974），他们把设计作为实现社会与文化责任的手段。阿基佐姆的名字来源于建筑电讯学派（Archigram），是英国建筑师彼得·库克（Peter Cook）等人在1960年成立的前卫建筑组织，主要从新技术革命的角度对现代主义建筑进行批判。

图11-1-10　索特萨斯设计的奥利维蒂"情人节"打字机

布兰兹宣称:“我们开始认识到使用另外的表现方法是可能的，即使庸俗的艺术也有例外表现的潜在可能性。”阿基佐姆联盟的设计师们用自己的方式嘲弄千篇一律的现代主义风格，如1969年他们设计了一对名为“密斯”的座椅，在简单的金属框架上安装橡胶布，附加一对头枕，从名字可以看出，这件作品是对密斯·凡·德罗国际主义风格的过度解读。(图11–1–11)

阿基佐姆联盟很快成为激进设计运动的一面旗帜，也被称之为是意大利“反设计”的开创者。所谓反设计，就是对现代主义运动的反叛和挑战，这很快引起了更多年轻的前卫设计师的共鸣。1968年，意大利Zanotta公司生产了三位前卫设计师——盖蒂(Piero Gatti)、鲍里尼(Cesare Paolini)和提奥多罗(Franco Teodoro)——设计的“袋椅”(Sacco chair)，其实就是一个充填软垫的袋子，完全打破传统的椅子的观念。由于它轻便、易于移动，被视为是一种“非正式”家具，多年来受到年轻人的喜爱。袋椅里面的填充物多为泡沫塑料，也可以在里面装豆子，因此被叫作“豆袋”。(图11–1–12)

现代主义设计主张功能至上，而反设计运动的设计师则完全无视这一法则。1971年，意大利设计师组合德罗可(Guido Drocco，1942—　)和莫罗(Franco Mello，1945—　)设计的仙人掌衣架，就像是一个用塑料制造出的仙人掌模型，几乎没有考虑到实际使用的价值，这就是反设计的典型例子。(图11–1–13)

在意大利，青年设计团体层出不穷，他们通过“反设计”运动来表达他们的设计观点，并以此作为表达思想、弘扬个性的手段。如斯特拉姆小组(Grappo Strum)在1966年设计的“大草坪”是一个边长140厘米、高度95厘米的绿色地垫，用聚氨酯塑料制成，人坐上去的时候会陷入其中。直到1971年，这件作品才被生产出来。(图11–1–14)

反设计运动的设计师们就像一群“坏小子”，他们反对庞蒂、贝里尼等提倡的为中高收入阶层服务的“优雅设计”风格，明确地倡导“坏品味”，主张通过历史风格的复兴、折中主义和波普风格来破坏现代主义设计美学和道德标准。65工作室就公开嘲笑现代产品设计中的“高雅品位”，1971年他们用塑料制作了一把古希腊柱头式样的座椅，如图11–1–15。

1976年，在意大利米兰成立的阿契米亚工作室(Alchymia Studio)通过举办展览，为设计师们提供了一个展示舞台。阿契米亚工作室还与很多著名的设计师合作，包括索特萨斯和门迪尼(Alessandro Mendini, 1931—　)合作，因此成为世界知名的激进设计组织。

图11-1-11　密斯椅

图11-1-13　仙人掌衣架

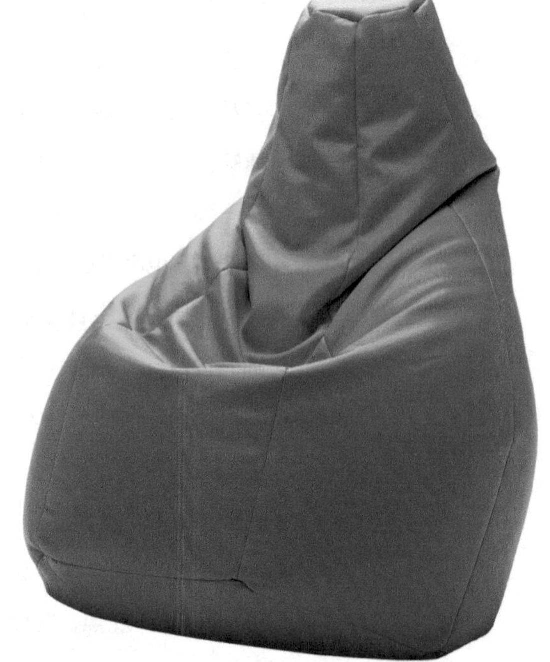
图11-1-12　袋椅

图11-1-14　"大草坪"地垫

图11-1-15　柱头椅

三、后现代主义运动

自20世纪60年代以来，以理性主义、功能主义为中心的现代主义设计运动及由此而产生的“国际风格”受到人们的质疑。以“功能决定形式”为准则的评价标准将单一的、机械的几何形式作为其典型的设计语言，导致了设计与社会、文化、地域特点和民族传统的割裂，其千篇一律的模式使人感到厌倦。因此美国建筑师文丘里（Robert Venturi，1925— ）把密斯的名言“少就是多”（Lessis more）改成了“少就是乏味”(Less is a bore)。

1954年，美国著名日裔建筑师山崎实（Yamasaki，也译作雅马萨奇，1912—1986，是纽约世贸双子大楼的设计者）设计的圣路易斯市住宅区是现代主义的典型作品，可以为2800户低收入者提供住房，功能性强，设计简约，曾赢得了很高的赞誉。但因环境缺少装饰而枯燥无味，让人感到冷漠、没有人情味，就像“生活在监狱里面”。圣路易斯市政府在1972年将其全部炸毁，建筑史学家詹克斯（Charles Jencks，1939— ）认为：建筑爆炸的那一刻标志着现代主义建筑的死亡。

文丘里就读于普林斯顿大学建筑系，曾在小萨里宁和路易斯·康（Louis Kahn，1901—1974）的建筑事务所中工作过。他在1966年出版的《建筑的复杂性与矛盾性》一书中，提出现代主义已经完成了它在特定时期的历史使命，国际主义丑陋、平庸、千篇一律的风格已经限制了设计师才能的发挥并导致了欣赏趣味的单调乏味。1972年文丘里发表了《向拉斯维加斯学习》，提出设计师不应忽视当代社会中各种各样的文化特征，而应该吸收当前的文化现象并应用到自己的设计中去。文丘里本人也从事产品设计，他为诺尔公司设计了很多家具，试图打破传统和现代设计之间的障碍，并创造媚俗的对象以迎合美国人的消费口味。

文丘里的大部分作品都是与他的妻子丹尼丝（Denise Scott Brown，1931— ）共同完成的。1991年，文丘里获得了普利兹克（Pritzker）建筑奖，很多人认为丹尼丝也应该同时获得这一建筑界的最高荣誉。

进入20世纪80年代，后现代主义风格开始越来越多地出现在人们的视线里，也引发了人们对设计的更多思考。1982年，美国著名建筑师格雷夫斯（Michael Graves，1934— ）设计的波特兰大厦被称为“第一座后现代主义建筑的范例”，它外观独特，在外饰面上使用了各种材料和颜色，装饰华丽，与当时大型办公楼的建筑风格形成鲜明对比。（图11-1-16）

与其他后现代设计作品一样，这座大楼也引起了巨大争议。直到2009

图11-1-16　波特兰大厦

年，还有媒体把它评为“美国最令人讨厌的建筑之一”。批评家认为，后现代主义是不同风格和不同时期的历史主义和折中主义的混合体，其建筑设计缺少秩序而混乱，产品设计功能模糊且缺乏感染力。从历史发展来看，后现代主义使人们重新认识了现代设计的意义，丰富了设计语汇，激发了设计师的灵感，促进了设计的多元化发展和对历史、文化和民族、地域等设计语言的探索。

四、孟菲斯的后现代设计

1981年索特萨斯离开阿契米亚工作室，自己组织成立了另外一个前卫设计集团“孟菲斯”（Memphis）小组，集合了一批杰出的青年设计家，引发了20世纪80年代最引人注目的后现代设计活动，使后现代设计运动达到了高潮。孟菲斯的设计怪诞离奇，古典风格与现代几何形式并存、色彩夸张刺激，材料使用无拘无束，将大理石、皮革、胶合板等性质完全不同的材料集于一体，使人耳目一新。他们的设计主要是打破功能主义设计观念的束缚，强调物品的装饰性功能，大胆地使用颜色，展现出与国际主义、功能主义完全不同的设计新观念。

1981年9月，孟菲斯组织在米兰举行了首次展览会。那些色彩艳丽、覆盖着塑料薄片或装饰着五光十色灯泡的、轻松活泼、乐观愉快，稀奇古怪的物品引起人们浓厚的兴趣，观众对这些鲜艳夺目，与传统设计截然不同的家具和物品表现出歇斯底里般的热情。20世纪80年代，孟菲斯的设计在世界各地展出，极大地影响了后来的设计和设计观念，成为所谓新设计的先锋。

孟菲斯的代表作品是索特萨斯于1981年设计的书架。它们色彩艳丽、造型奇特，集中体现了孟菲斯开放的设计观。索特萨斯力图破除设计中的一切固有模式，以表达丰富多样的情趣。这样的设计似乎在向我们暗示：设计的功能并不是绝对的，而是具有可塑性的，它是产品与生活之间的一种可能的关系。而且，功能不仅是物质上的，也是精神上的、文化上的。产品不仅要有使用价值，更要表达一种文化内涵，使之成为特定文化系统的隐喻。

很多批评家仍把孟菲斯看作是一个玩笑或恶作剧，一个对传统设计的挑衅性活动。因为人们几乎不能坐在那些椅子上，书架也没有提供任何放置的空间，但人们在批评孟菲斯“坏品味”的同时也得到某些启发或受到某种震动，开始重新思考近百年来形成的有关功能的设计观念。索特萨斯虽然几年后就离开了孟菲斯，但他的设计给人留下了许多思考。

另一位孟菲斯的重要人物亚利山德罗·门迪尼（Alessandro Mendini，1931—　）1959年毕业于米兰理工大学建筑系，曾在尼佐里的工作室担任过设计师，他还担任过《多姆斯》等几本设计杂志的编辑，他于1973年创办了激进设计组织“全球工具”，1979年成为阿契米亚工作室的成员。1982年，门迪尼参与组建了意大利第一个设计研究生学校“多姆斯设计学院”（Domus Academy）。他还和自己的兄弟佛朗西斯科·门迪尼（Francesco Mendini，1939—　）合作在米兰开设了自己的设计事务所。

门迪尼设计的特点是他在作品中混合不同的文化，追求不同的表现形式。如他1978年设计的普鲁斯特扶手椅（Proust Geometrica）取材于巴洛克古典主义的造型风格，却重新赋予了现代感的明快色彩，呈现出一种巨大的反差，如图11–1–17。同年，他还设计了一把名为“康定斯基”的沙发，以包豪斯时代的俄国抽象主义艺术家的名字命名，表面使用了各种塑料贴面材料，颜色鲜艳，更像是一个抽象的雕塑作品，如图11–1–18。

图11-1-17　普鲁斯特扶手椅

图11-1-18　康定斯基沙发

图11-1-19　马里斯卡尔1981年设计，左为Duplex凳，右为Colon小桌

孟菲斯小组成员当中，还有很多年轻的设计师，也用自己的方式表现出与现代主义设计完全不一样的新的思维方式。如西班牙的马里斯卡尔（Javier Mariscal，1950—　）设计的Duplex凳被认为是20世纪80年代的代表，如图11-1-19。他还设计了很多风格鲜明的家具参加了1981年的孟菲斯展览。1992年巴塞罗那奥运会的吉祥物“Cobi”也出自他的手笔。（图11-1-19）

美国艺术家彼特·肖尔（Peter Shire，1947—　）与孟菲斯小组长期合作，图11-1-20是他设计的巴西桌，桌面是一块尖锐的三角形木板，下面由几何形的木块支撑，色彩采用鲜艳的黄色和绿色表示巴西国旗的颜色。肖尔还曾为1984年的洛杉矶奥运会做过设计。

在20世纪80年代，孟菲斯前后只活跃几年的时间，后现代设计活动也因其不具备实用性、缺乏生存基础而逐渐式微，但新颖独特的设计品不断产生，这些设计品渐渐被人们所接受。后现代设计观念和美学原则已慢慢深入到设计者和消费者的头脑之中，特别是设计师所强调的作品中的情趣和幽默对今天的生活仍在发挥着作用。

图11-1-20　巴西桌

第二节 让设计更有趣

1973年，芬兰设计师阿尼奥设计了一把小马椅子，如图11-2-1，成为设计史上的经典。这标志着人们的消费观念正在发生改变，开始追逐通俗的、流行的快乐。阿尼奥的有趣、童心十足的设计，也是设计新思潮中的一个重要组成部分。

青蛙设计（Frog Design）公司把沙利文19世纪的名言“形式追随功能”（Form Follows Function）改成“形式追随情感”（Form Follows Emotion），或者干脆就是“Form Follows Fun”（形式追随乐趣）。

一、仿生设计

仿生学是指人类模仿生物功能，来发明创造的科学。它是一门新型边缘学科。研究对象是生物体的结构、功能和工作原理，并将这些原理移植于人造工程技术之中。1960年由美国空军航空局召开了第一次仿生学会议，为新

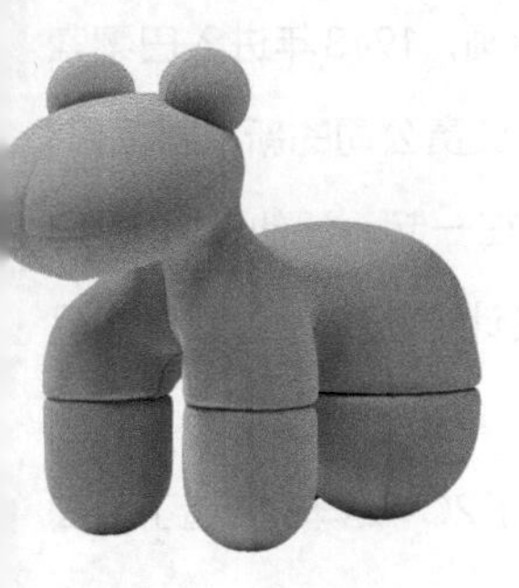

图11–2–1 小马椅

兴的科学命名为Bionics，并将其定义为“模仿生物原理来建造技术系统，或者使人造技术系统具有或类似于生物特征的科学”。1963年我国将Bionics译为“仿生学”。

仿生设计主要是指在设计中模仿生物的形态、结构、功能而进行的设计。值得注意的是，仿生设计的实践要比仿生学的概念要早得多，如飞机的发明是模仿鸟的形态，而德国大众的甲壳虫汽车就是仿生设计的典型例子，波普设计中也经常使用自然形态作为设计素材。图11–2–2是意大利设计师莫利诺（Carlo Mollino，1905—1973）设计的家具，弯曲的胶合板支架宛如曲线优美的女人身体。西班牙建筑大师高迪曾说过：“艺术必须出自于大自然，因为大自然已为人们创造出最独特美丽的造型。”

德国工业设计师科拉尼（Luigi Colani，1928— ）认为：“我所做的无非是模仿自然界向我们揭示的种种真实。”科拉尼提出的流线型概念奠定了他在工业设计领域中的声望，作品中呈现出的强烈的仿生造型和以自然为导向的设计观念成就了他当代设计大师的地位。他先后在汽车设计、飞行器设计、轻工业产品设计和仿生城市规划领域取得了举世瞩目的成就，他曾为法拉利、保时捷、奔驰、宝马、美国宇航局、佳能、索尼等数十家知名机构和品牌做设计。

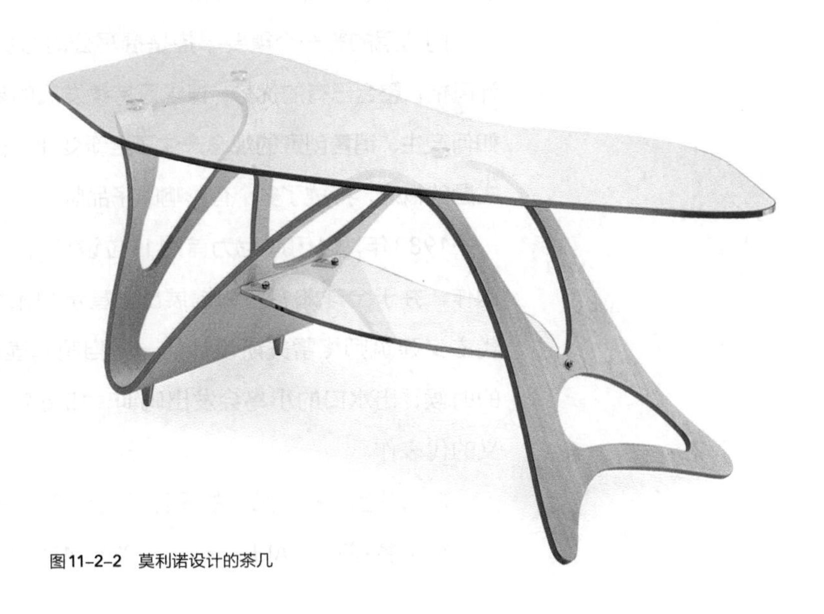

图11–2–2 莫利诺设计的茶几

1946年，科拉尼曾在柏林艺术学院学习雕塑和绘画，1948年进入巴黎索邦大学进行空气动力学研究，1953年曾在美国工作，负责公司的新材料项目。这些经历使得科拉尼能够把美学与科技巧妙地结合在一起，让他在20世纪五六十年代从事汽车设计时游刃有余。之后，他的设计范围扩大到家居用品和家具领域，业务遍及全球各国。（图11–2–3）

1981年，科拉尼从水生龙虱身上得到灵感，设计了2CV跑车，创造了百公里1.7升的节油纪录。如图11–2–4。

科拉尼的仿生设计从美学和技术上取得了巨大成果，也给人们以情感上的新体验，这也是后现代设计师的重要诉求，如门迪尼为意大利阿莱西（Alessi）公司设计的开瓶器、红酒塞等家居产品，也经常模仿人的造型，如图11–2–5。

门迪尼曾长期担任意大利阿莱西（Alessi）公司的设计顾问，促使阿莱西公司与世界著名设计师合作，开发了一大批兼具趣味性和实用性的产品，引领了家居设计发展。

二、阿莱西的设计

阿莱西公司早年主要制作家用金属器皿，公司十分重视设计的价值，如1945担任公司总裁的卡洛（Carlo Alessi）就亲自设计了一款成套茶具和咖啡具，并开始频繁地与一些顾问设计师合作。1970年，阿尔贝托接任阿莱西总裁，聘请门迪尼领导公司的设计工作，自己则全力与蒙蒂尼配合，使公司开始进入品牌的设计概念发展时期。

门迪尼的第一个重要举措是撰写公司的发展史，通过梳理过去散乱的设计风格，整合已有的优势，谋求可持续发展的基础。此后，公司对设计概念和如何产生、销售创意的观念产生了全新变化，在产品系列上引入产品线和产品主题的概念，形成了多个有影响的子品牌。

1983年，以门迪尼为首的11位设计师，完成“茶与咖啡广场”的主题创作，并于全球知名博物馆展出，宣示阿莱西的个性主张。其中美国后现代主义建筑师格雷夫斯设计的一把自鸣水壶获得了最好的销量。当水烧开的时候，出水口的小鸟会发出鸣叫，如图11–2–6，此产品被视为后现代主义的代表作。

在阿莱西，不同风格的设计师有机会充分发挥自己的特点。如意大利建筑师阿尔多·罗西（Aldo Rossi，1931—1997）在自己的建筑创作中擅长使用

图11-2-3　模仿水鸟的造型设计的概念跑车

图11-2-4　科拉尼2CV跑车

图11-2-5　门迪尼的设计模仿了人的形态体现了文化的差异

图11-2-6　格雷夫斯设计的水壶

图 11-2-7　罗西设计的咖啡壶

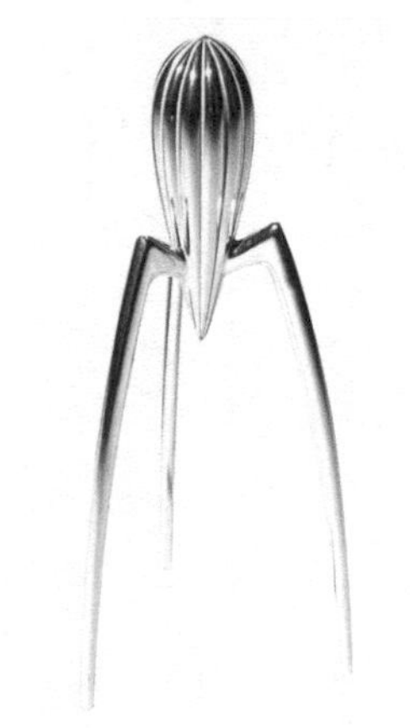

图 11-2-8　斯塔克设计的榨汁机

精确简单的几何形体，在他为阿莱西设计的咖啡壶中，用简洁现代的造型表现出古罗马圆顶式建筑的风格，如图 11-2-7。

1990 年，法国著名工业设计师、被称为“设计鬼才”的菲利普·斯塔克（Philippe Starck，1949—　）为阿莱西公司设计了一个形状奇特的榨汁机，得到了“外星人榨汁机”的称号，如图 11-2-8。这件作品创造了意想不到的时尚文化，成为 20 世纪末最重要的设计作品之一。

三、形式追随乐趣

青蛙公司是一家国际化的设计公司，以其前卫的风格创造出许多新颖、奇特、充满情趣的产品。青蛙公司的创始人、工业设计师艾斯林格（Hartmut Esslinger，1944—　）出生在德国，自 1969 年开始建立了自己的设计事务所，后来改名为青蛙设计公司，设计了很多风格新奇的作品，如图 11-2-9。

1974 年，艾斯林格为索尼公司设计了崭新的全球形象，同时艾斯林格还为路易威登做过设计工作。1982 年，青蛙公司帮助苹果电脑公司建立设计策略，将苹果转变为全球品牌。

青蛙公司在设计中特别重视机器与用户之间的关系，积极探索“对用户友好”的计算机，通过采用简洁的造型、微妙的色彩以及简化了的操作系统，取得了极大的成功。1984 年，青蛙为苹果设计的苹果 II 型计算机出现在时代周刊的封面，被称为“年度最佳设计”，如图 11-2-10。

此后，青蛙公司几乎与美国所有重要的高科技公司都有成功的合作，设计作品被广为展览、出版，并成为荣获美国工业设计优秀奖（Industrial Design Excellence Awards，IDEA）最多的设计公司之一。

艾斯林格在斯图加特学习电子工程后，又攻读工业设计，这样的经历，使得他具备了将技术和美学结合起来的能力。他认为“50 年代是生产的年代，60 年代是研发的年代，70 年代是市场营销的年代，80 年代是金融的时代，而 90 年代则是综合的时代”。因此，青蛙的设计原则是跨越技术与美学的局限，以文化、激情和实用性来定义产品。青蛙公司聚集了来自不同，如工程、媒体、设计和材料等各个领域的专家和学者，让传统意义上各自独立的专家协同设计工作，目标创造更为人性化的环境，理解相互间的真正需求，将主流产品作为艺术来设计，创造最具有综合性的成果。

青蛙设计的客户还包括汉莎航空、微软 Windows 品牌和用户界面设计、西门子、NEC、奥林巴斯、惠普、摩托罗拉和通用电气等。艾斯林格也因此在

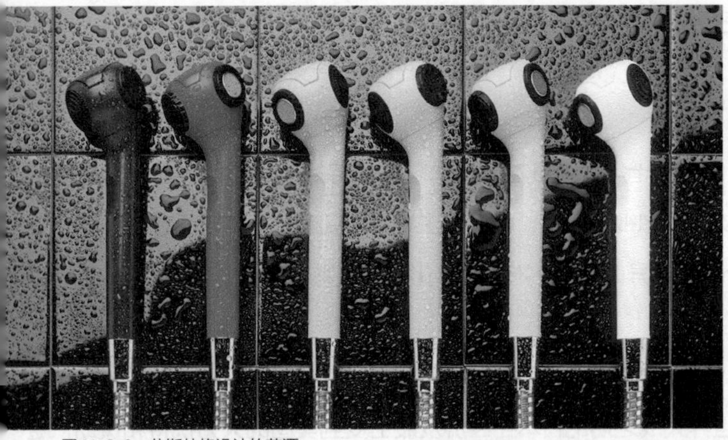

图11-2-9 艾斯林格设计的花洒

图11-2-10 苹果II型计算机

图11-2-11 迪士尼儿童电脑

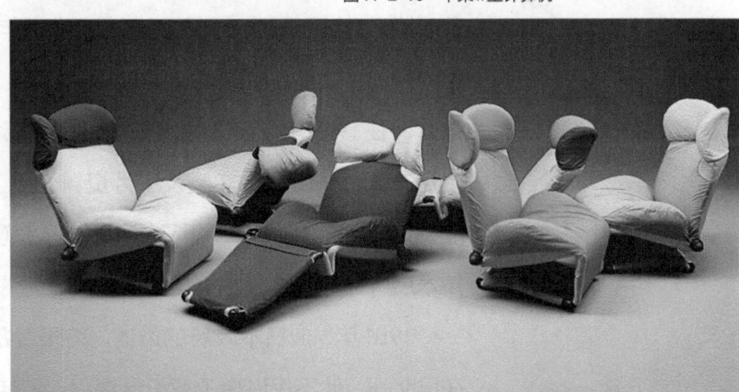

图11-2-12 米老鼠造型的躺椅

1990年荣登《商业周刊》的封面，这是自罗维成为《时代》周刊封面人物以来设计师少有的殊荣。

青蛙的设计常常有一种欢快、幽默的情调，令人忍俊不禁。艾斯林格曾说："设计的目的是创造更为人性化的环境"。青蛙的设计原则是跨越技术与美学的局限，以文化、激情和实用性来定义产品。他们还曾经为迪士尼公司设计过儿童电脑，如图11-2-11。

迪士尼的动画形象深受儿童喜爱，也给很多设计师带去创作的灵感。图11-2-12是日本设计师喜多俊之在1980年设计的Wink躺椅，腿部可以选择弯曲或伸展，根据具体需求调整椅子的结构，此外，椅子的头部也可以自由调节角度，其造型来自米老鼠的耳朵。(图11-2-12)

喜多俊之长期在意大利从事工业设计，对生活环境的设计主题有很深的造诣，是一位国际化的日本设计师。

第三节 日本设计与极简主义

自20世纪七八十年代，日本设计就以其独特的文化与精致的工艺成为世界设计界一支不可忽视的力量。他们所主导的“空寂”之美与西方的极简主义（Minimalism）设计异曲同工，形成了文化上的共鸣。

一、日本工业设计的发展

第二次世界大战之后的日本在经济发展上受到美国的大力扶持和援助，随着政治、经济和社会改革的发展，日本青年一代企业家引进了国外的技术和管理科学，尤其是美国的设计、技术和管理，对日本的经济复兴起到了重要作用。

早在1947年，日本就举办了“美国生活文化展览”，除介绍美国的文化、生活方式外，还通过实物及图片资料介绍了美国工业产品的设计及工业设计在生活中的应用。1949年又组织了“产业意匠展”，1951年则举行了“设计与技术展”，这一系列展览引起了日本对工业设计的重视。

1951年，应日本政府的邀请，美国著名的工业设计大师罗维访问了日本，在日期间。他不仅讲授工业设计课程，还亲自为日本公司设计了著名的“和平”香烟的包装。罗维访日带动了日本工业设计的发展，使日本工业设计师们能了解到当时世界最新的工业设计理论、技术和设计状况。1952年，日本工业设计协会（HDA）成立，这标志着日本工业设计迈出了重要的一步。同年举办了战后日本首次工业设计展览会——“新日本工业设计”展。

1957年，为了防止好的设计和发明被仿冒和侵犯专利，日本通产省成立了“Good Design评选制度”（后来改名为Good Design Award，即日本优良设计奖），并为优秀产品颁发“Gmark”标记。经过多年的发展，Good Design Award已经成为一项“通过设计来丰富产业生产以及生活文化”的全球性活动，每年吸引了全世界的设计师和企业参与。按照组委会的说法：“色彩或形态、技术或功能只是用来实现该目的的一种手段。”而设计通常以“人”为中心，正因如此，它才会具有“促使社会发展的力量”。

Good Design Award用五个词汇来表述“优良设计奖的理念”，分别是：

1. 人性（HUMANITY），即对于事、物的创造发明能力；
2. 真实（HONESTY），即对现代社会的洞察力；
3. 创造（INNOVATION），即开拓未来的构想力；

图11-3-1　本田50小型摩托车

4. 魅力（ESTHETICS），即对富足生活文化的想象力；

5. 伦理（ETHICS），即对社会、环境的思考能力

每年Good Design Award还通过举办展览来推广工业设计。

第二次世界大战后日本新的科学技术的发展与经济的持续增长，也极大地刺激了日本的工业设计。1953年，日本电视台开始播送电视节目，使电视机的需求大增，促进了电视机的设计和生产。1959年，日本的新型照相机推入国际市场。日本工业的发展开始形成市场竞争，促使一些大公司重视产品的外形设计，纷纷成立自己的设计部门。本田公司在50年代末推出"本田50"小型摩托车，如图11-3-1，由于它轻便、随意，打入美国市场后赢得消费者青睐。这也预示着日本"以小为美"的设计美学开始进入世界舞台。

日本在工业设计起步期，基本上是全盘吸收欧美工业发达国家的经验、方法和技术，这与日本民族擅长兼容并蓄吸收其他民族的优点长处有关，日本民族的这一特点迅速促进了本国工业设计的快速发展。到了六七十年代，日本开始在工业设计中融入本民族的传统和方法，逐渐形成了独具特色的工业设计形象，在国际设计界备受注目。

伴随着20世纪60年代末期日本国民经济的飞速发展，消费水平的日益提高，日本设计已引起国际瞩目。在日本举办的国际性活动，如1964年的东京奥运会和1970年的万国博览会也极大地刺激了日本的工业设计，为日本的设计师提供了一展身手的好机会，尤其是1970年的世界博览会，因为以展示为主，聚集了一大批建筑师和设计师从事大到建筑、小到小件物品的设计，产生了许多优秀的设计品。1963年，索尼公司研制出了一种小型的磁带播放器，命名为随身听（Walkman），能够随时随地把人和音乐联系在一起，体积仅有手掌大小。（图11-3-2）

图11-3-2　SONY随身听

比起欧美设计通常表现为设计师的个人才能来，日本的设计更多依靠的是集体力量，日本设计界以驻厂工业设计师为主，各大企业、大厂家都有自己的工业设计团队。创建于1952年的GK集团是为数不多的专业设计公司之一。几十年来，GK由开始只拥有不到10名设计师的机构发展成今天日本最大的设计咨询公司，反映了高速增长的日本经济对工业设计的需求。20世纪70年代，GK集团就对社会和环境问题进行了研究，到20世纪80年代，该公司又设立了一个新的部门来专门处理系统工程和电脑软硬件方面的问题。

20世纪80年代，日本的设计水平有了进一步提高，大企业对工业设计的投入也越来越多。索尼公司开始着力研究不同消费群体的文化背景，并以此为依据设计不同的产品。比如，索尼对英国出口的电视机用的是木贴面机壳，对德国出口的则用金属外壳，对意大利出口的则用塑料。

以汽车为例，20世纪70年代以前，国际汽车市场是由美国垄断的，当时日本的技术、设备也多从美国引进，但他们在引进和模仿的过程中，注意分析和“消化”，并很快提出了具有自己民族风格的产品。70年代后期，日本的汽车以其功能优异、造型美观、价格低廉一举冲破美国的垄断，在世界汽车制造业中处于举足轻重的地位。

二、文化的继承与发展

到20世纪80年代，日本已经跻身世界设计大国，日本制造甚至作为优质产品的代名词。作为发达国家中唯一一个非西方国家，日本的民族传统、设计风格、文化根源与西方大相径庭。在日本传统审美思想中，受禅宗的影响，推崇少而简约的风格，重视材料的本身特色，这与现代设计的要求不谋而合。在生活中他们形成了以榻榻米为标准的模数体系，从建筑到用品，日本人形成了长期对基本单元为设计中心的习惯，这使他们很快接受了从德国引进的模数概念。另外，日本领土狭小，人口密度大，长期以来狭小拥挤的居住环境使日本民族喜爱小型化多功能化的产品，符合现代的国际市场倾向袖珍化、微型化、便携式、多功能化的趋势。

与此同时，日本一批本土设计师通过自身的努力，让传统文化体现在现代家具、家居产品上。如日本设计大师柳宗理认为：民间工艺可以让人们从中汲取美的源泉，促使人们反思“现代化”的真正意义。

柳宗理曾在东京艺术大学学习。1942年，勒·柯布西耶设计事务所派女设计师夏洛特·贝利安来日本参与改进产品设计工作，柳宗理担任她的助手。

图11-3-3　蝴蝶凳

柳宗理虽受到包豪斯和柯布西耶的影响，但他在主持日本民艺馆时他的主要兴趣仍在日本乡土文化上。他认为好的设计一定要符合日本的美学和伦理学，表现出日本的特色；设计的使命是创造出比过去更为优越的产品，模仿不是真正的设计。

柳宗理提出“传统本身即来自创造”，1956年他设计的弯曲胶合板加金属配件的“蝴蝶凳”，是功能主义与传统手工艺的完美结合。如图11-3-3。

仓俣史朗是日本最有影响力的设计师之一。他将日本装饰艺术的精致与现代人们对简单、纯净的诉求完美地结合在一起。1965年他在东京成立自己的设计工作室，20世纪80年代他加入孟菲斯集团，并与意大利设计界建立起了紧密联系。1987年，意大利Cappellini公司任命他为首席设计师。仓俣史朗设计的“Side 1”使家具呈现变形的外表，令人过目难忘，如图11-3-4。

黑川雅之是世界著名的建筑与工业设计师，被誉为开创日本建筑和工业设计新时代的代表性人物，也是著名建筑师黑川纪章的弟弟。他成功地将东西方审美理念融为一体，形成优雅的艺术风格。图11-3-5是黑川雅之在1965年为意大利雅特明特（Artemide）公司设计的台灯。

日本设计造型简洁素雅，既体现了东方美学的特点，又符合了现代社会的需求，对21世纪的设计风格造成了一定影响。

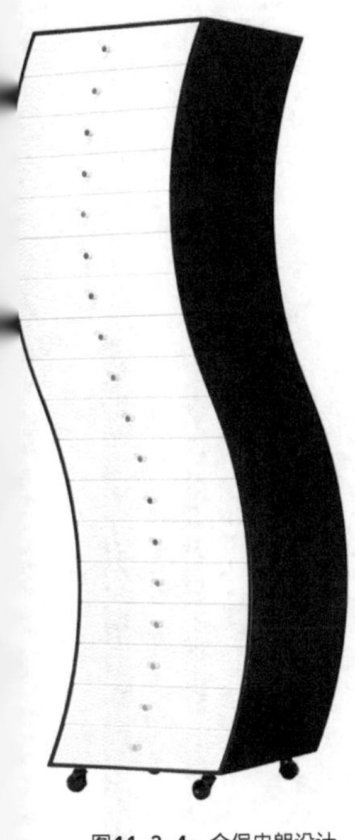

图11-3-4　仓俣史朗设计的Side 1柜

三、极简主义

极简主义流派出现于20世纪50—60年代，开始表现于绘画领域，主张把绘画语言削减至仅仅是色与形的关系，用极少的色彩和极少的形象去简化画面，摒弃一切干扰主体的不必要的东西。意大利设计师弗龙佐尼（AG Fronzoni，1923—2002）是这场运动的先锋，他在1964年设计的“64系列”家具成为极简主义的代表作，如图11-3-6。

1973年，曾经设计了Blow和Joe两把波普风格座椅的德佩斯、迪·阿比诺和罗梅茨工作室又为Zanotta公司设计了一个名为Sciangai的衣架，这个衣架由八根木棍组成，不用的时候可以收拢，如图11-3-7。

作为一种生活方式或设计风格，简约主义直至20世纪末20世纪初才开始流行。人们喊出了“Back to basics”（回归本始），所谓basics，就是指只保留生活的基本要素。意大利雅特明特（Artemide）公司创始人之一的吉斯蒙迪曾经设计过一根名为Llio的落地灯，采用LED光源，形态几乎被简化到最少，如图11-3-8。

图11-3-5 黑川雅之设计的台灯

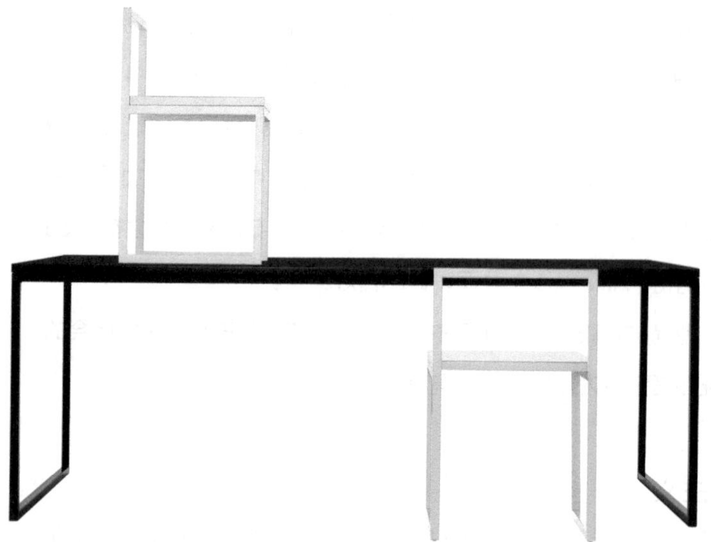

图11-3-6 弗龙佐尼设计的“64系列”家具

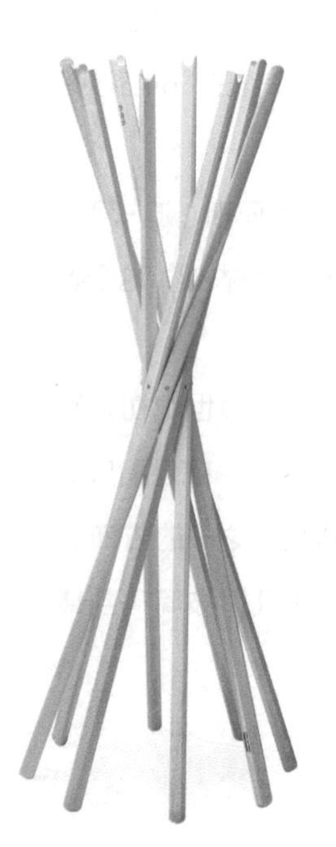

图11-3-7 Sciangai衣架

图11-3-8 Llio灯

图11-3-9　光之教堂

图11-3-10　Dream椅

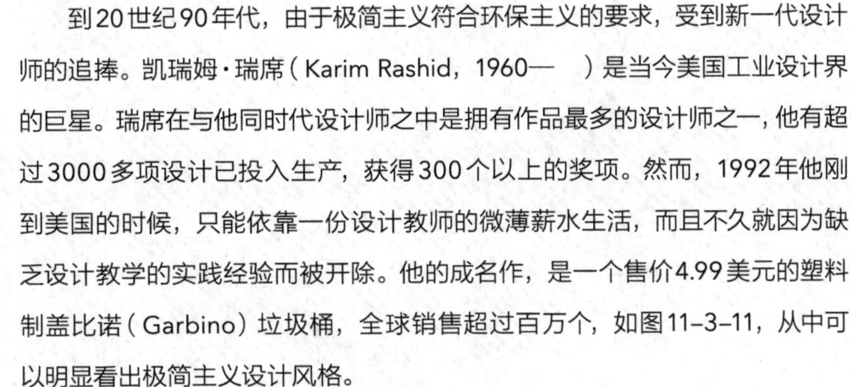

很多建筑大师都是极简主义的信徒，如著名的日本建筑师安藤忠雄，他把抽象化的光、水、风等自然因素和以几何体为基础的极简建筑相结合，创造了如光之教堂（图11-3-9）等大量作品。图11-3-10是安藤忠雄设计的Dream椅。

图11-3-11　盖比诺垃圾桶

到20世纪90年代，由于极简主义符合环保主义的要求，受到新一代设计师的追捧。凯瑞姆·瑞席（Karim Rashid，1960—　）是当今美国工业设计界的巨星。瑞席在与他同时代设计师之中是拥有作品最多的设计师之一，他有超过3000多项设计已投入生产，获得300个以上的奖项。然而，1992年他刚到美国的时候，只能依靠一份设计教师的微薄薪水生活，而且不久就因为缺乏设计教学的实践经验而被开除。他的成名作，是一个售价4.99美元的塑料制盖比诺（Garbino）垃圾桶，全球销售超过百万个，如图11-3-11，从中可以明显看出极简主义设计风格。

探索与思考

- 如何看待塑料的广泛应用和波普设计的关系，材料技术和社会思潮，哪个对设计风格的影响更大？
- 日本设计将传统文化与现代技术相结合，对中国的设计有何启发？

第十二章

设计师的新责任

Only a small part of our responsibility lies in the area of aesthetics.

——Victor Papanek

20世纪70年代以来，
工业快速发展所带来的一些问题逐步显现，
如环境污染、资源浪费、交通事故等，
特别是石油危机，促使美国设计界的
有识之士开始对工业设计进行反思。
1971年，设计师、批评家帕帕奈克
（Victor Papanek，1923—1998）
出版了具有开创意义的著作《为真实世界而设计》，
提出设计应考虑为大众服务，为残疾人服务，
并应认真考虑如何使用地球的有限资源，
同时提出设计要充分意识到保护环境这一问题。
1979年，还不到27岁的美国女设计家
帕特丽夏·摩尔（Patricia Moore，1952— ）
开始了一个特殊和大胆的社会学实验，
为了研究老年人的生活方式，她把自己装扮成一个
80岁的老年妇女。这项研究历时三年，
到1982年完成，她一共访问了美国的14个州
和加拿大两个省，一共116个城市。
她有关设计的演讲和文章，
引起了美国设计界对设计可用性的争论。
同一时期，人机工程学在美国引起了更广泛的应用。
工业设计在经历了高速发展过后开始冷静下来，
设计师们开始思考，除了商业之外，
什么才是设计师新的责任。

第一节 为可持续发展战略而设计

“我离开学校后的第一份工作是设计一个台式收音机的外观，”帕帕奈克在自己的书中写道：“这是我的第一次，我希望这也是我最后一次服务于外观设计、造型，或者说是设计的化妆术。”他认为：“我们（工业设计师）的责任只有一小部分在于美学领域。”

一、帕帕奈克的设计思想

帕帕奈克认为，设计不应仅仅为了满足消费者短暂的欲望，而是要发现人类的真正需求，而这一点往往被设计师忽视。他曾经与一个公益组合合作，为非洲国家设计了一个教育电视机，每部只售9美元。

他的设计产品还包括一个卓越的晶体管收音机，这个收音机由普通金属食品罐制成，由燃烧的蜡烛提供动力，主要用以在发展中国家廉价生产。（图12–1–1）

帕帕奈克强调，设计应该认真考虑有限的地球资源，关注地球使用问题，并为保护地球的环境服务。最初他的观点并不被接受，甚至被美国工业设计师协会除名，但随着时间推移帕帕奈克的“有限资源论”得以重视和普遍认同，绿色设计概念也应运而生。绿色设计、生态设计和可持续设计观点不断提倡，设计师们认为好的设计应该是社会环境效益和自然环境效益的统一。设计师一定要深刻认识产品设计的大背景和环境，从而明确设计的目的，才能更好地平衡人类对更加美好的生活条件的追求与保护环境之间的关系（图12–1–2）。

图12–1–1 帕帕奈克设计的锡罐收音机

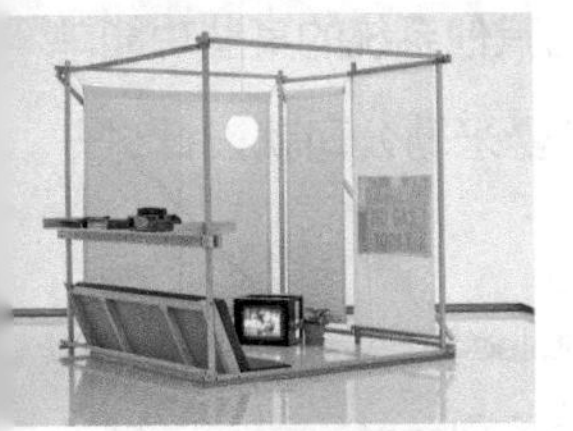

图12–1–2 帕帕奈克1973年设计的装置“放松的立方体”（Relaxation Cube）

二、绿色设计

绿色设计（Green Design）的基本思想是：在设计阶段就将环境因素和预防污染的措施纳入产品设计之中，将环境性能作为产品的设计目标和出发点，力求使产品对环境的影响为最小。绿色设计不仅要减少物质和能源的消耗，减少有害物质的排放，而且要使产品及零部件能够方便地分类回收并再生循环或重新利用。

在环境意识较强的欧洲，绿色设计体现在生活的方方面面。早在几十年前，欧洲各国就开始重视电子垃圾。近几年来，他们又把目光集中到电子产品的绿色设计上来，因为只有把绿色设计和电子产品结合起来，才能更加科学、环保地对其进行循环利用。如苹果MacBook获得了EPEAT Gold级别评价，这是绿色电子委员会颁发的最高标准，意味着电脑不含镉、铅、汞等有害物质，其外壳也是采用可回收金属制成，连外包装也是可以回收的。

绿色设计与极简主义的出发点不同。极简主义追求的仍然是形式的简约美感，而绿色设计则从可持续发展的角度审视人类的未来。法国设计师菲利普·斯塔克将家具造型设计成最单纯却又非常典雅的形态，也非常注重环保材料的选择。他为美国家具商Emeco设计的Broom椅是一款低耗能、废物少、碳排放量低的椅子，材料由75%再生聚丙烯、15%的再生木材纤维和10%的玻璃纤维组成。通过对回收材料的整合、设计、制造，这把环保的椅子可以长久使用。（图12–1–3）

弗兰克·盖里（Frank Gehry，1929— ）是当代著名的解构主义建筑师，以设计具有奇特不规则曲线造型雕塑般外观的建筑而著称。他出生于加拿大，17岁时移居美国。1971—1972年设计的Easy Edges椅是盖里的成名作，他利用层压纸板作为家具设计材料，出人意料地将14层层压纸板组合成非常坚固的形体，既充分发挥材料的特性，又符合绿色环保的要求，因质优价廉受到市场好评。（图12–1–4）

图12–1–3　斯塔克设计的Broom椅

三、组合设计

组合化是按照标准化的原则，设计并制造出一系列通用性较强的单元，是根据需要拼合成不同用途的物品的一种标准化的形式。组合化的特征是通过统一化的单元组合为物体，这个物体又能重新拆装，组成新结构的物体，而统一化单元则可以多次重复利用。组合化是受积木式玩具的启发而发展起来的，所以也有人称它为"积木化"和"模块化"（图12–1–5）。

组合化是建立在系统的分解与组合的理论基础上。把一个具有某种功能的产品看作是一个系统，这个系统又是可以分解的，可以分解为若干功能单元。由于某些功能单元，不仅具备特定的功能，而且与其他系统的某些功能单元可以通用、互换。美国著名设计师伊姆斯夫妇为赫曼米勒公司就设计过一款可以自由组合的书柜，如图12–1–6。

法国年轻的设计师组合布卢莱克兄弟（Ronan Bouroullec与Erwan Bouroullec）是21世纪最炙手可热的设计师，他们创造了各种意想不到的美学形式，其中不乏巧妙的组合设计。（图12–1–7）

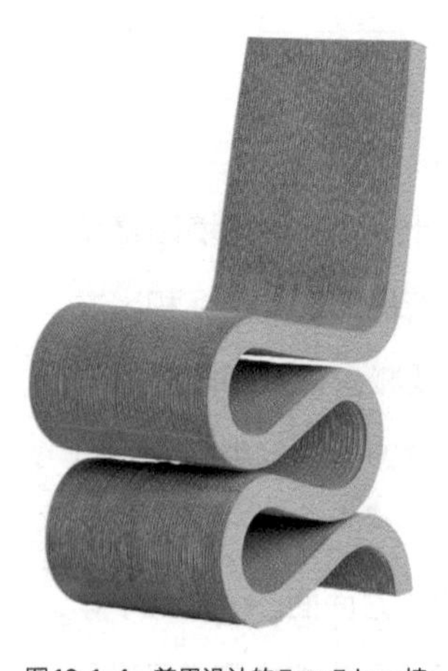

图12–1–4　盖里设计的Easy Edges椅

而2004年他们设计的Algue几乎具有无限的组合可能性，就像海藻一样可以自由地生长。（图12–1–8）

图12–1–5　乐高积木搭建的密斯经典建筑“范斯沃斯住宅”

图12–1–6　伊姆斯设计的组合书柜

图12–1–7　布卢莱克兄弟为Vitra公司设计的组合式花瓶

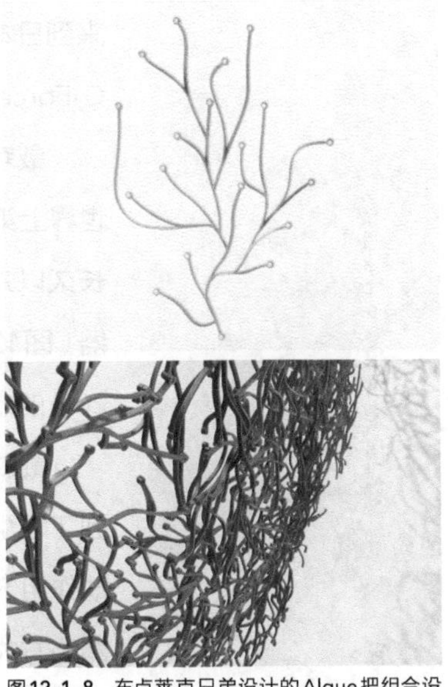

图12–1–8　布卢莱克兄弟设计的Algue把组合设计发挥到极致

第二节 为文明多样性而设计

社会经济发展处于较低水平时，人们对设计物的要求是简单而实用，除此以外别无奢求。而当社会经济水平达到一定程度时，消费者就会对设计物产生更高的要求。设计的目的在于满足人自身的生理和心理需要，需要成为人类设计的原动力。需要不断产生和满足不断推动设计向前发展，影响和制约设计的内容和方式。

一、技术文明的体现

工业文明改变了人类生活形态和生产方式，现代设计也是现代技术的产物，设计师和工程师经常需要密切合作，甚至他们可以是同一个人。戴森（James Dyson，1947— ）是英国工业设计师、工程师，也是一名成功的企业家，他往往从现有产品中发现问题，并采用创新性的工程技术和强烈的视觉体验来解决问题，创造了很多成功的产品。

戴森在1966—1970年间就读皇家艺术学院，学习家具设计和室内设计。1983年，戴森制造出自己的第一台吸尘器样机，这台非常具有后现代特色的粉红色产品被命名为“G-Force”，刊登于1983年的设计杂志封面。在市场利益驱动下，业内人士纷纷选择维持现状，对戴森的新发明敬而远之。戴森竟找不到一个合作者。他的公司曾一度接近破产。1985年，戴森带着他的产品来到日本，开始了事业的转机。1986年，日本开始销售“G-Force”，1991年，G-Force在日本国际设计大奖。

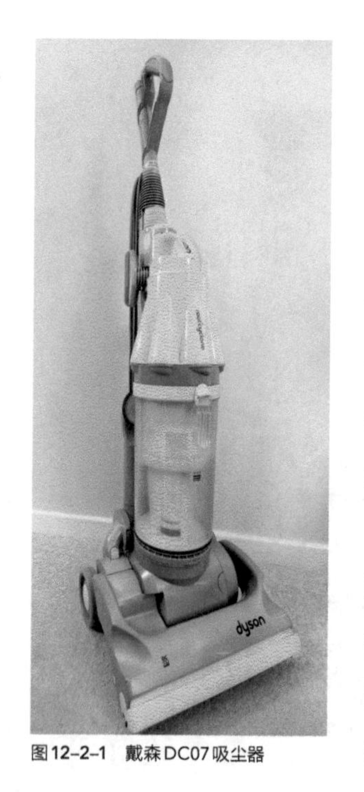

图12-2-1 戴森DC07吸尘器

戴森做了5127次试验后，终于在1993年的夏天成功在英国市场上推出了世界上第一款无尘袋吸尘器DC01。仅仅两年，戴森在英国的销售量就超过了长久以来霸据英国市场的美国胡佛吸尘器。2002年戴森带着他的DC07吸尘器（图12-2-1）准备进攻美国市场只用了3 年，戴森就征服了美国市场，占有20%的市场份额。

戴森设计的吸尘器最大的技术创新在于将工业用的双气旋结构设计运用到了吸尘器上。首先通过强大的吸力将灰尘吸入，然后灰尘和杂物在离心运动作用下留在积尘盒里，另外，戴森吸尘器充分考虑了家居生活中人使用吸尘器的方式，并应用人机工程学的研究，让女性也可以轻松地完成家务劳动，如图12-2-2。

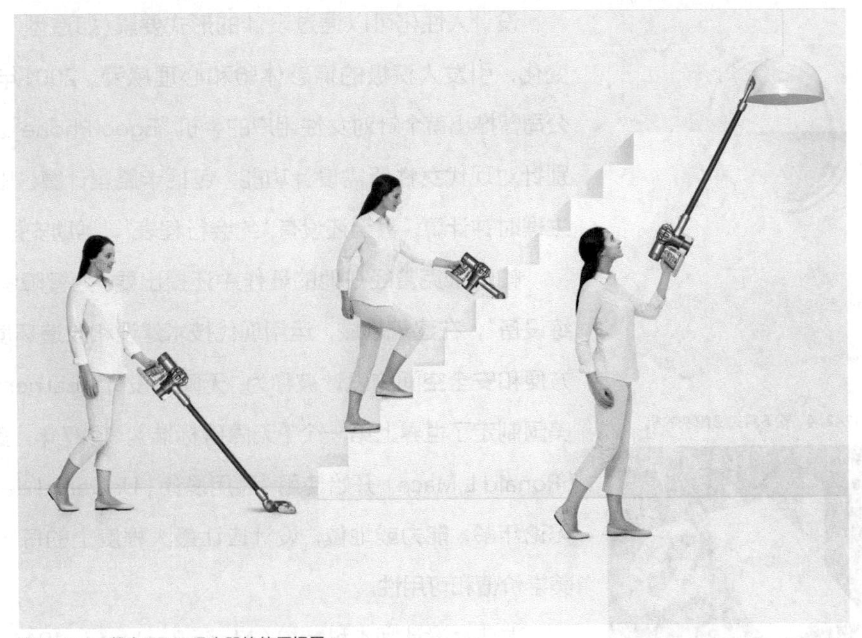

图12-2-2　戴森DC62吸尘器的使用场景

近年来，戴森公司应用新技术，不断开发新产品，如无叶风扇使用了最新的流体动力工程技术，通过高效率的无刷电机使气流增加15倍，改变了100多年来电风扇的传统形式，如图12-2-3。

二、设计的人文关怀

《大趋势》的作者、著名未来学家约翰·奈斯比特（John Naisbit）认为："无论何处都需要有补偿性的高情感。我们的社会里高技术越多，我们就越希望创造高情感的环境，用技术的软件一面来平衡硬性的一面"。"我们必须学会把技术的物质奇迹和人性的精神需要平衡起来"，实现"从强迫性技术向高技术和高情感相平衡的转变。"而这种情感和人性平衡的实现，作为与人类生活息息相关的设计是责无旁贷的。

所谓"通用设计"这一设计理念的核心就是要让不同年龄、身高、性别和体质的用户（包括残疾人）都能方便使用电器产品。2005年出品的松下斜式滚筒洗衣机可以被认为是贯彻这一设计理念的典型产品，它创造性地将滚筒洗衣机的前开门倾斜了30度，变成了斜向开门，内部滚筒的中心轴也跟着由水平方向做了30度的倾斜，这使包括儿童和残疾人士在内的所有消费者都可以便捷使用。这使得斜式滚筒洗衣机不仅款式新颖、外观时尚，而且真正实现了产品的人性化。（图12-2-4）

图12-2-3　戴森无叶风扇

图 12-2-4　松下斜式滚筒洗衣机

设计人性化可以通过设计的形式要素(如造型、色彩、装饰、材料等)的变化，引发人积极的情感体验和心理感受。2001年，韩国三星(Samsung)公司曾推出首个针对女性用户的手机“Egeo Phone”。这款设计精巧的手机特别针对现代女性所需设计功能，包括卡路里计算、脂肪计算、经期预测以及生理时钟计算，甚至还设有“约会行程表”，帮助安排约会档期。

帕帕奈克曾经在他的著作中还提出要“为智障者和残疾人设计教学和训练设备”，在建筑领域，运用现代技术建设和改造环境为广大残疾人提供行动方便和安全空间的设计被称为“无障碍设计(barrier-free design)”，1961年，美国制定了世界上第一个《无障碍标准》。1987年，美国设计师罗纳德·梅斯(Ronald L.Mace)开始使用“通用设计(Universal design)”一词，其原理是：无论年龄，能力或地位，设计应让最大程度上的每一个用户都能得到平等的美学价值和可用性。

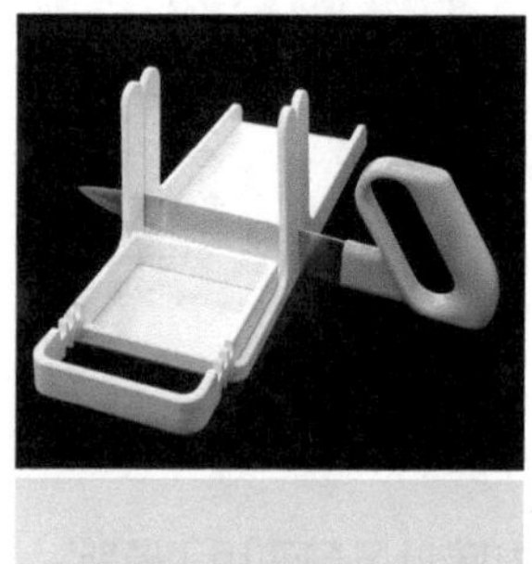

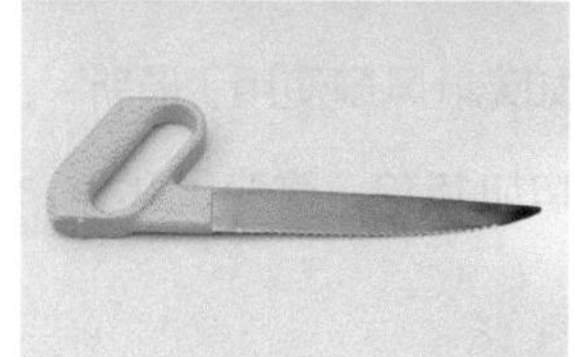

图 12-2-5　切面包刀

瑞典女设计师本科特松(Maria Benktzon，1946—　)和朱林(Sven-Eric Julin，1940—　)在人机工程学方面进行了深入研究，他们1974年设计设计的切面包刀改变了刀把的角度，方便手部有残疾的人的使用，如图12-2-5。这件作品还被纽约现代艺术博物馆收藏。

设计的主体是人，设计的使用者和设计者也是人，因此人是设计的中心和尺度。这种尺度既包括生理尺度，又包括心理尺度，而心理尺度的满足是通过设计人性化得以实现的。从这个意义上来说，人性化设计完全是设计本质要求使然，决非完全是设计师追逐风格的结果。

三、民主化设计

宜家的家具被设计成需要顾客自行组装的方式，这有助于降低生产成本和长途运输，体现了“民主化设计(Democratic Design)”的思想。宜家通过实施规模化生产，使用降低成本和更高资源利用率的制造工艺，从而应对全球的人口爆炸和资源危机。例如宜家家具广泛使用了中密度纤维板材料，它也被称为“碎料板”，是一种在热力和压力作用下胶合的工程木纤维，与实木相比质量轻且价格便宜。宜家还设计生产更加灵活、具有较强适应性的家具，以适应不同家庭的使用需要。宜家认为民主化设计包含了五个维度，即：设计、功能、质量、可持续和低廉的价格，通过宜家的产品实现五者的统一，如图12-2-6。

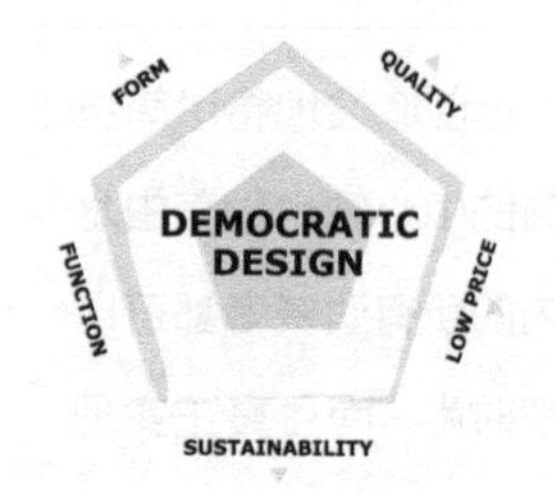

图 12-2-6　宜家的民主化设计

英国设计师杰斯帕·莫里森(Jasper Morrison，1959—　)曾提出过一个与主流背道而驰的设计理念——超级平常(Super Normal)。他说：“太多的

图12-2-7　Cork Family系列凳

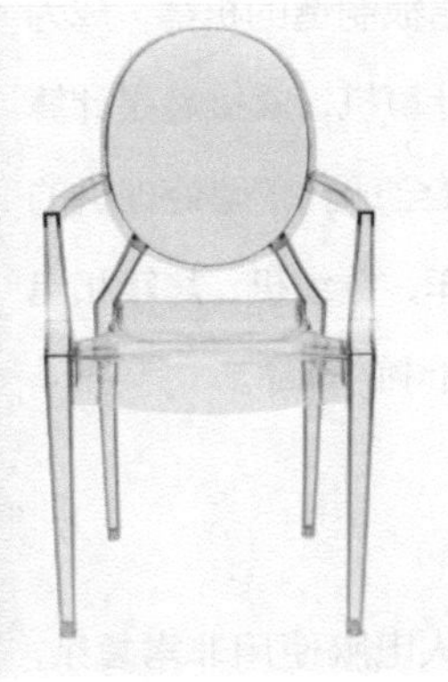

图12-2-8　幽灵椅

设计师希望让自己的作品看起来与众不同。虽然设计的产品能达到吸引眼球的目的，他们却忘记了为什么要设计，忘记了设计应该让生活更方便。真正改变生活的事物，通常是那些最默默无闻、最容易被忽视的设计。它们存在的时候我们不以为意，不在的时候我们会很怀念。”杰斯帕·莫里森是著名的英国工业设计师，他的作品种类繁多，包括餐具、厨具、桌椅、沙发、电灯、冰箱、手机、手表等。莫里森认为:“超级平常的设计在形式和材质上都是很简约的。任何鲜艳的色彩、复杂的造型或者乖张的造型都与超级平常背道而驰。”他相信设计应该是民主的，所有人都应该用得起。图12-2-7是莫里森为Vitra公司设计的Cork Family家具，包含了三件用软木塞材料制成的凳子，也可以作为小桌使用，重量轻，给人以柔软的感觉。

菲利浦·斯塔克为Kartell 公司设计的“路易幽灵椅”（Louis Ghost Chair）诞生于2000年。菲利浦·斯塔克尽量将诗意融入他设计的产品中，他想象中的和所理解的椅子像是会拉小提琴一样富有韵味。这把“路易幽灵椅”所使用的材料是透明的且带有颜色的聚碳酸酯，它是世界上最大胆的、通过一套模具注塑而成的例子，如图12-2-8。特别的形态需要在技术上不断努力和寻找突破口，靠背的形状就像是一枚奖章，虽然是透明材质，其椅子的稳定性和可靠性仍然是经得起考验的。这一设计投产是一次真正的技术挑战，圆形勋章样式的椅背和扶手这两个细节都是很难突破的技术瓶颈。最终，椅子使用单一模具注入聚碳酸酯一次成型，从头到脚没有一个接点。

由于整张椅子在设计的过程中考虑了整体性，材料也是简单的塑料，所以他的价格是亲民的、大众的，不像其他设计师一样不想把灵感和精力“浪费”在不起眼的生活用品上，也很少考虑到在设计的终端将价格做到亲民，菲利浦·斯塔克尽量将设计大众化。整张椅子像是一个水晶一样晶莹剔透，使得椅子具有鲜明的个性和超凡的魅力，路易幽灵椅的样式重新回到了巴洛克（Baroque）的风格，这种带有各种色彩的椅子演绎了巴洛克的简约式奢华。

第三节　为信息时代而设计

从1945年第一台电子计算机的出现，至20世纪80年代计算机技术的发展和普及，再到21世纪因特网的迅猛发展，新兴的信息产业快速崛起。信息化的社会的产生，是人类社会进步发展到一定阶段，相应产生的一个新阶段，信息化使人类以更快、更便捷的方式获得并且传递人类所拥有的一切文明成果，对政治、科学、经济、教育乃至人们的生活行为都会产生非常重要的影响。

1968年，美国计算设备公司（DEC）运用10年前由贝尔公司发明的微型集成电路块设计了首批微型计算机。1971年，美国著名的英特尔（Intel）公司首次生产了微型处理器，这种用一块单独的硅集成电路板制造的机器，成为首批可利用的商业性产品。继之又生产出口袋式便携计算机，紧接着是计算机手表，这种新型的数字式手表准确、易读，很快风靡全球。微型处理机的应用，使产品设计创造出早期"可思想"的洗衣机、汽车、缝纫机、烤箱和电子灶等，导致了产品的小型化、多功能，引起了工业设计中的革命。

一、个人电脑的发展

20世纪70年代后期出现了个人电脑，但早期的个人电脑使用非常复杂，在使用之前得花许多时间来学习。美国的苹果计算机公司（Apple）在便捷的个人电脑（PC）研制设计方面做出了极大的贡献。1975年，年轻的乔布斯（Steve Jobs，1955—2010）和他的朋友设计了I型个人电脑，1977年他们成立了苹果电脑公司，开始生产苹果II型电脑的生产，并以色谱条纹组成的带缺口的苹果图案作为公司的标志。针对20世纪70年代末期个人电脑极其复杂的操作程序，他们试图研制设计一种任何人打开即可使用的电脑，从而开始了麦金托什（Macintach）电脑的开发。1982年，设计师大卫·凯利（David Kelley）曾于1982年为苹果公司设计出第一只鼠标。"鼠标器"像一个玩具汽车那样可以随意移动，操纵自如，这一工具极大地缩短了使用者与机器之间的距离，增加了人与机器的亲近感。乔布斯的设计策略正是希望打通人与电脑亲近的通道，创造出一种"友善的使用工具"（User friendly）。（图12-3-1）

IBM是美国最具影响的公司之一。第二次世界大战以后发展很快，在世界办公设备市场中占统治地位，20世纪50年代末期即确立了该公司的著名标志，它是最早认识到视觉识别在产品设计上的重要件、明确树立产品与公司形象的公司之一。受奥利维蒂公司影响，IBM公司聘请著名的工业设计师艾略特·诺伊斯，在1961年设计了造型简洁、线条柔和流畅、使用方便的电子打字机，体现了现代、实用的设计思想，在打字机设计领域产生了广泛影响。他参与设计的改良型打字机，把传统的键盘式打字键改成球形打字键，为现代打字机所普遍采用。IBM公司还是20世纪70年代最早开发个人电脑的公司之一。

图12-3-1　带有鼠标的苹果电脑

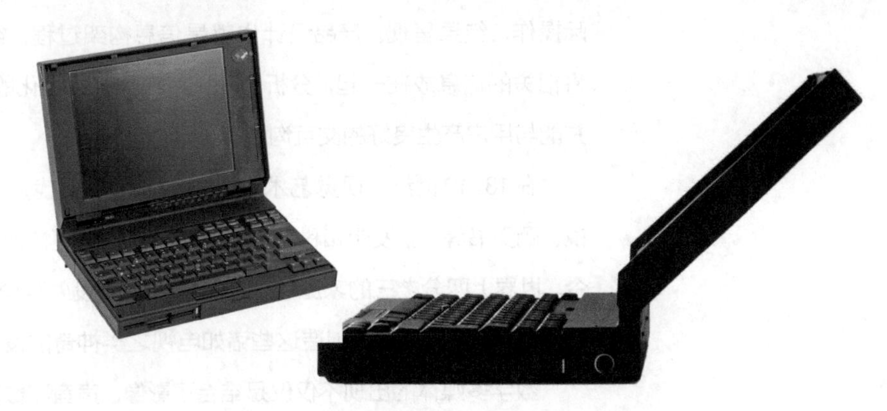

图12-3-2　萨帕1992年设计的IBM ThinkPad 700C

1980年，著名工业设计师理查德·萨帕被任命为IBM的首席工业设计顾问，并开始设计众多便携式计算机，包括1992年的第一款ThinkPad 700C。他打破了公司传统的灰色机器，设计了简单优雅的黑色矩形盒，并在键盘中间用一个小的红色按钮来控制屏幕光标，如图12-3-2。2005年5月中国的联想集团收购了IBM 公司的PC部门后，萨帕作为联想的设计顾问仍负责ThinkPad品牌的设计直到退休。

二、信息化的发展进程

当非物质化的形态逐步渗透到我们“生活世界”之际，我们会发现，对于信息时代的工业设计变得愈加复杂多样，同时产品也呈现出无限多样性。设计师们面对的不再仅仅是有形的物质，更多的是要处理多种复杂“抽象”的关系。因此在信息化时代中对于工业设计具体的总结：“这是一个创造性的综合信息处理过程。它将人的某种目的或需求转换为一个具体的物理形式或对象的过程，把一种计划、规划设想、问题解决的方式，通过具体的载体，以美好的形式表达出来。最终的结果是通过线条、数字、符号和色彩，把全新的产品显现在图纸和屏幕界面上。”

产品设计是工业设计的具体表述，对象包括有形产品和无形非物质产品。在经历了上百年来的发展，产品设计已经超越了包豪斯时期的使命。在现代社会中，我们在产品设计的过程就是对于信息处理的过程，包含收集、归纳、分类、整合、排序、删除等操作，并最终将处理结果通过具体的载体呈现在需要这些信息的人眼前。而处理的规则，都可以总结为“要达到的某种目的”，目的不同，规则不同，结果也会不同。设计的重点是：信息收集、处理规则、实际操作、结果呈现。产品设计也就是信息构架过程，组织信息的目的就是要将相关的信息放在一起，分析过后，将结果以可视化的方式有效地呈现出来，并能与用户产生良好的交互沟通。

在18、19世纪，视觉艺术进入到动态图像时代，比如早期放映机、西洋镜、翻页书等，新发明和科技使得艺术家们能够更快地获取一些静态图像。现今，世界上四分之三的家庭拥有一个能够每秒投射至少25帧连续影像的设备。我们为了人们的喜好而创造这些诸如电视之类神奇的设备。

数字多媒体的出现不仅仅是结合了影像、声音和数据的综合物，计算机多媒体技术为用户提供了交互能力，使用户可以参与甚至改造多媒体信息。于是，信息时代传播速度变化加快，信息量递增，复杂性增加。我们面临着大量的视觉污染，冗余的信息，如何面对知识爆炸的社会，如何有效传递有价值的信息这将会是现今设计的重点。例如：微软已开展的项目You Life bit，就是将存储和人的视觉神经连接起来，利用人自己的眼睛把一生中的任何细节的图像存储在硬盘中。这将会带来革命性的体验。

三、苹果公司的设计

亨利·福特说过："如果问消费者需要什么交通工具，他们会选择快一点的骏马。"因此在设计和生产过程中，不能仅仅就是根据消费者的需求来考虑。乔布斯强调的是"与消费者产生情感共鸣"和"制造让顾客难忘的体验"。苹果的高效的创新源于他们总是能够深刻理解消费者的状况，"它似乎总能赶在消费者之前，洞悉他们的需求"，苹果公司一直在向消费者介绍下一代产品。

1997年，乔布斯慧眼识珠，提拔了英国人乔纳森·艾维(Jonathan Ive，1967—　)，成为苹果电脑公司的副总裁兼首席设计师。到第二年，全新的iMac电脑横空出世，挽救了当时陷入财政危机的公司。而2001年iPod的上市，标志着苹果的业务开始转向消费电子市场，苹果电脑公司改名为苹果公司，也正在乔布斯和艾维的影响力下苹果公司从计算机领域拓展到全世界的各个角落。(图12-3-3)

图12-3-3　苹果公司iMac

苹果公司有个明确的口号——Switch(变革)，苹果公司每一个员工也秉持了这个理念去努力工作：用心工作去改变身边的世界。消费者通过优美的产品造型、精致的生产流程以及良好的专卖店体验，使得消费者感觉到苹果产品与其他产品的不同，也很信任苹果公司，并把它视为自己选购下一代产品的指路灯。

图12-3-4　苹果公司iPod

图12-3-5　苹果公司iPad

无论是产品创新还是销售创新，苹果公司一直奉行着抓住需求、整合创意的原则，只要能够带来消费需求的产品，苹果公司聚合尽可能有用的内部资源和外部资源，采取了兼容并蓄、开放融合的态度。从苹果公司的分析我们可以得出，在运营一个品牌时，品牌文化、定位、产品、营销、研发和核心领导人等都是不可或缺的要素，把这几个方面的因素规划好执行好并进行动态有机的组合，在不同的阶段在某个核心点聚焦起有效资源，且能够十年如一日默默地坚持，才可能把品牌真正的运营的无比强大。极致地努力追求卓越和完美，正是苹果公司与其他许许多多规模不等的企业对设计、顾客体验乃至商业理念之间存在的认知差异。才造就今天的苹果产品。（图12-3-4）

在未来移动的、无形的、全息的界面会变得无处不在，普适于周围环境的当中。比如：我们可以从苹果推出的最新产品Ipad系列产品中可以得知，这是一件信息界面设计的最具代表之作（图12-3-5）。无论是老年人还是孩童，都可以很快都使用iPad，该产品创造出简洁易懂的信息，强调了以人为本和信息表现的精确性。

苹果公司的设计者们通过利用人们的日常经验，做出拟物化的界面，从而降低用户的学习成本以及理解难度。界面的简洁是要让用户便于使用、便于了解、并能减少用户发生错误选择的可能性。当你应用中的可视化对象和操作按照现实世界中的对象与操作仿造，用户就能快速领会如何使用它，根据人机界面指南（Human Interface Guidelines，简称HIG），来模拟实物的视觉设计和交互体验，让用户完全不用去抽象理解就可以直观的认知和使用产品。

桌面计算机屏幕也许在未来一段时期内仍然是大多数人生活、办公和娱乐所使用的媒介界面。而未来新的设备将会感觉到用户的要求并通过发光、发声、形状的改变或者提供触觉上的感知来提供反馈。比如：一些前瞻者甚至预见高级移动设备将会是可穿戴甚至嵌入皮肤下。改变用户行为的劝导技术、方便使用的多模态或手势界面，以及对用户情绪状态做出反应的情感界面将成为主流。

探索与思考

- 在商业与社会责任之间，设计师应怎样权衡?
- 苹果手机为什么会受到消费者喜爱?

第十三章

工业设计在中国

要高度重视工业设计。

——温家宝

中国工业设计是伴随着中国工业化历程
而展开的，在早期国际技术向中国转移的过程中，
中国的企业、消费者都感受到了设计的重要性，
中国设计师在其技术积累的同时尽可能地
移植西方的工业设计方法。
中华人民共和国成立后，大力发展重工业的举措
加快了工业化的步伐，客观上使得工业设计的思想
有机会在中国释放出巨大的能量，
主要成就集中在引进技术消化与制造集成及
优化方面，实现了大型装备产品的自主开发及
相关的生活必需品的批量化生产。
改革开放以后，
由于实施优先发展轻工业经济政策，
加之更大规模的国际先进技术引进，
使得中国经济得到了高速的发展。
随着人们生活水平的提高，
同时也迎来了工业设计创造消费需求的时代，
通过设计实现了产品更新换代的目标，
中国的工业设计在思辨、
实践中不断前进。

第一节 中国工业设计的萌芽

20世纪30年代前后十年间，中国经济发展提速，而此时欧洲的现代主义设计运动正如火如荼地展开，德国的包豪斯创建的工业设计的理论和实践已经能够和工业制造融合。这个时期的中国通过进口欧洲工业产品、考察欧洲工业生产体系，已经明确感受到“设计”对于一件工业产品的意义，其来自产业与社会的需求已十分明确，无奈自身产业技术水平较低，资本不够雄厚，所以工业设计只是作为一种简单的概念存在于少数实业家的脑子里，甚至谈不上设计。

一、工业品制造与设计

在中国城市发展过程中，现代主义风格建筑的出现给国人以巨大的启示，人们从以钢筋、水泥、玻璃为载体的建筑开始理解几何形体的建筑造型，现代主义的设计理念很快被接受。特别值得注意的是中国的实业家开始尝试应用其设计理念来追求商业的成功，个别人的触角已涉及工业设计的范畴，但大部分仍在其边缘徘徊。第二次世界大战爆发的前几年，中国就直接以国家资本开始与美国企业合作，至第二次世界大战结束，随着美国工业产品大量进入中国，当时处在巅峰状态的美国现代主义设计理念随之向中国涌来，他们用具体的工业产品阐述着不同于德国的工业设计思想，似乎更受到中国人的欢迎，因为美国人的设计更为实用。

在中国工业化的进程中，民族资本表现活跃，也较早体会到以现代主义设计的思想来增加产品竞争力的真谛。与早期仅热衷于引进、使用欧洲产品的青涩表现不同，这群人看到了建立工厂企业、创建自身品牌、拓展国内市场会给他们带来的利益，利用当时政府推进中国社会工业化的契机，他们纷纷开始各自的设计实践历程。囿于自身的经济实力和当时的社会环境，民族资本企业在投资较小的轻工业、食品等领域较有建树，品牌创建符合中国人的文化习惯。这还不是真正意义上的工业设计，但不可否认已经切入工业设计的外延。作为工业设计直接应用对象的工业产品设计在这个时期罕有成果，但在其相关领域如工业产品的品牌设计、传播和包装设计等方面，却已经结出丰硕成果。

华生电扇的设计是当时典型的设计案例。创始人杨济川16岁时从江苏丹徒的乡下老家来到上海在一家洋布店当学徒，并在三年的时间内当上了账房。具备一定电器相关知识基础的杨济川认为，自己身为中国人，不应该只推销

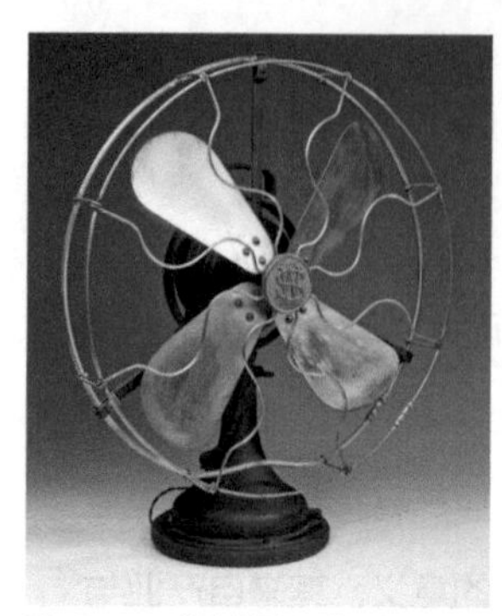

图13-1-1　华生牌电风扇，收藏于中国工业设计博物馆

图13-1-2　梅林商标

洋人的东西，应当研制出一些属于中国人自己的电器产品。经过一定的市场考察，杨济川和叶友才等人打算借鉴当时市场销量最好的“奇异牌”电扇来设计研制一款产品出来。

“奇异牌”电扇（以下简称奇异电扇），来自于英语“GE”的谐音，其设计沿承了彼得·贝伦斯设计的AEG电扇。奇异电扇是基于工业化生产的，组成部分皆为标准件，易于拆解和组装，已有良好的市场销量。杨济川等人将奇异牌电扇作为教材，自行寻找铸铁翻砂、油漆等厂家，结合他们自己的电器研制技术，制造出了中国第一台电风扇，并于1924年开始批量化生产电风扇。他们为自己的电风扇取了与自己厂名相同的“华生”，寓意就是“中华民族更生”。该产品为欧美工业设计思想进入中国起到了桥梁和引领作用（图13-1-1）。

在近代中国，国人的爱国之心一度成为民族工商业产品宣传的契合点，众多本土品牌借助爱国情感和对新生活形态的把握，使企业迅速得到发展。

1933年，石永锡、冯义祥等13人组成了梅林罐头食品有限公司，以“金盾”为商标。梅林牌番茄酱的“梅林”象征梅花盛开的树林，蕴含严冬已过春天来临，寓意艰苦创业的精神（图13-1-2）。盾牌作为一个时期内欧洲企业、家族徽记的基本设计要素曾大量出现，以充满欧洲设计元素的盾牌作为注册商标，显示了品牌希望通过西方式的审美特征赋予品牌现代、高档的品质感。也暗示了当时番茄酱作为西餐调料的产品身份。而当时番茄沙司主要供应于西餐厅，消费人群往往是外国人与具有一定消费能力的中、上层精英人士，典型的西方元素强化了其品牌形象，较易获得消费人群的认同，同时也展示了梅林对于自己的罐头产品质量过硬的自信——有如盾牌般坚不可摧的金字招牌，所以它的商标就是一个很显著的金黄色盾牌。梅林牌番茄酱早期绝大多数为出口，商标为全英文，在“金色盾牌”图样中显著的MA LING，下方红色的英文写着THE BEST QUALITY，优良的品质、上佳的口感使梅林赢得了广泛称誉。这一经典品牌诞生之后，虽经历史蹉跎，但梅林的品牌与商标被得以保存，为适应审美需求，简洁直白的梅林商标仅仅做过数次小幅的修改，使商标看起来更紧凑挺拔。

二、商业美术设计的作用

20世纪20年代初，随着商品经济的快速发展，一种新型的商业美术作品开始以全新的方式出现在人们面前，那就是被呼之为月份牌画的新型画种。“月份牌”本是一种表示节气、月历表牌的专用物名，在我国苏州桃花坞就出版流行过一种中间为画，两边有年份、月、日历、节气的年画。当时，赠送月份牌已经蔚然成风，以后月份牌为越来越多的中外企业所青睐，因为它能直接反映各种阶层喜闻乐见的现实生活，为商品经济的发展起到了推波助澜的作用（图13–1–3）。

图13–1–3　广生行化妆品的“双妹”品牌产品广告

从形式上来看，所有月份牌插画的主要描绘对象都是仕女、风景等；在画面之侧或下面印制月历，附带介绍产品的特长、购者所得的实惠、企业之壮观与实力等内容，而本应是广告主要宣传讯息的商品，则经常是零落地浮现在画面的边缘角落。这种商品与主画面疏离的设计构思与现在的商业广告设计背道而驰，但在当时却深受欢迎。因为当时的月份牌不仅是一张广告，更是以一件室内装饰用品的面貌出现，令其装饰性功能得到了充分展现。在内容的选择上，月份牌的创作元素全都来源于中国，只是不同时期的题材各有特点而已。初期的题材丰富广泛，从历史典故、民间传说到时装仕女，无所不包。自20世纪以后，随着中外工商业的竞争日益激烈，月份牌的题材明显地反趋单一化，大多是时装美女类。

图13–1–4　三友实业的月份牌广告

从商业传播需求方面看，月份牌画的诞生，终于使国内外商家找到了理想的广告表现手法。月份牌画既有传统工细画法的特征，又有立体效果，但又不是西洋画那样明显的明暗表现手法，且画面效果清晰明亮，很符合一般消费者的审美情趣。从月份牌画的产生过程来看，无论是商家还是消费者，对月份牌画的肯定是渐进的一个过程。最初，外国驻华洋行和贸易公司直接在国外印制一些欧美油画及风景的画片，然后在画面配以商品广告词之类，以此作为广告宣传品，运到中国后再大量赠送给国内的经销商和消费者。但实际市场证明，这种包装十分洋气的广告宣传品，其促销效果并不理想。因为在当时，中国民众，即便是广大的上海民众对西方文化毕竟并不很了解，生产毛巾的三友实业社推出的月份牌广告通过融合中西生活方式，表现了“摩登”的生活情调，为产品打开了销路（图13–1–4）。

中国在报刊插画与招贴广告方面，主要是受到法国新装饰主义风格的影响。这种风格强调速写式的曲线与轻快的色块涂抹，注重人物轮廓线与动态，是现代广告招贴画的先驱，一经传入中国即为中国的商业美术家们采用，主要广泛见诸于报章杂志，传遍了街头小巷。商业美术这一新兴的设计形式，随着西洋画造型观念的不断深入人心，在民国时期不断演进。虽然从产生、发展到消亡的整个过程历时不过短短几十年，但在这一过程中，许多艺术家都在不断地接受西洋画艺术观念的洗礼与考验，而广大民众则在这个日益变化的世

图13-1-5 著名设计教育家、艺术家丁浩教授于20世纪40年代所绘的平面广告

界里，享受着商业时尚与繁荣带来的世俗快乐（图13-1-5）。

市场对低技术产品的需求，使得中国具有率先形成“轻工”产品与品牌的先天优势。其中，轻工业以“日用品”为主体，由传统的食品行业和新兴的加工业为代表的两大实业率先发力，经历了沿袭西方技术、从技术引入到自主生产的产业路线。纵观此时各企业已经显现出简单的品牌愿景，通过对品牌名称和图形的再三推敲，使品牌内涵可以尽可能地被消费者认知。在传媒还并不发达的年代，通过广告对品牌的精准传达在很大程度上影响着企业的发展，因此，这些老品牌往往将美好的意象寄予在能够表现中国文化的词语中，为消费者勾勒出使用产品的语境。

三、现代主义设计理论在中国的传播

20世纪初，现代主义设计理论通过活跃在中国的外国建筑师、在西方学习建筑的中国留学生不断传入中国，两者在中国设计的工业建筑、商业建筑、住宅建筑、公共建筑作品又为现代主义设计理论提供了更加具体的注脚。

黄作燊在1947年或1948年英国驻上海领事馆的演讲中，明确地阐述“建筑学不在于美化房屋，相反，它应在于如何优美地建造”。黄作燊作了具体的说明：如果建筑师的工作仅仅是对房屋进行美化，对他们的培养就无异于任何其他艺术家的培养。一个如若能承担装饰一房屋的任务，那这幢房屋不会是他自己所建，而是由其他建造者来完成的。这就意味着，此时的建造技术可能与建造艺术相脱离，这样的工作显然是不够充分的。至此，中国现代主义设计的思想能量已经集聚，并且已经形成了完整的逻辑，但由于种种原因，关于黄作燊及其同事、学生的设计教育实践只局限在建筑史领域研究。由于黄作燊的教育经历，他对国际现代主义设计观念表述得最完善、最充分，而不再是停留在“揣摩”、“推测”、“类比”的层面上。

黄作燊（1915—1975）祖籍广东番禺，出生于天津。父亲曾在黄浦“水师学堂”学习，后只身来到天津，成为英商亚洲石油公司的经理，由于收入较为丰厚，其父经常收集古董、欣赏书画，并与社会名流来往甚密。当时作为中国现代化城市天津，不少知识分子已经较为充分地了解了西方的技术和思想，学习西方科学、艺术的想法在两代人的心中萌生，其兄也即是后来成为我国著名戏剧学家的黄佑临已在英国学习戏剧，父亲决定将黄作燊同样送英国留学，只是不再学习纯艺术，而是由艺术出发，寻找一门具有更实际操作性、能够直接贡献于国家建设且能保障自己生活的专业。因此，不同于传统建筑教育，具有前卫教育观念的英国建筑联盟学院（Architectural Association School of Architecture，简称AA）成为黄作燊的首选。

1933年5月—1939年1月，黄作燊在第一代海归建筑师陆谦受老先生的推荐下，进入英国建筑联盟学院学习，该学院是由建筑联盟（Architectural Association）主办的一所学校，而这一联盟的大部分人都认为传统的建筑概念太旧而脱离了英国皇家建筑师协会（RIBA）。特别是1934年，德国包豪斯学院创始人格罗皮乌斯因其学院被纳粹政府关闭而流亡到该校，其强烈的理想主义、英雄主义气质和人格魅力深深地鼓舞着黄作燊和所有的学生，成为大家的偶像。尤其是他关于“建筑的美在于简洁与适用”的名言成为黄作燊一生建筑思想与实践的基础，另外格罗皮乌斯关于建筑材料与形成关系的探索和建筑师要面向大众的主张也成为他最核心的学术思想。

1937年格罗皮乌斯受美国哈佛研究生院聘请前往执教建筑专业，黄作燊则以优异的成绩被录取，实现了他成为其学生的梦想，也使得已经扎根在他心中的现代主义设计观念进一步丰满。也是因为黄作燊的教育背景，使他有了直面西方现代主义建筑大师的机会。20世纪30年代末他去了欧洲旅行时，到法国巴黎拜访了勒·柯布西埃，在参观设计事务所时两人进行了深入的交谈。柯布西埃的思想直接影响到了他回国后的早期作品——位于上海现在万航渡路上的中国银行职员宿舍。同时他还与米斯·凡·德罗、阿尔托有交往，特别是后者1938年为纽约世界博览会设计的芬兰馆让黄作燊再次感到材料与形态相结合的魅力。但无论如何他还是认为格罗皮乌斯的思想更纯粹，更具有未来性，这种想法一直体现在他回国后创办圣约翰大学建筑系的教育思想和学术导向（图13-1-6）。

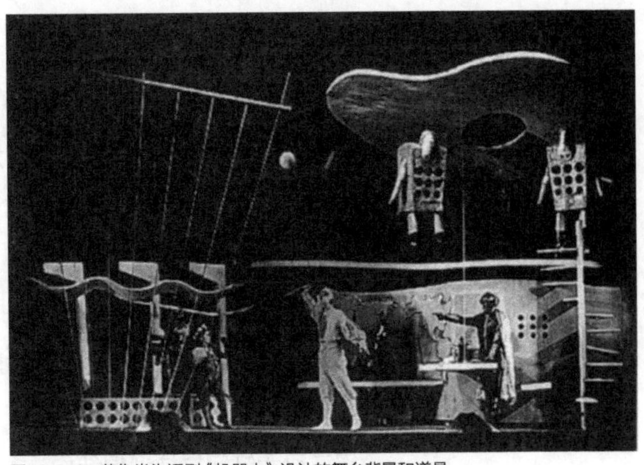

图13-1-6　黄作燊为话剧《机器人》设计的舞台背景和道具

本着这种目的，圣约翰大学建筑训练的课程中，以“构成”为核心，训练学生对形态、材料、体块、色彩、空间的表达能力，增加学生的创造力，并相应地减少了“美术”的课程，其训练严格程度远不如中央大学。另外，也没有像传统建筑学院一样在“渲染练习”上进行严格的训练。但是，黄作燊开设的“建筑理论”课程则比较完整地介绍了现代主义的设计作品，同时还广泛地介绍了现代主义画家马蒂斯、毕加索，音乐家马勒、德彪西、斯特拉文斯基、勋伯格等这些与格罗皮乌斯等人同时代的作品与思想。更为不可想象的是，他请来了工程专家讲解喷气式飞机发动机的原理、现代汽车等工业产品的设计。

第二节 从工程设计走向工业设计

1953—1958年，《中华人民共和国国民经济和社会发展第一个五年计划纲要》确定了优先发展重工业的基本战略，由于中华人民共和国成立前工业基础非常薄弱，仅有沿海地区由殖民者投资的一些工业，所以在中华人民共和国成立之初全盘以苏联为学习榜样，而苏联援助中国156个项目的建设则为我国建立了比较完整的基础工业体系和国防体系，奠定了中华人民共和国工业化的基础，其中比较著名的项目有：长春第一汽车制造厂、鞍山钢铁厂、沈阳飞机厂、洛阳东方红拖拉机厂、703厂（长虹集团前身）、兰州炼油厂等项目，这些工业项目布局主要配置在东北、中部和西部地区，因此这些地区的城市建设基本上从属于工业生产。

一、装备产品的设计

20世纪50年代中后期及60年代初，中国一大批决定国家命运的工业产品相继诞生，初步构成了一个互为相连的“产品链”。这些产品都是在参考资料极为稀少的情况下，凭着所有参与者的热情、胆量、智慧和无数次的失败经验创造的奇迹。

所谓“装备”产品是指用于生产各种产品和提高工作效能的机械。在装备产品设计方面，中国第一台万吨水压机可以称得上是里程碑式的设计，由上海江南造船厂和上海重型机器厂于1961年制造完成，共有46000多个零件，采用三梁六缸四立柱锻焊结构，主机重2200余吨，地面部分23.65米，基础深

图13-2-1　万吨水压机全体研发人员合影

入地下40米。经过测试，证明所有应力都同设计数据吻合，在超负荷实验时将锻压能力加大到16000吨，水压机各部件运转正常，可以确保12800吨满负荷正常运转。万吨水压机的诞生，对中国制造诸如飞机起落架、船用曲轴、发动机叶片、合金钢轧辊等高强度、形状复杂，尺寸精度高的零部件具有重要意义，是发展航空、船舶军工、重型制造的关键设备，也是国家工业实力的象征(图13-2-1)。

1951年4月政务院财经委员会批准长春第一汽车制造厂(以下简称“一汽”)生产解放牌CA10型4吨载重汽车计划，年产3万辆，由苏方负责设计、中方为设计提供资料。1958年解放牌CA10型载重汽车问世，该设计广泛运用于国防和经济建设，这标志着中国人结束了不能造汽车的历史。

该车原型来自苏联莫斯科斯大林汽车厂出产的吉斯150型载重汽车，是1943年苏联接受美国技术转让，以美军万国牌载重汽车为基础推出的新车型。吉斯150型载重汽车是苏联生产多年的产品，车型结构比较简单，坚固耐用，使用维修方便，对燃料、原材料、外协配套要求相对较低，比较适合当时中国道路状况不佳、使用条件较差、维修技术水平不高等客观条件，且在中国已有较好的使用经验(图13-2-2)。

图13-2-2　解放牌CA10载重汽车

图13-2-3　CA10型载重汽车驾驶舱，驾驶座前挡风玻璃可手动开启，通过进风调节驾驶舱温度

图13-2-4　北京牌BJ212轻型越野车，基于这个车型的设计开拓了众多中国轻型汽车的类型

从造型风格来看，解放牌CA10型车头的整体造型明显带有“美国流线型”风格特征，这样的设计能保较低的风阻系数。这种风格在美国曾一度广泛应用于轿车、载重汽车、机车等产品上，成为当时象征“速度与未来”的大众风格。

CA10型载重汽车的前大灯、转向灯、刹车灯、后视镜等部件均采用正圆造型，实现了一种设计逻辑统领全部部件设计的目的，造型十分简洁，加强了产品的力度。所有灯具都采用一厘米厚的玻璃为前罩，后罩为金属材质，被牢牢地固定在骨架上，后视镜则以斜杠连接固定在车门上。发动机舱为两侧向上托举打开，在设计时已经考虑了平时和战时的两用需求，其发动机的关键零部件均设计在发动机的两侧，特别便于在战场上利用车身隐蔽维修。CA10型载重汽车的驾驶舱仪表盘均采用圆盘造型，其风格完全是德国工业同盟时代的仪表风格，所有操纵杆与驾驶员手接触处都采用圆球造型，驾驶盘材料为铁架外附酚醛塑料，整个驾驶舱造型简约、统一。由于苏联地处于纬度较高的地方，没有十分炎热的天气，因而所有的车都不会考虑在驾驶舱使用空调，为此CA10是通过开启前挡风玻璃来解决车内高温的问题（图13-2-3）。

这个时期中国重要的军工产品实现了从无到有的大发展，1956年在获得苏联T-54A坦克技术资料和样品的同时建造了中国第一个坦克制造厂，即617厂。1959年在国庆10周年阅兵式上32辆中国造坦克首次出现在大众面前，年底命名为59式坦克。20世纪60年代初中苏关系恶化，我军战术指挥车一下子失去了来源，中央军委决定以北京汽车制造厂为基地生产轻型越野车，确定型号为“BJ210”，作为中华人民共和国第一代吉普车，后经设计改进获得好评，1964年获全国产品一等奖，据统计该车保有量在100万辆左右（图13-2-4）。

二、民用产品的设计

现代主义的设计在中国刺激个人消费方面是以“极致的技术语言”为先导的。1957年初，上海照相机试制小组成立后，参照当时的苏联佐尔基照相机加紧设计研发。1958年1月，使用135胶卷的上海58–I型照相机试制成功。为了实现批量化生产，试制小组立即招兵买马，扩充为上海照相机厂筹建处。作为我国第一架高级照相机，作为第一种单镜头旁轴取景相机，58–I型照相机在我国照相机发展历史上有着极其重要地位。

上海照相机厂推出58–I型照相机后，发现在使用的过程中因测距系统使用繁复，机构不稳，于是设计改进型号为“上海58–II”型照相机，游开琛是主要设计师。该相机于1959年9月正式投产，截止1961年9月共生产了6.68万架，后因滞销而停产。

图13–2–5　上海58–Ⅱ型照相机

上海58–II型照相机材质、做工均极为精湛，其经典的黑色和典雅大方的银色搭配更显现出产品整体的高档感。试制小组选择了德国“莱卡”相机作范本，从产品设计角度而言，选择莱卡就意味着选择了“功能先行”的现代主义原则，也就是说58–Ⅱ型相机以纯几何形态来进行设计，全盘继承了德国包豪斯的设计思想（图13–2–5）。

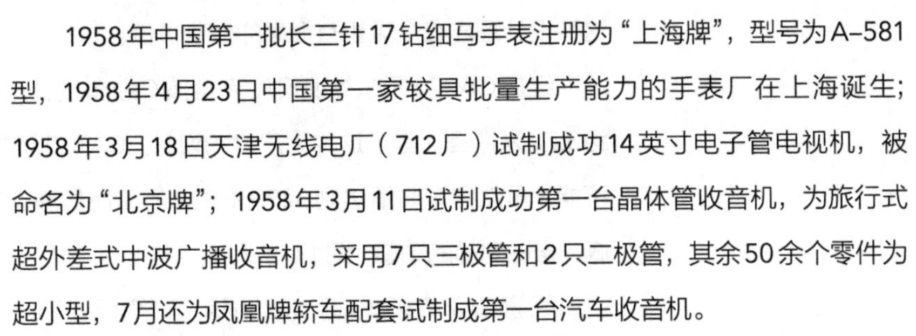
1958年中国第一批长三针17钻细马手表注册为“上海牌”，型号为A–581型，1958年4月23日中国第一家较具批量生产能力的手表厂在上海诞生；1958年3月18日天津无线电厂（712厂）试制成功14英寸电子管电视机，被命名为“北京牌”；1958年3月11日试制成功第一台晶体管收音机，为旅行式超外差式中波广播收音机，采用7只三极管和2只二极管，其余50余个零件为超小型，7月还为凤凰牌轿车配套试制成第一台汽车收音机。

正是因为各类装备产品先行，使得轿车及其他工业产品的设计制造取得了辉煌的业绩，使得中国工业产品链在1958年左右得以完善。

1958年8月中央向长春第一汽车制造厂下达了研制国产高级轿车的任务，次年5月制造出样车，定型为“红旗牌CA72”型，后经多次调试，确定为CA770型，这是中国第一辆有正式型号的轿车。

CA770轿车发动机为220马力，使用了国内较好的高速汽油发动机。传动系仍采用液压自动变速箱，前悬挂为独立悬挂，增加前稳定杆，采用加长加宽的后弹簧，提高了舒适性，制动系为双套空气——油压式双管路、筒式加力器，双向双分泵，每个车轮的两个分泵分别连接两套管路，保证一套失效时，另一套仍能对四个车轮制动。

图13-2-6　车尾的红旗品牌标志

从整车设计要素的选定来看可以分成两大部分，第一部分是与“意识形态”相关的造型要素，即车头上的红旗造型，这完全是苏联专供最高领导人乘坐的吉斯轿车的设计语言；车身两侧的三面红旗，分别代表“总路线、大跃进、人民公社”，由此前CA72车身上分别代表“工、农、商、学、兵”的五面红旗演化而来；车尾有毛主席手书“红旗”二字及其拼音组合作为“品牌标志”（图13-2-6）。

第二部分设计要素是与设计师智慧紧密相连的设计语言。在支撑整车造型方面设计师想到用“中国折扇”的造型来构思轿车前脸，在车身侧面则用“矛”的造型来装饰，前者是中国文人的必备道具，体现造型的优雅仪态；后者是中国武将的武器，干练有效。二者呼应，“文武双全”，使车体外形有了十足的“气场”。

这些设计要素在CA72上十分抢眼，至CA770时则演变为更加隐性化。红旗CA770的造型在表现中国传统风格的同时，又遵循了现代产品设计的原则。扇形的水箱格栅被抽象化，圆形的前大灯被保留下来，前脸更趋向方正，矛的装饰则演化成防擦条，原来作为设计元素的各类装饰显得更合理，丝毫没有生搬硬套，配合其他中国元素的运用，使之更有“现代高级产品”的感觉。这种设计理念在今天也有很高的借鉴价值。

红旗CA770轿车外观尺度完全按C级车设计，长5.98米、宽1.99米、轴距3.72米造型。基于这种大尺度的设计，CA770轿车具备了“方、平、直”的可能，虽然整车质量达到3290千克，但即使是静态车体本身也有一种抬头挺胸、奋勇向前的动感（图13-2-7）。

红旗CA770轿车前脸设计采用了“直瀑式”的造型，完全是国际高档轿车的主流设计风格。室内布局设计前排座椅与中排、后排座椅之间设有升降玻璃，用于保密谈话，后排沙发可调节靠背的倾斜度，可让乘坐的人更舒适地休息。据设计师回忆，每辆车内饰软装色调还会根据每位领导人的爱好做一些调整，如周恩来喜欢灰色调，毛泽东则喜欢暖色调。由此可见设计师在“人机界面”上所花的功夫（图13-2-8）。

CA770造型设计师贾延良就读于中央工艺美术学院建筑装饰美术系，师从留法归来的著名设计教育家郑可教授，在校期间他就设计了北京BK651型城市公交车，积累了一定的经验，毕业后进入红旗CA770设计组。

红旗CA770轿车开发成功还有其“设计管理”上的因素。时任副厂长的孟少农留学美国，曾经在福特汽车公司实习，他为红旗轿车制定了“设计策

图13-2-7　保存于中国工业设计博物馆中的红旗CA770型轿车

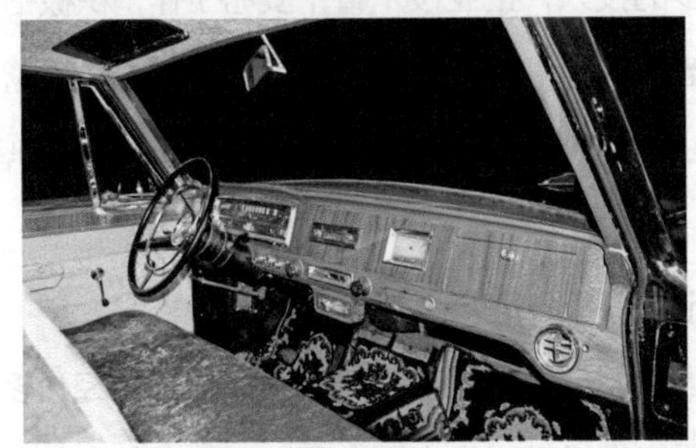

图13-2-8　红旗牌CA770前排内饰设计

图13-2-9　新华生台扇

略”，当时称为“基调”；轿车科科长吕彦斌毕业于清华大学建筑系、机械系，为著名建筑家梁思成的学生，由此形成了内行领导内行的局面。

到20世纪70年代中期，中国工业制造企业不同程度地完成了一次技术设备升级改造，以适应提升产品品质的需求，同时组织技术攻关，克服了一大批产品制造中的难点，也发现了多年来一成不变的产品与当时人民的生活要求已产生很大差距。在轻工业产品方面，以上海华生电扇厂为代表的老品牌产品率先进行了设计，以企业或行业技术骨干为主，结合学校的力量进行新产品开发工作。

新华生台扇的设计师吴祖慈教授舍弃了铸铁的圆锥形底座，将其改为长方形，搭配铝合金的装饰面板，显得十分简洁轻盈。网罩上金属条密度增多，并且表面镀镍，使得整体造型更加圆润饱满。扇叶减少到三片，形状变得短且宽大。按键部分集中在底座上，使用琴键式开关。整体看上去该款电扇显得十分清新典雅，简单大方。这款电扇推出市场之后，受到了用户的广泛欢迎，一举将击败了日本的产品。1980年获轻工产品国家银质奖，华生的这一款电扇也迅速成为日后中国各厂家争相效仿的经典设计（图13-2-9）。

第三节 走向消费引领的工业设计时代

从客观的角度看，20世纪80年代是中国自主品牌产品产销黄金期。由于扩大了产能，赚取了利润，使得扩大再生产有了保障，也鼓励企业在工业设计上进行更多的投入，企业技术骨干安心工作，积极钻研业务。随着中国改革开放时代的到来，企业逐步感受到工业设计的重要性，也越来越需要具有专业工业设计知识的人才，希望改变以工程师、工艺师“客串”工业设计的局面。

一、设计再造产品魅力

20世纪70年代末，海鸥系列照相机产品经过多轮设计已趋成熟，其4B型双镜头反光相机被誉为中国老百姓最熟悉的“全民相机”，如果说海鸥4A是海鸥4型的升级版，那么海鸥4B则是海鸥4型的简装版了。1967年开始研发，作为当时中国人民最为熟悉的海鸥4B型相机定位于“简装品”，首先从降低价格的角度来构思设计，即如何使技术能更好地为普通消费者服务，进而再考虑形态、色彩、材质、肌理等“感性价值”的要素设计。因此，该产品设计的直接目的是“实用”，即外观和结构不求太复杂，但成像必须清晰，操作一定要得心应手，适合大批量生产加工，价格低廉。总之，要设计成一款操作简便，价格适中的“全民相机”。

海鸥4B型照相机在造型和功能上均继承了海鸥4A型系列的经典设计，而海鸥4A120双镜头反光相机的基本结构参照了德国罗莱福来克斯120双镜头反光相机。从1958年开始，世界各国仿罗莱福来克斯一时成风，120罗莱双反相机是当时专业摄影人所渴望得到的专业相机。

基于产品的特性和用途，海鸥4B型相机的色彩选用了简洁大方的黑色，材质上机身整体选用铝壳，部分按钮采用塑料以降低成本。机身材质表面的肌理选用“鳄鱼皮”的纹样，不仅外观上具有高档感，而且从消费者使用的角度考虑也比较容易防滑。

图13-3-1　海鸥4B型相机

位于机身侧面的卷片、对焦及快门等按钮，由于需要经常与手部接触，因此表面被设计为“齿轮式”的纹样，以增加摩擦力，便于使用者精确操作。海鸥4B型系列相机在1969—1989年共生产了127万多台，最高年产量达85万台（图13-3-1），并成为日后中国所有同类相机的设计母本。稍后诞生的海鸥牌DF型单镜头反光相机作为其家族的第三代产品，设计语言更加纯粹，并催生了"熊猫、孔雀、珠江、长城"等中国近10种同类产品。

早在1980年7月，一汽确定了关于解放牌载重汽车换代产品CA141型5吨车的研制任务。1983年上半年，对第二轮CA141样车进行了全面性能试验、台架扭转试验、道路模拟试验及5万公里可靠性试验等，对发动机也进行了整机性能和1000小时可靠性试验等工作。CA141的设计是在技术相对成熟的条件下，以整体产品优化为目标，推出在造型、色彩、材料等方面具有新颖性的设计，并以此协同各类总成、零部件设计的优化，结合创新或引进国际成熟的加工工艺技术，来达成通过工业设计优化产品的目标。在这样一个过程中，首先不同于CA10时代以技术引进和实现制造突破为目标，CA141的设计能够更加从容地考虑提升产品感性价值。这一点从《CA141型5吨载重汽车设计任务书》中表述的希望CA141成为"成熟产品"一词中可以强烈地感受到，在以后的各种设计和试制、评价过程中无不体现出这种追求。在这个过程中，反复被提及的关键词有"新车型美观的外观"、"驾驶方便舒适性"、"操作平顺性"等都与工业设计密切相关。

如果说CA10这一代产品中倾注的工业设计力量，靠的是老一辈工程技术人员自发投入的话，到CA141这一代产品设计时，工业设计的工作已进入正向开发流程。在产品整体设计上采用平直表面为主，作为车身设计的主要语言，产品外观给人以"刚毅"的感觉。作为设计的重点，驾驶室造型设计强调为驾驶员提供良好宽阔的视线，因而采用了一体化的大幅玻璃，保证了车辆转向时有良好的视角。发动机罩顶部与侧面平直表面以较小半径的弧面相连接，在日常光线照耀下，显出了锐利的"筋线"，与侧面车身的加强筋形成呼应，这种横向的筋线达到了传递产品速度感的目的（图13–3–2）。

这个时期还是以家用洗衣机、电冰箱、空调为代表的新家电产品来临的时代，1978年全国只有400台洗衣机，1983年则升至365万台。20世纪80年代末，由于人们对食品保鲜需求，家用电冰箱开始了第一轮火爆销售。这些产品虽然还是消化吸收国外同类产品基础上的开发设计，但的确为人们的生活带来了便利，使人们从传统的生活形态中解放出来，极大地提高了生活品质。

图13–3–2　解放牌CA141载重汽车

20世纪90年代是中国工业设计高速发展的时代。国内著名企业纷纷聘请设计师对自己的产品进行升级换代设计，并将自己品牌进行梳理。1994年青岛海尔集团与日本GK设计集团共同成立了青岛海高设计制造有限公司，主要针对海尔自身的产品和品牌制定设计策略并直接进行各种新产品开发，使得海尔产品迅速提升品质，并扩大了国内、国际市场的占有率。大凡这个时期

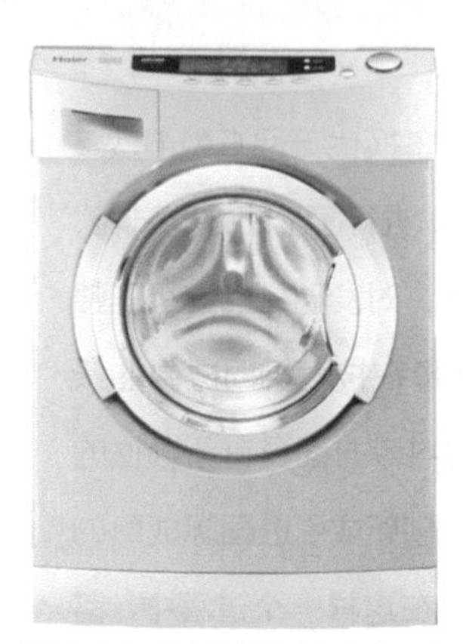

图13-3-3　海尔滚筒洗衣机打破了欧美品牌一统滚筒洗衣机天下的局面

无论是从事工业设计实务工作的人和院校教师都会关注、研究海尔的工业设计现象，特别是家电企业建立工业设计部门的时候，大部分借鉴了海尔的工业设计模式（图13-3-3）。

二、珠江三角洲的工业设计

在深圳崛起的小型民营设计公司由于紧密结合珠江三角洲产业发展，又借助紧邻香港、能较多获取国际设计信息的优势，所以得到了充分的发展。广州南方工业设计事务所是最早的试水者。创办人对自己未来的定位是“以工业设计的智力劳动参与并促进珠江三角洲地区为中心乃至中南地区的经济发展，直接推动企业的新产品设计与开发工作”。在以后中国工业设计发展过程中许多占有重要地位的设计公司、设计师乃至广州美术学院的设计教育发展等都与南方工业设计事务所有着密切传承的关系，其创始人、核心成员大都来自前者。

1990年傅月明与俞军海共同创办的深圳蜻蜓设计公司推出了中国第一辆原创设计的家用轿车“小福星”，到1996年，投资数千万元，经过不断改进，共开发出三代车型，50辆样车，完全按照国际通用的设计思路和方法进行设计开发，从构思、创意、草案、效果图、三维油泥模型、概念车，再到工程样车，小批量试制后在钓鱼台、北京车展展出。

设计完成后，蜻蜓设计公司与北方车辆研究所、亚安秦川汽车公司三方合作，争取到了生产合法身份，生产目录为QCJ7088，并设想利用其引进的日本奥拓小型轿车生产线进行规模化生产。其整个设计过程是有理论、文化和市场支撑的，其含金量并不仅仅体现在产品设计的最后成果上，而是体现在它所提供的设计思路和方法上。

“小福星”给人印象最深的是弧线车顶。这根弧线的功用主要可归纳为三点。首先是审美的需要，涉及造型设计的基本出发点；其次是功能的需要，满足驾乘人员对空间的基本要求；再是降低风阻的需要，符合汽车空气动力学原理，力求达到最佳状态。正因为这根弧线的确定才有了“小福星”造型的基本框架，它被认为是东方人从对“鱼”的崇拜中吸取灵感，并从鱼的曲线中提炼出优美的线条（符合流体力学）而设计出来的，创造了平和而优雅的视觉效果。由于这些认识和把握，“小福星”奇巧的造型手法、宜人的造型符号才得以发挥，如鱼得水，使其在世界汽车造型设计中独树一帜，并被认为是代表中国原创设计的杰作而收录到国际著名汽车杂志*CAR STYLE*中（图13-3-4）。

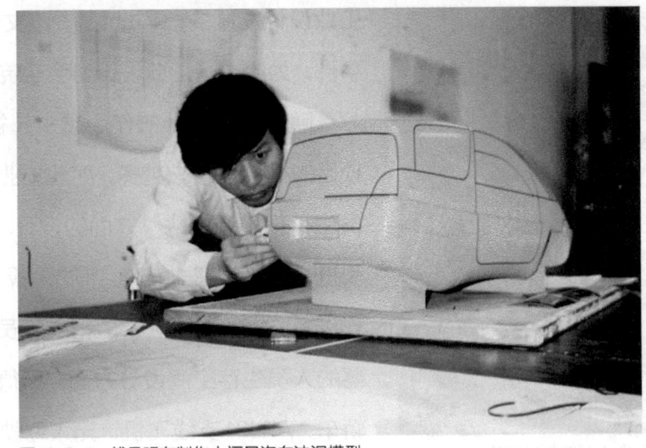

图13-3-4　傅月明在制作小福星汽车油泥模型

第四节　高速发展的中国工业设计

进入21世纪以来，工业设计已成为中国经济腾飞的引擎。地处渤海湾地区的海尔、海信等大型制造企业将工业设计的理念发挥得淋漓尽致；得益于2008年奥林匹克运动会水上项目在青岛举行，小型游艇的设计在近年得到快速发展，也造就了一批专业的设计和制造公司；珠江三角洲地区的设计师一如既往地用务实的态度服务于地区制造企业，两者之间产生了十分有效的互动；三诺集团连续数年举办工业设计大赛，对催生优秀设计师起到了积极的作用。

一、不断拓展的工业设计领域

中国设计的行业协会组织与行业间的互动日益明显。2005年北京市科委、工业设计促进中心正式启动“北京设计资源共享中心”园区基地，并于次年成功地推出了“中国创新设计红星奖”，并计划用10年时间将其塑造成中国设计领域的“奥斯卡”奖；深圳市已将工业设计作为产业振兴的支点，并于2008年先行申请加入世界“创意城市网络”，成为设计之都。

作为国家级专业协会的中国工业设计协会历经30余年的不懈努力，在普及、推动中国工业设计的思想和实践方面做了大量的工作。原理事长朱焘多次向国家领导人呈送报告，表达行业的诉求，协会配合工信部起草了《关于促进

图13-4-1 “神九”驾驶舱

工业设计发展的指导意见》。该文件的出台是中国工业设计发展史里程碑式的事件，为此中国工业设计协会也完成了为行业争取政策支持的历史使命。

随着工业设计的作用越来越被各行各业所认可，工业设计参与国家重大项目的机会也越来越多。西北工业大学工业设计团队潜心“神九”飞行舱、“人员生存环境及操纵”方面的设计，根据其产品的特点和几近苛刻的技术要求，引进人机工学概念，使“神九”操纵器增加了方便性和舒适性，使飞行舱内灯光、色彩更加人性化，赢得宇航员的赞誉。同样方法也应用在“蛟龙号”潜水器的人员生存空间设计方面，取得了很好的效果。与此同时，红旗牌系列高级轿车、ARJ21支线飞机、无人驾驶飞机及军工装备等产品设计方面，工业设计也体现了自身的价值(图13-4-1)。

21世纪以来，从海外归来的年轻设计师的作用日益实现，从而改变20世纪90年代设计“全盘西化”的局面。如留德归来的设计师杨明洁为“绝对优特加”设计的双瓶包装获得全球最著名的工业设计大奖“IF”奖，同时设计又不间断地推出“环保产品设计计划”，将废弃物重新设计，重新发现其价值，重新阐释了东方人“天人合一”的理念。

二、《中国制造2025》中工业设计的机遇

2013年4月，德国政府在汉诺威工业博览会上提出了“工业4.0战略”，这个计划由德国联邦教研部与经济技术部联合资助，是在德国工程院、西门子公司等学术、产业界建议和推动下形成的思路，并且已经上升到国家层面，其目的是提高德国工业的竞争力，使其在新一轮工业革命中抢占先机。由于工业4.0战略以智能制造为主导，通过充分利用信息技术和网络空间虚拟系统，信息物理系统相链接的手段，具有将制造业向智能化转型的特性，为此西门子公司已率先将这一概念引入其工业软件开发和生产控制系统。

工业4.0项目有三大主题：首先是“智能工厂”，重点解决智能化生产系统及过程以及网络化分布式生产设施的实现；其次是“智能生产”，主要涉及整个企业的生产物流管理、人机互动及3D打印技术在工业生产过程中的应用；再则是通过互联网、物联网整合提高资源供应方的效率。在此之中，一个十分重要的理念是使广大的中小企业成为新一代智能技术的使用者与受益者，同时也成为先进工业技术的创造者和供应者。

从美国国家层面于2009年12月提出的《重振美国制造业》框架，以及相应启动了《先进制造业伙伴计划》、《先进制造国家战略计划》，日本2012年6

月公布了《日本再兴战略》，佳能公司通过机器人、无人搬运机、无人工厂实现从“细胞生产方式”到“机械细胞方式”的转型，创造全球首个数码相机无人工厂，一切都表达了对未来再工业化的思考和实践。

中国青岛中德工业4.0推动联盟与2014年第十六届中国国际工业博览会上推出了中国首套4.0流水线，力求在大数据革命、云计算、移动互联网等时代背景下，对中国企业进行智能化、工业化相结合的改进升级。与此同时中国科学院、工程院院士创导的提升中国制造策略研究正接近尾声，其中由中国工业设计方面的专家及研究团队深入介入，这既反映了高层对于工业设计作用的重视，比较深刻地反映了工业设计对未来中国制造发展的直接作用，也为今后中国工业设计的发展拓展了新的空间。

2015年5月8日，国务院发布《中国制造2025》文件，全面部署推进由“中国制造”到“中国创造”的战略任务，特别提出：在传统制造业、战略性新兴产业、现代服务业等重点领域开展创新设计示范，全面推广应用以绿色、智能、协同为特征的先进设计技术。加强设计领域共性关键技术研发、攻克信息化设计、过程集中设计、复杂过程和系统设计等共性技术，开发一批具有自主知识产权的关键的工具软件，建设完善创新设计生态系统。其中特别提到培育一批专业化、开放型的工业设计企业、设立国家工业设计奖，激发全社会创新设计的积极性和主动性。

未来中国工业设计的实践将根据中国制造战略的具体内容，以工业设计作为中国“发展质量好，产业链国际主导地位突出的制造业”的支撑要素，伴随着工业化、信息化“两化融合”的指导方针，秉承绿色发展的理念，为在2025年中国迈入制造强国的行列而努力。与此同时，中国工业设计实践的领域将从传统的工业产品为中心的工作转向服务设计这一更加广泛的领域，由此形成中国工业设计思想方法和工作方式的改变。

第五节 我国港台地区的工业设计

一、香港设计的起步

香港自开埠以来，由于缺乏自然资源，一直以来只能凭借优越的地理条件，扮演转口港的角色，围绕转口需要的服务业随之而建立。20世纪40年代，大批大陆工厂企业为逃避战乱迁港，为香港工业打下了坚实的基础。第二次世界大战后，又有大批资金、技术、劳动力流入香港。此外，英国和英联邦国家给予香港享受特惠关税待遇，使香港的产品有了重要出口市场，美国也于1953年容许香港输入产品，并逐步成为香港最大的出口市场。因此，直至20世纪50年代末，香港的工业发展前景呈现蓬勃生机。

20世纪60年代，香港继续受惠于第二次世界大战后全球经济分工，得以分担发达资本主义国家转移出来的部分低附加价值、劳工密集的轻工业。另外，由于当时香港正值战后婴儿潮，人口暴增，加上大量廉价劳工的涌现成了香港工业发展的另一优势。因此1960—1969年，香港制造业工厂总数由5346家增加到14078家，制造业工人由224400人增加到524400人，分别增加1.6倍和1.3倍。

从1960年起，香港政府为配合工业发展的需要，加强了对业界的支援，成立了香港工业总会及香港科学管理协会。到了20世纪60年代中期，香港贸易发展局（下称“贸发局”）、香港生产力促进局及香港出口信用保险局先后成立，以作为支持基层企业发展的半官方工商机构。其中贸发局负责拓展香港于全球贸易的香港法定机构，为香港制造商、贸易商及服务出口商服务，其宗旨为“为香港公司，特别是中小企业，在全球缔造新的市场机会，协助他们把握商机，并推广香港具备优良商贸环境的国际形象”。贸发局更设有内部设计团队，与此同时，“香港标准及检定中心、工业设计中心和包装中心”三个技术中心成立，从环境、生产技术和设计、品质检定到包装出口等各方面协助提升香港工业的竞争力。

图13-5-1　在香港生产的金钱牌搪瓷产品（收藏于香港历史博物馆）

图13-5-2　在香港生产的康元牌微型电风扇产品（收藏于香港历史博物馆）

20世纪60年代工业已成为带动香港经济增长的核心动力，移师香港的制造企业成为主力（图13-5-1、13-5-2）。由于面对的市场以海外为主，为应付英国及美国等西方市场的激烈竞争，本地工业产品的设计素质愈来愈备受业界重视，因此，香港设计委员会于1968年成立，隶属于香港工业总会，是香港最早期致力推动本地设计的非营利组织。委员会成立宗旨为在香港推广和加重设计在业界所扮演的角色、鼓励及推动业界利用设计去增值服务，以及通过与专业设计师和学术机构合作，提升香港设计水平和素质。

二、港台设计业的崛起与发展

“设计”一词很早已在香港出现，初时只限于平面设计范畴，限制商品注册商标及广告制作的设计。其后，在产品式样，特别是家具、室内布置、工程

图13-5-3 第十二届香港华资工业出品展览会（1954）于中区的新填地举行，图中为会场人流及交通情况（《香港工业七十年：商厂七十周年志庆》，由香港中华厂商联合会提供）

及展览制作等事宜方面，“设计”一词运用渐多，开始得到较全面的发挥。由此可见，在当时“设计”概念已涉及了产品的款式、构图、制造及市场，很清楚地表达了“设计”一词的含义及范围。得益于出口产品的大量需求，香港设计需求也日益增长（图13-5-3）。

从20世纪60年代开始，美国成为香港产品的主要市场，香港设计师为迎合产品市场的需求及当地人口味，设计创作理念受到限制，香港设计业由外国设计师主导。1972年，香港工业总会辖下工业制品设计促进委员会成立香港设计师协会。1974年，协会增设专业行为（小组）委员会，为香港设计师草拟专业行为规则及设计收费指南。1975年，协会举办首届“香港图画展”。1977年，由前者演化而来的首届“香港设计展”诞生，增设“产品设计”类别。1980年之后，“香港设计展”改为每两年举办一次。而香港工业总会创立至今，一直致力于协助企业价值的提升，秉承“工业创新”的宗旨，帮助企业应对各种挑战，特别是由其举办的“香港工商业奖”在鼓励消费产品、装备产品优秀设计方面起到了持续的推动作用（图13-5-4）。

台湾地区设计发展的动力源自于发展对外贸易的需求。所以以“台湾生产力及贸易中心”为主体的设计推广活动成为20世纪60年代台湾地区促进设计发展的核心力量。1961年，台湾生产力及贸易中心下属的“产品改善组”率先开设了短期的工业设计培训班，以提升产品设计的能力为目标，促进台湾外贸产品国际市场竞争力的提升。次年又邀请了日本著名的设计专家小池新二考

图13-5-4　香港智领集团有限公司设计的智能家庭机器人通过APP控制能够与人一起游戏、跳舞，设计获2014年工商业奖消费产品设计金奖

察台湾，共商培养地区工业设计人才的方案。在小池新二的帮助下，一大批德国、日本的工业设计专家相继来到台湾讲学、辅导。1967年台湾地区工业设计协会宣告成立，稍后出版了《中国工业设计》专刊。其“金属工业发展中心”成立了工业设计室，标志着行业对工业设计的深入认可，并且预示着设计将以地区产业为基础融合发展时代的到来。这一年以“生产力及贸易中心”加入国际工业设计协会（ICDIC）组织为标志，从结构上为台湾地区设计发展做了新的规划和部署，进一步确定了基于国际设计资源发展自我的策略，也为台湾地区产业升级换代做了有效的铺垫。

进入20世纪70年代，台湾地区一面谋求融入国际经济合作体系，一面不断展示自60年代以后以设计为核心能力提升产业发展的成果，并加强学习西方的设计经验，特别是日本的经验，其考察范围从产品设计扩展到包装、品牌等领域，同时积极参加各种国际组织的相关活动。1972年“工业设计协会”派人参加“亚洲生产力组织”主办的“工业设计促进讨论会”，并将其1973年的高层峰会放在台湾举办。而“工业设计协会”则在1973年10月8日至9日派人参加了第八届国际工业设计协会举办的年会。1976年时任其会长的荣久庵宪司再次来到台湾参加工业设计协会的年会，这给予了行业从业人员巨大的鼓励，也更加促进了台湾以设计为竞争力，支撑台湾制造走向高品质的发展进程。

三、地区设计政策为工业设计注入持久活力

自1986年以后，台湾的工业发展的外部环境产生了极大的转变，尤其是台币对美元的升值，对外销导向的产业界造成很大冲击，另一方面岛内因为集资过多，土地、股票上涨到达金钱游戏的地步，制造业的劳动力都转到服务业，使得制造业人力不足，工资每年约增长15%，因此台湾不再拥有廉价劳动力的优势。再加上当时社会对环保的要求，以及银行利率开始上升，台湾的制造成本大为提升，产品的性价比大为降低。为改变这种状况，1987年起“台湾产品设计周”扩大为“台湾产品设计月”，增加了“国际优良设计作品观摩展”。

台湾95%的企业为中小规模，而且过去基本上为委托代工型，要打国际形象牌则相当困难。为了改变此种状况，一方面基于升级本身的需要，另一方面也为了要在国际上让人了解台湾追求的也是高级产品，因此台湾当局推出了三个重要的计划：《五年全面提升工业设计能力计划》、《五年全面提升产品品

质计划》、《全面提升国际产品形象计划》。

得益于产业政策的鼓励，1988年从台湾三阳机车公司分离出来的台湾浩汉产品设计公司创立，经过若干年的努力其设计理念成为台湾工业设计的典范。如图13–5–5是浩汉公司设计的三洋摩托车。

由20世纪80年代初建立起来的中国内地与港澳台地区的设计合作、交流，在之后的“香港营商周”、深圳申办设计之都、深港设计双年展、台湾设计金点奖、中国设计红星奖等设计活动方面都得到了充分的发展。除此以外，伴随着越来越密切的设计业务工作，大中华地区设计师的联系进一步紧密起来。

探索与思考

- 中国有着悠久的文化，这些宝贵的传承如何与现代设计相结合。
- 意大利和日本设计的成功，对中国工业设计的发展有什么启示。

图13–5–5　台湾浩汉公司为三阳公司设计的产品

第十四章

设计的未来

We must search out totally new ways to anchor ourselves.

——Alvin Toffler

21世纪的设计，一方面延续以人为本、
绿色设计、人性化设计的属性之外，
另一方面在高新科技、智能材料、
新的文化生活、新的社会结构、
新的意识形态之下，设计形成多元化趋势。
当工业设计的定义被重新解读的时候，
新的用户体验、服务设计等概念不断涌现，
人们对于设计的未来也开始反思。
在当前经济全球化的大趋势下，
设计机构与知名设计师的合作越来越频繁，
人们越来越重视知识产权的重要性，
设计环境发生了重大改变；

工业设计的设计对象已经
打破传统包豪斯时期意义，
不仅仅是物质产品的外观设计和结构设计，
工业设计的对象也转化为以内容、人机交互、
用户体验为主的非物质的产品设计，
如服务设计、软件信息架构、用户界面设计等等方面。
另外，创新模式也正在发生转变，
产品的竞争要走向软硬一体化的整合竞争，
重要的是要具备优良的内容，提供良好的服务设计。
随着信息技术的发展，众创、众筹、众包、
众享等创新模式的出现，
拓展和提升了设计创新的空间和潜力。

第一节 设计以人为本

从科学的角度来讲，以人为本首先应该是让产品来适应人，在设计思维上有不同的切入点。以“人”为中心的设计不是从机器功能为设计出发点，而是从人的生理和心理特征出发，研究人的行为方式，设计更符合用户需要的产品。

1986年，美国学者唐纳德·诺曼（Donald Arthur Norman，1935— ）等出版《以用户为中心的系统设计：人机交互新进展》（*User Centered System Design: New Perspectives on Human–Computer Interaction*）一书，指出用户是设计活动的核心。这也是美国人第一次把“以用户为中心”的思想用于计算机领域的人机界面设计。

一、以用户为中心的设计

美国工业设计师亨利·德雷夫斯开创了人机研究的先河，他主张设计应该把人作为重要因素来考虑，因此也称为人因学（Human Factors）。与此同时，在工程学和心理学领域，学者们出于提高工作效率的考虑，提出了工效学的概念，即Ergonomics，这个词出自希腊语，意为“工作的自然法则”。英国心理学家在1949年提出：工效学研究有助于提高英国海军的战斗力。从1960年到1986年，英国学者保罗·布兰顿（Paul Branton，1916—1990）写了一系列文章，严厉批评判了美英“以机器为本”的工效学和人因工程学的设计思想，提出了“以人为中心的工效学”概念。

人中心设计观点主要包括下列几方面：

1. 人道主义设计：设计必须要正确对待人，面向人，适应人，支持人的劳动。

2. 过去的工业标准是以技术为中心的，现在逐渐被修改成以人为中心。现在的标准包含了人机学中的概念，使技术参数符合人体生理能力。

3. 建立以人为中心的人机关系。工业设计的主要作用之一是建立和谐的人机关系。

4. 以机器工具的“可用性”为设计目的，使机器适应人。

5. 保护劳动者的安全和健康，减少伤害。

6. 减少紧张源。

7. 使人机界面的操作符合人的行动方式。

8. 根据用户的使用出错改进设计。

9. 无人工厂与失业问题。

以人为中心的设计观的确立是设计走向科学的重要一步，让设计对象更加符合人的心理和生理特点，不但提高了工作的效率，也充分尊重了人性的要求。

以人为中心的思想在座椅设计领域硕果丰富。如让使用者自动控制椅子的倾斜运动，用户可以专注于他的活动，而不用担心椅子的调节问题。1979年，挪威设计师孟绍尔（Hans Christian Mengshoel）还设计了一种跪姿椅的概念，引发了很多设计师的兴趣，其中最有名的是由彼得·奥普斯维克（Peter Opsvik，1939— ）设计的跪椅，如图14–1–1。凭借其标志性的形状，这张椅子已被选为改变世界的50种设计之一。

奥普斯威克借助现代科学、先进技术及对人类行为的研究，以自己独特的设计理念改变了传统家具的形式，给那些长时间处于同一工作姿势的人们带来了新的体验。1984年，奥普斯威克设计的重力平衡椅（Gravity Balans）向人们展示了设计的严密性和技术的合理性。如图14–1–2，当人体重量施加在这张摇椅之上时，椅子会产生轻微运动，使每个使用者，无论是伏案工作还是靠在椅子上休息，都能找到最适合自己的平衡点。

另外，他最著名的作品是1972年设计的可调节的儿童椅子，是一把能够和孩子一起“长大”的椅子，销售量超过700万把。（图14–1–3）

二、用户体验设计

20世纪90年代，唐纳德·诺曼提出了用户体验（User Experience，UX/UE）的概念，以人的活动为主体的研究取代了以机器为主体的研究。我们通过对产品所进行的交互设计，让产品与其他物品和使用者之间建立一种有机的关系，从而使得设计通过产品更好地服务于人，并给人类带来全然不同的体验。

唐纳德·诺曼立足于审视今天人与人造物的关系，他从描述“共同的立场”出发，对未来的人机互动提出了一系列构想和具有指导意义的设计原则。在未来：“人与机器比较理想的状态是‘自然、共生’的状态。”比如：马与骑手之间就是很好的共生的例子，“技巧娴熟的骑手不断地改变缰绳的松紧来与自己的马儿沟通，调整因环境变化所需的不同的控制权”。虽然在目前，人与机器还很难达到这个状态。“有的时候我们得服从动物或者机器，有的时候它们得服从我们”。在未来某一天，我们的生活都离不开机器，服务机器、医疗机器人、陪护机器人、机器人助理，甚至深入家庭生活，担当起保姆、护理的责任，我们会越来越依赖先进的科技，甚至潜意识里相比自己更相信电脑里给

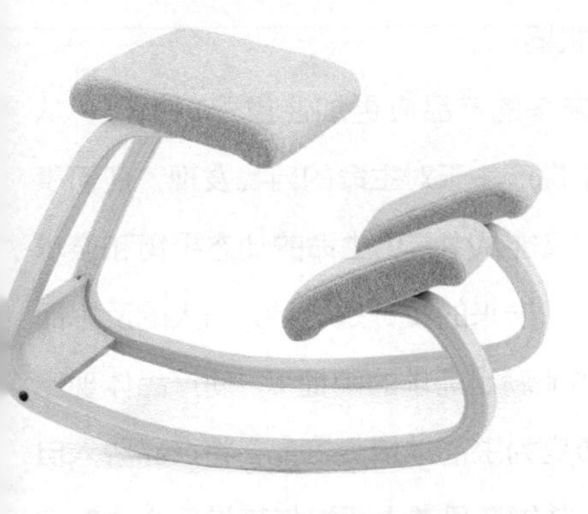

图14-1-1　跪椅能够给使用者膝盖部分更好的支撑

图14-1-3　Tripp Trapp儿童椅

图14-1-2　重力平衡椅

我们的资料信息，所以我们经常会服从机器。

根据诺曼教授的观点看来，认为未来的产品应更加注重“人性化”。从心理学的角度看，人类对事物的审美愉悦产生于对生命的自我发现，任何事物只要能够呈现出生命的表现，而我们又能从中看见生命的动态平衡和奋求过程，就能造成审美的愉悦。也就是说，未来的设计是一种人与人的反思而形成的深度设计过程，在产品的基本功能满足需求的前提下，使产品体现出“生命感”，让人们由被动的购买产品转变为主动地接受产品，将产品融入自己的生活中，使其成为生活中一部分，并能在日常生活中与其进行心灵的交流。因此，设计师们是以心理学、社会学以及哲学家的角度来分析探讨什么样的未来的产品能更加自然，协调与人、与机器、与世界优美的互动。从行为本身，从心理需求本身出发而不是以表象出发，才能产生伟大的适合人们真正需求的产品。

图14-1-4　日本著名设计师深泽直人为无印良品设计的拉绳式音响

图14-1-5　日本海关进出入境印章设计

情感是人对外界事物作用与自身的一种生理反应，这种需求和期望得到满足时会产生愉快、喜悦的情感，当然也会有厌恶。人是视觉动物，对外形的观察和理解是出自本能的。如果视觉设计越是符合本能水平的思维，就越可能让人接受并且喜欢。对于情感化的需求可能体现在很多方面，情感化的设计是一种创意工具，用以表达和实现设计师的思想和设计目的，随着时代的发展，这种创意工具将变得日益锐利。（图14-1-4）

真正具有情感化的设计是要打动人的，它要能传递感情、勾起回忆、给人惊喜。只有在产品、服务和用户之间建立起情感的纽带，通过互动影响自我形象、满意度、记忆等，才能形成对品牌的认知，培养对品牌的忠诚度，品牌成了情感的代表或者载体。

原研哉在他的《设计中的设计》中有介绍过这样一个案例：日本机场原来是用一个圆圈和一个方块表示出入的区别，形式简单并且好用，但设计师佐藤雅彦用一个更“温暖”的方式来重新设计了出入境的印章：入境章是一架向左的飞机，出境章则是个向右的飞机。通过一次次的盖章，将这种“温暖”的情绪传递给每一位进关的旅行者们。（图14-1-5）

从2015年开始，日裔美国设计学者前田约翰每年发布《科技中的设计》年度报告。其中，2015 年的报告指出：由于移动设备及计算的大众消费化趋势，设计之于技术的价值有所增加。随着智能手机服务的大众普及，我们的数字化产品将从“技术主导”转化为了“体验主导”。

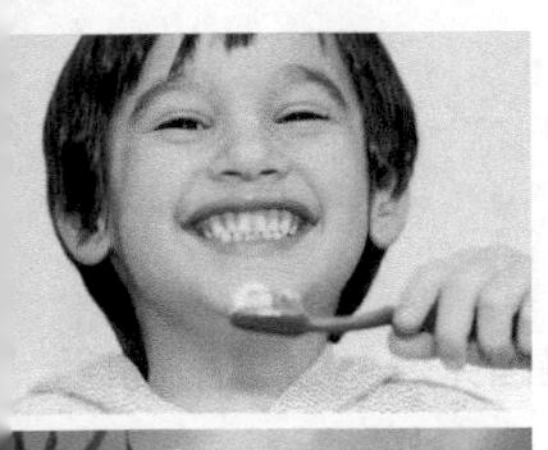

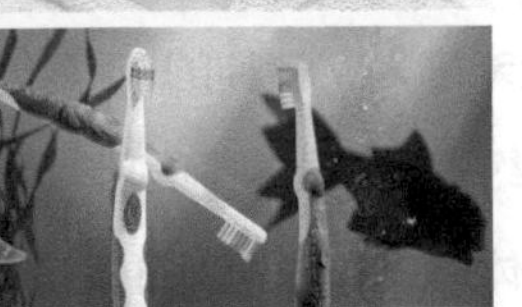

图14-1-6　Oral-B粗手柄儿童牙刷

三、从产品设计到设计战略

1991年，曾经设计过苹果公司第一个鼠标的大卫·凯利（David Kelley，1951—　）设计公司和设计了第一台笔记本电脑的比尔·莫格里奇（Bill Moggridge，1943—2012）创建的设计公司合并，命名为IDEO公司。今天，这家公司遍布全球各地的公司员工加起来超过600人，员工来自行为科学、品牌设计、通讯设计、设计研究、教育学、医疗服务、食品科学、电子工程、环境工程、工业设计、交互设计、机械工程、组织设计、软件工程，社会学等多个学科和领域。

IDEO公司的设计始终把握的以人为本的设计理念，把用户放在首位，深度理解用户的感受，发掘人性最新的潜在需求，并且像设计师一样思考并且实践。基于这种公司设计文化，才能够使得公司创新设计不断，例如：欧乐公司的Oral-B粗手柄儿童牙刷系列（图14-1-6）、宝丽来公司的I-zone相机、Palm公司的掌上电脑等突破性的创新设计，这些在人们今天看来，是理所当然的、体贴的、好用的，而在当时，却是挑战人们行为方式的惊世之作。

IDEO设有一个很特殊的职位——人因专家，因为，IDEO在产品设计开发过程中，发现，当项目团队以人因专家为主导位置的话，能够把用户的需求性、科技的可行性和商业的延续性这三方面更好地结合起来。比如：在团队成员集体讨论一个想法是否有潜力的时，会问"人们需不需要这个？会不会喜欢接受？这和他们的想法行为一致吗？而不是"这个在技术上可行吗？能实现吗？"

富有同情心、感性的人因专家、心理学家、社会学家、人类学家们从项目开始就会做大量的调研工作，合理设计调研问卷，对用户进行观察和分析，监督项目过程是否按照用户真正的需求来进行设计，他们敏锐的洞悉到新领域、新用户的真实需求；运用强大的HCD工具包（H代表听[hear]，C代表创造[create]，D代表产出[deliver]），建立创新的解决方案去满足这些真正的需求；在成本可行的基础之上，产生可持续性的解决方案，并不是仅仅站在技术上来发掘市场。

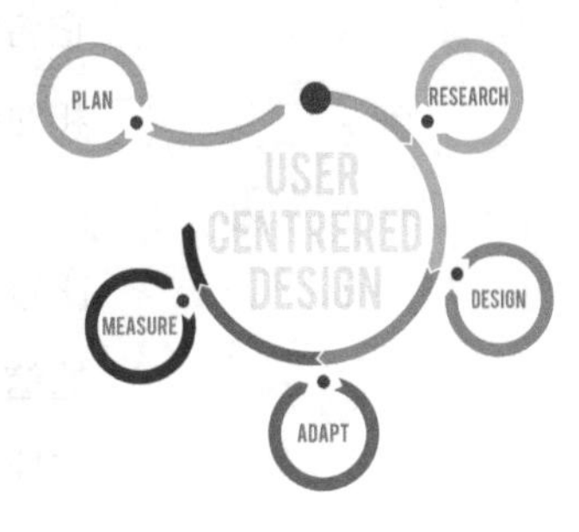

图14-1-7　以人为中心设计

第二节 数字化与智能化

每一次科学技术革命——远程遥控、人工智能、基因克隆、赛博格、机器人等技术的发展都给社会带来的新的文化现象，引领未来人文精神的发展趋势。人类社会的发展从来不会因为道德伦理和人性的约束而停下向前的脚步。那么，当网络化、娱乐化、艺术化、情感化、交互、体验等概念已经成为近年来设计的主要形式时，一种新的维度即将诞生，并构建起设计的表象特征。我们不再像以往那样需要无时无刻地不将视觉等体验运用于产品设计中，而是通过多重交互使产品呈现出全新的感受力和元素，例如：手机的设计已经不仅仅停留在外观上。

一、物联网与交互设计

物联网通过感应器把新一代IT技术充分运用在各行各业之中，形成普遍连接的互联网络，实现人类社会与物理系统的全新整合。借助“物联网”，人类能够以更加精细和动态的方式管理未来生产和生活，全新的网络新体验将实现人与自然的和谐共生。物联网并不是完全新建的，利用的也还是互联网的基础设施，但本质是“物物相连的互联网”。另外，物联网利用各种技术手段使得各种物质在“互联网”中，实现基于互联网的连接与信息交互，当然，这种信息交互包括物与人、物与物之间的交互。因此，从某种意义上说，物联网就是一种“物物互联、感知世界”的“互联网”。

互联网和物联网的区别在于：互联网应用面向“人”，是在虚拟的信息世界中达成人与人之间的信息交互；而物联网技术则面向“物”，增强“人”与“物”之间的交互和应用，物联网将扩展成为对现实物理世界中各种物体（当然也包括人）的一种感知和互联，并实现“物到物、物到人、人到人的交互”。物联网的发展，给产品设计带来了难得的机遇和改变，也颠覆传统产品概念。它将突破常规的产品设计方法与设计手段；将改变产品设计对象的设计内容和对象的属性及特征；为产品设计提供广阔的想象与创意空间。

与传统产品只是通过操纵与控制系统、信息显示系统等与人进行交互相比较，物联网环境下的设计，更多地强调对于物与物、人与物以及人与人之间的信息交互的研究。早在20世纪80年代，IDEO创始人之一的比尔·莫格里奇提出了交互（Interaction Design）的概念，此后，人机界面设计和开发已

图14–2–1　电子跳房子游戏产品

成为国际计算机界和设计界最为活跃的研究方向之一。界面设计（Interface Design）是人与机器之间传递和交换信息的媒介，它包括硬件界面和软件界面，是计算机科学与心理学、设计艺术学、认知科学和人机工程学的交叉研究领域。UI设计，即User Interface（用户界面）的设计，是指对软件的人机交互、操作逻辑、界面美观的整体设计。好的UI设计不仅是让软件变得有个性有品位，还要让软件的操作变得舒适、简单、自由，与用户产生良好的互动体验，充分体现出软件的定位和特点。（图14–2–1）

未来的产品设计将是越来越多地着眼于促进和改善产品与产品、产品与使用者之间的交流。比如手机，在物联网时代，智能手机将不再仅仅是通信的工具，它已经发展成为人们离不开的工作、学习、娱乐和通信的信息交流的载体。总之，物联网在未来人与人、人与物及物与物之间的信息交互过程中具有的不可替代的作用，将彻底改变传统产品设计的现状，并为产品设计的发展开辟更广阔的空间。

二、虚拟现实（VR）和增强现实（AR）

虚拟现实技术与传统模拟技术不同，它通过模拟环境、视景环境、立体耳机、立体眼镜、数据手套、脚踏板等传感装置，把操作者和计算机生成的三维虚拟环境连接在一起，操作者可以通过传感装置与虚拟环境产生交互，并且获得视觉、听觉、触觉、味觉等多种感知，并且按照自己的意愿“随心所欲”地改变虚拟世界的一切。尤其，在建筑环境设计、城市仿真应用中，虚拟现实的技术使用得比较广泛。虚拟现实技术具有三个重要特征：想象性、交互性和沉浸性，是综合人工智能技术、计算机图形学、计算机网络技术、多媒体技术和仿真技术的一种计算机高级人机界面，通过多传感技术和并行处理技术，向用户提供良好的触觉、听觉和视觉等感官功能，用户可沉浸于该虚拟境界，通过手势和语言等方式与其建立起实时交互，为用户创建起适应用户需求的多维信息空间。

就“设计”而言，传统设计的所有设计工作是针对物理原型（或概念模型）展开的，虚拟设计所有的设计工作是围绕虚拟原型展开的。就“虚拟”而言，传统设计的设计者是在图纸上用线条、线框勾勒出概念设计，虚拟设计设计者在沉浸或非沉浸环境中随时交互、实时、可视化地对原型进行反复改进，并能马上看到修改结果。我们可以在产品设计阶段，实时地并行地模拟出产品开发全过程及其对产品设计的影响，预测产品性能、产品制造成本、产品的可制造

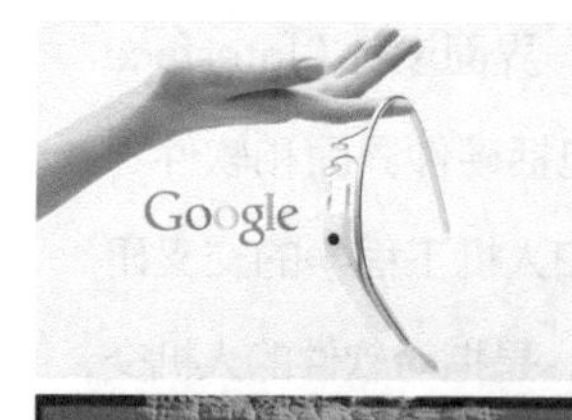

图14–2–2　Google glass和地图功能

性、产品的可维护性和可拆卸性等，从而提高产品设计的一次成功率。它也有利于更有效更经济灵活地组织制造生产，使工厂和车间的设计与布局更合理、更有效，以达到产品的开发周期及成本的最小化、产品设计质量最优化、生产效率的最高化。比如：外科医生在三维虚拟病人身上实施新的外科手术，以确保手术成功率。建筑设计师可以向客户提供逼真的三维虚拟模型，并实现多种设计方案、多种环境效果的实时切换，这些都是传统技术所达不到的效果。

Google Glass智能眼镜产品，它在功能上具备了单独运行、穿戴操作、可开发应用等特性，集多种功能于一身，并且结合了眼镜的佩戴方式、通过棱镜反射显示等方式，内置基于安卓4.0的操作系统，可单独运行也可连接手机。（图14–2–2）

随着Google Glass等新产品的出现，感应技术的不断发展，正将交互的可行性区间不断向外推进，我们可以看到那些轻巧的灵敏的交互方式不断绽放出来，可穿戴式的电子设备已让走向市场。增强现实技术又名扩境实增（Augumented Reality，简称AR），把原本在现实世界的一定时间空间范围内很难体验到的实体信息（视觉信息、声音、味道、触觉等），通过科学技术模拟仿真后，再叠加到现实世界被人类感官所感知，从而达到超越现实的感官体验。（图14–2–3）

对感官进行探索和虚拟的成果每天都在涌现，越来越多能模拟真实感觉的技术正在变成现实。对于赛车游戏玩家和进行模拟飞行训练的飞行员来说，触感震动技术早已不是什么新鲜事。触感装置是一种可以在多个自由度上精确记录位移过程，并转换为电信号的装置，现在也已经在科研领域里扮演越来越重要的角色。操控机械领域对高技术和便利的远程操控设备的敏感性很强，触感装置用于研究与发展机械人操控、纳米操作、宇航领域、危险作业、水下操作等方面；在心脏手术和脑外科手术中，触感设备协助手术操作，在医疗教学上可以帮助实习医生练习手术操作；与电子显微镜结合使用，触感装置让科学家不但能看到分子、原子，而且也能让他们去触动它。

图14–2–3　科幻电影中的AR体感交互工具

随着Leep motion设备与技术的完善，感应技术想象的空间会更大，比如实现电影《少数派报告》中的全系手势操作也不无可能，甚至是《阿凡达》中人体操作的那种机器人，都可能在未来实现应用。当RID或者隐形眼镜显示器这样的便携显示器开始进入市场时，我们就相当于随身携带了一部随时显示的计算机，而且和互联网这一人类所有文明的集合体相连。我们将透过整个互联网重新审视世界，将虚拟世界和真实世界无缝地连接在一起。

增强现实技术能够被有效地运用于产品设计之中，设计师在交互的环境下可进行宏观的、自然的综合项目的设计并调控，能够全方位地表达出现有的设计思想。用户可通过头盔显示器等显示设备观察现实环境与虚拟对象融合的新环境，从而产生一个全新的感官世界。

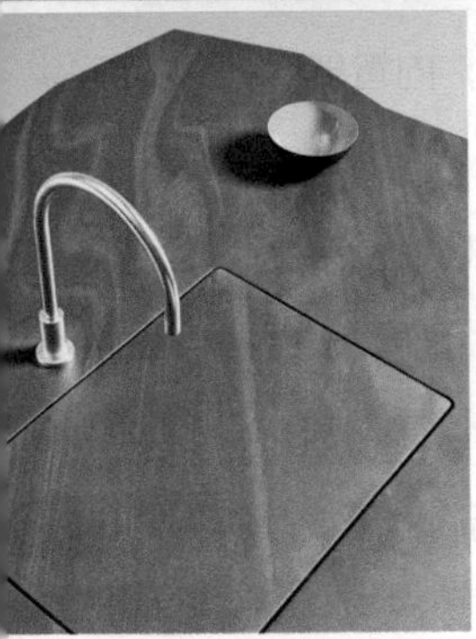

图14-2-4　智能厨房

三、智能化设计

比尔·盖茨曾在他的《未来之路》一书中以很大篇幅描绘他正在华盛顿湖建造的私人豪宅。他描绘他的住宅是“由硅片和软件建成的”，并且要“采纳不断变化的尖端技术”。1997年，比尔·盖茨的豪宅终于建成，它完全按照智能住宅的概念建造，不仅具备高速上网的专线，所有的门窗、灯具、电器都能够通过计算机控制，而且有一个高性能的服务器作为管理整个系统的后台。

2016年，意大利Tipic设计工作室展出了一款智能厨房的操作台，通过手势操作就可以实现台面变换，进行烹饪。这个操作台是由石英复合材料制成，石头桌面的下方被嵌入传感器，可以通过在上部的手势操作打开电炉，操作台的水槽部分是升降的模块，通过手势就可以调节水温。除了基础烹饪程序，这款智能操作台还可以提供手机无线充电等附加功能。（图14-2-4）

智能技术的发展还带动了可穿戴设备的潮流，智能手环、智能手表等产品逐渐走进人们的生活。索尼公司设计的Smart B-Trainer（智慧音乐慢跑教练）是一款新型的智能耳机，将运动、健身、音乐中和，连接6种传感器会有11项运动数据的分析，配合用户的训练，可以在训练前、训练期间以及之后提供数据反馈，并且在这个过程中为用户制定训练目标，记录运动中多种信息。帮助用户科学健身。另外，这个产品还会根据用户设定好的目标心率，选择设备中与训练节奏相匹配的音乐，从而提示用户减慢或加快运动速度。（图14-2-5）

Nest公司在2011年问世的Nest恒温器是一款具有自我学习功能的智能温控装置，可以通过记录用户的室内温度数据，智能识别用户习惯，包括温控时间、温度数值，能够自动节省电力，并将室温调整到最舒适的状态。

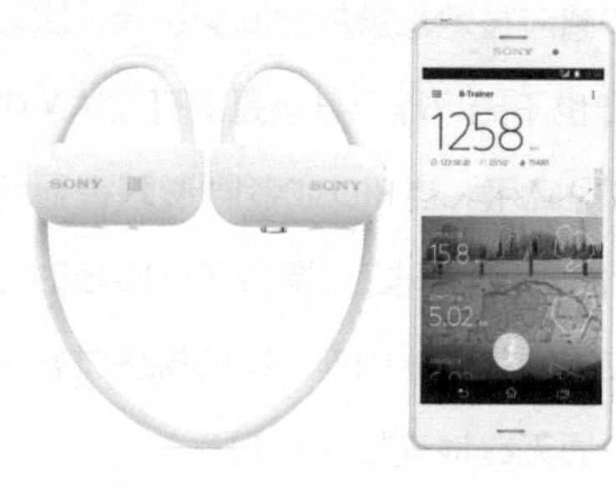

图14-2-5 智能耳机

图14-2-6 Nest恒温器

2014年谷歌公司以32亿美元的天价收购了Nest公司，向智能家居迈入了重要一步。(图14-2-6)

现代科技的发展，对材料的性能提出高标准、多样化，甚至是相互矛盾的要求，因此，任何一种单一的材料都难以满足上述需要，于是各种高性能的复合材料便应运而生。对于产品设计而言，产品设计师了解新材料是非常必要的，要不断研究和发明出新材料，而且要善于利用新材料，要了解新材料的性能，将新材料的优点充分地应用到设计当中。例如：以研究生物、有机、自然生长的形态以及参数化设计见长的英国设计师拉古路夫(Ross Lovegrove，1958—)，为法国的Barrisol生产商制作了一套灯具和展览空间的设计。材料用的就是以该公司名字命名的新材料，该材料很柔软、具有很好的延展性。拉古路夫利用材料特性做了生物自然学领域的艺术化研究创新，整个场馆内饰均采用片状的材料，通过设计形成独特的艺术效果，如图14-2-7。

拉古路夫曾担任路易威登、杜邦等公司的设计顾问，设计过SONY随身听、苹果电脑，并创办了Studio X事务所。他的灵感来自自然界及未来主义，其作品以糅合一自然美态与超新科技的有机设计享负盛名。

智能材料是继天然材料、人工设计材料、合成高分子材料之后的第四代材料，是现代高技术新材料发展的重要方向之一。智能材料实现了材料的结构功能化、功能多样化，使传统意义下的功能材料和结构材料之间的界线逐渐消失。它是一种能感知外部刺激、能判断并恰当处理且本身可执行的材料。智能材料最初的设计目标就是：研制出一种具有类似于生物功能的“活”的材料。因此，智能材料须具备感知、驱动和控制这三个基本要素。设计师们在产品设计中，充分利用智能新材料的特性，为人们提供更好的服务。比如：形状记忆合金带有超弹性性能、自修复能力和自适应能力特性，可以为残障人士以及老年人制作舒适的眼镜架；针对儿童开发的变色的餐具产品，可以根据温度

图14-2-7 拉古路夫的灯具设计作品

变色或者改变外观，从而使事物的温度迅速直观地传达给使用者，这样可以避免在喂食婴儿时发生烫伤事故，这种交流的智能化，确保“物”从整体的产品形态、色彩等造型元素与人之间有效地进行信息交互。

第三节 去工业化的设计

美国社会学家、未来学家托夫勒（Alvin Toffler，1928—2016）认为：人类经过了农业社会、工业社会，正在面临“信息社会”（也是“智力和知识社会”）的重大社会变革。他在1980年出版的著作《第三次浪潮》中说“第三次浪潮的制造业的特征，是生产短期的、个性的或完全定制的产品。”如果说工业社会的设计和制造是为了提高生产效率、满足日益增长的消费需要的话，新的生产方式将更加灵活多样，工业设计中的“工业”二字变得名不副实。

一、大批量定制生产与设计

刀耕火种是初始的标准化思想，秦始皇统一度量衡是有目的的标准化，是当时生产力发展的要求，也说明标准化是社会经济发展的基础。宋代的活字印刷术，是古代标准化应用的里程碑，运用了标准件、互换性、分解组合、重复利用等标准化工作原理。以18世纪末蒸汽机逐步取代人力为其开始的标志。机械制造在此前已经开始有了分工，但直到采用了集中动力驱动的新动力方式，动力从上空的动力轴通过皮带传送给机器，机械制造才开始如今的形态。于是，以机械化革命为开头的工业革命正式开始，1798年美国人在武器工业中运用互换性原理以批量制造零件（来福枪），大大提高了工作效率。1913年福特汽车公司采用流水线规格化生产，在以牺牲放弃个性化为代价的条件下，使得制造汽车的成本从850美元猛然降到370美元。当机器开始逐步由电力驱动时，流水线变得更加容易控制。

随着科学技术的发展，生产的社会化程度越来越高，技术要求越来越复杂，生产协作越来越广泛。许多工业产品和工程建设，往往涉及几十个、几百个甚至上万个企业，协作点遍布世界各地。这样一个复杂的生产组合，客观上要求技术上使生产活动保持高度的统一和协调一致。这就必须通过制定和执行许许多多的技术标准、工作标准和管理标准，使各生产部门和企业内部各生产环节有机地联系起来，以保证生产有条不紊地进行。随之而来的设计形式趋于统一性、整体性。例如麦当劳、肯德基、庆丰包子，这些商家的快餐程序、店面统一布置、品牌形象设计都是标准化的典型设计形式。标准化生产的优点，在于有利于稳定和提高产品、工程和服务的质量，促进企业走质量效益型发展道路，增强企业素质，提高企业竞争力；保护人体健康，保障人身和财产安全，保护人类生态环境，合理利用资源；维护消费者权益；也推进了设计的民主性。标准的水平也标志着产品质量水平，没有高水平的标准，就没有高质量的产品。

1970年，托夫勒曾在其《未来的冲击》一书中提出了一种全新生产方式的设想：以类似于标准化或大批量生产的成本和时间，提供满足客户特定需求的产品和服务。大批量定制是一种集企业、客户、供应商和环境于一体，在系统思想指导下，用整体优化的思想，充分利用企业已有的各种资源，在标准化技术、现代设计方法学、信息技术和先进制造技术等的支持下，根据客户的个性化需求，以大批量生产的低成本、高质量和高效率提供定制产品和服务的生产方式。

按照大规模定制的方式，在产品的设计、制造、销售和服务过程中，企业和消费者可以感受到的产品内部多样化。因此，为了支持企业提高大批量生产的效益，生产满足客户个性化需求的定制产品，必须尽可能减少产品内部多样，增加产品外部多样化，这是大批量定制的核心。例如：当一位客户购买汽车时，除了对汽车的品牌、价格、发动机缸数以及最高时速等方面提出基本要求以外，还会提出其他一些需求，比如是：换挡方式（自动、手动）、车顶形式（敞篷、硬顶）、颜色（蓝色、黑色、红色等）、座椅（布质、皮质）及其他选择（ABS、GPS等）等。在2016年。北京汽车集团有限公司的北汽昌河上市的Q35就推出个性化定制车（见图14–3–1），包括颜色、陶瓷附件，甚至是个性化签名都可以根据客户的要求实现。为了尽可能满足客户的各种个性化需求，企业应该对产品结构、组织结构和过程结构进行优化，以便只需进行很少的改动，就可以达到以最少的内部多样化获得尽可能多的外部多样化的目的。

因此，为了有效地实现面向大批量定制的制造，在制造过程的上游要适当做出调整，例如：产品设计和工艺设计必须做到标准化、规范化和通用化，以便在制造过程中利用标准的制造方法和标准的制造工具，优质、高效、快速地制造出客户定制的产品。这样，可以有效地以大批量的低成本、高质量和短交货期向客户提供个性化的定制产品和服务。

图14-3-1　北汽昌河双色车，还有不同颜色的内饰搭配，各种搭配组合，能够形成40种不同风格的产品

二、3D打印与个性化定制

2007年，美国经济学家杰里米·里夫金（Jeremy Rifkin）在《第三次工业革命》对未来制造业进行了阐释，将个性化表现及产品定制化视为新一轮科技革命的鲜明特征之一。2012年，克里斯·安德森（Chris Anderson）在《创客：新工业革命》中涉及制造业的未来，从创业者的角度分析了3D打印技术对个性化定制的影响。制造业不再像昨天一样，一被提到就会让人联想起巨大的厂房，人头攒动的长长的流水线和密集的机器人手臂。随着3D打印技术的推广，定制化与小批量订单服务已不再是遥不可及。如图14-3-2的Ekocycle 3D打印机可以使用回收的可乐塑料瓶作为塑料细丝打印材质，让用户在家中就能打印一些手机壳、玩具等小产品。

图14-3-2　Ekocycle 3D打印机

个性化的市场需求和新的技术滋生了大量的家庭制造业者，他们凭借着自身对专业的热爱、迅捷和丰富的网络资源、方便的3D打印机等设备，主要从事从设计到生产个性化以及定制化的产品，例如：定制的个人礼品；已经停产的老爷车的替换零部件等，如图14-3-3。

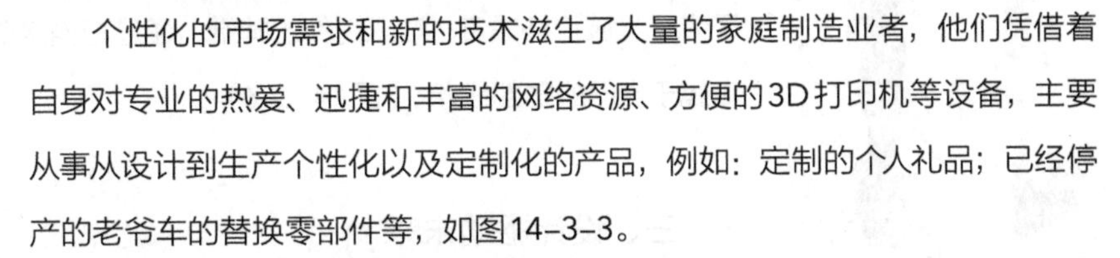

新型的生产方式可以迎合顾客对产品个性化、多样化和更频繁的升级改良周期的要求。产品前期研发以及小批量生产成本的大大降低，甚至从某种意义上说，是回到了工业革命之前生产者与客户之间可以在所有的设计、加工、装配、调试阶段都可以灵活频繁的交流和沟通的时代。设计师受到生产条件的制约也随之降低，其聪明才智有了更大的发挥空间，如图14-3-4是著名英国伊朗裔女建筑师扎哈·哈迪德（Zaha Hadid，1950—2016）设计的鞋子，通过3D打印技术制成。

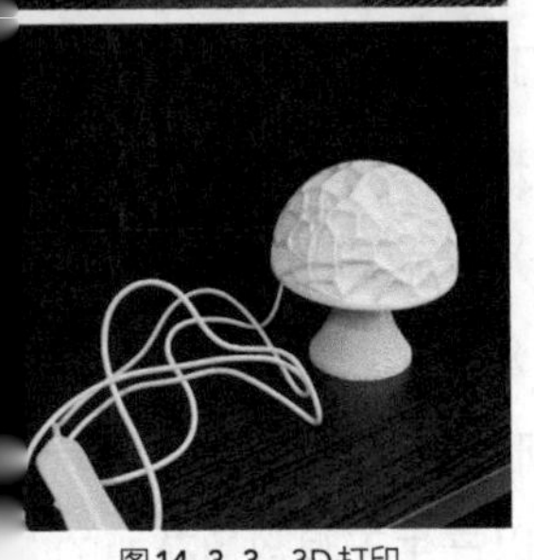

图14-3-3　3D打印

另外，顾客甚至可以在产品生产过程中修改订单的细节。日本Takt Project工作室推出名为“自己染色”系列桌子，为塑料产品和家具领域提供了新的大

图14-3-4　哈迪德设计的女鞋

图14-3-5　日本定制化家具

规模定制的发展方向。这一系列桌子选用多孔塑料复合材料，这一材料常用于工业产品生产，而很少使用于日常消费品中。Takt Project发现这种材料非常容易被红花、樱花和日本靛蓝这样的天然染料染色。(图14-3-5)

完全个人的定制化设计能够根据客户订单中的特殊需求，重新设计能满足特殊需求的新零部件或整个产品。产品的开发设计及原材料供应、生产、运输都由客户订单驱动。如捷克设计师瓦斯科(Tomas Vacek)设计了一款"义肢套"，用于包裹在义肢外，不仅可以使义肢得到保护，也能让穿戴者显得更加对称美观。每一款义肢套都是私人定制，利用当下大热的3D打印技术，打破了传统义肢价格昂贵、难以制作的弊端，通过扫描穿戴者的身体，为他重塑出专属于自己的腿部线条。(图14-3-6)

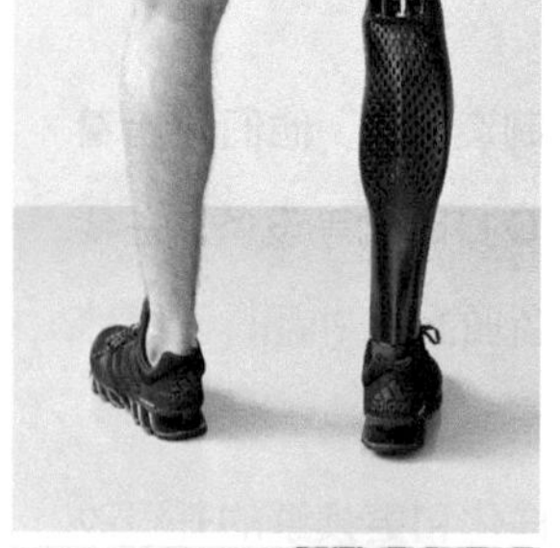

图14-3-6　3D打印的假肢

三、设计驱动未来

2013年，德国提出了"工业4.0"的概念，"第四次工业革命"成为一个热议的话题，传统工业生产正在与现代信息技术相结合，最终实现工厂智能化。当个性化的生产制造变得势不可挡，设计也在不断变化：一方面，通过智能手机、电脑，人们可以更便利地使用设计工具，技能门槛变得越来越低(如美图秀秀)；另一方面，3D打印机和工业机器人降低了小批量生产的分摊成本。

2012年，英国的菲尔·柯坦思(Phil Cuttance)设计工作室推出了Faceture系列花瓶的设计，这些花瓶看起来像是在计算机上设计的，具有低多孔网格的三角形表面，其实并不是。设计师将三角形刻画成0.5mm聚丙烯塑料片，然后将片材切割并折叠在一起，得到一个可以产生无限数量花瓶的薄壁刚性铸模。这种柔性模具的魅力在于它可以任意改变形状，通过折叠略微不同和面的变化，可以给每个花瓶铸造一个独特的外观。柯坦思这么解释他的创意："我想通过创建一个对象的价值观，以一种使其独一无二的方式来探索增值价值的概念，而不用手工雕刻耗费时间和劳动力。"（图14–3–7）

在经历了工业社会漫长的发展过程之后，传统的设计学科已经消亡或者合并成为一种需要提供战略的设计发展概念模型，设计之间的界限越来越模糊。人们越来越认识到商业和设计无法割裂的联系，要将最先进的科学发现、产品工艺以及生活观念转化成现实，需要新的商业模式、设计方法和生产过程，建立全新的绿色和人性化的工业和商业模式。另外，环境保护和社会平衡同样具有很大的价值。

当前，设计已经完全融入复杂的全球化生产结构。从给文化注入价值的角度出发，设计必须把焦点转移到产品开发以及消费主义以外，培养必要的技能以创造出真正可持续的产品。设计师们要具备解决实际问题的能力和思考总结的能力，以及找到解决涉及问题的综合性方案的能力。

IDEO全球总裁兼首席执行官蒂姆·布朗（Tim Brown）曾经在文章中写道：

> 雷蒙德·罗维（Raymond Loewy）设计火车，弗兰克·劳埃德·赖特（Frank Lloyd Wright）设计房屋，查尔斯·伊姆斯（Charles Eames）设计家具，可可·夏奈尔（Coco Chanel）设计高级定制服装，保罗·兰德（Paul Rand）设计商标，大卫·凯利（David Kelley）设计产品，比如他最著名的苹果电脑鼠标。
>
> 巧妙的设计是很多商品成功的基础，当公司意识到这点时，便开始将设计应用在更多维度上。雇用硬件设计师（比如设计智能手机的外观）的高科技公司，开始要求设计师创造出用户界面软件的外观和手感。设计师还被要求帮助改善用户体验。很快，公司把战略制定也当作了设计的一部分。今天，设计甚至被用于帮助多个利益相关方和组织，更系统地进行合作。
>
> 这是知识演进的经典路径。每个设计流程都比前一个流程更复杂更精致。每个设计流程的实现都以前一阶段为基础。因为设计师具有硬件搭载应用程序的设计经验，所以可以很容易过渡到图形用户界面的软件设计。通过为电脑用户带来更佳体验，设计师打下了设计非数字化体验的基础，比如病人到医院看病时的体验。一旦设计师懂得如何在某一组织中重新设计用户体验，就有了设计一个系统下多个组织的整体经验。旧金山联合校区最近就和IDEO合作，重新设计了所有学校的餐厅体验。
>
> 当设计与产品世界渐行渐远，设计工具也随之调整和延伸，形成了独立的新学科：设计思维。

图14–3–7　Faceture系列花瓶

今天的企业越来越重视设计思维的作用，设计驱动型企业越来越受到关注，如中国的小米公司。2015年，《哈佛商业评论》在封面文章中提出：设计思维不再仅限于产品研发，它已经被管理者广泛用于战略制定和变革管理。

意大利学者曼兹尼（Ezio Manzini）是全球顶尖的可持续设计、社会创新设计专家。在他的著作《设计，在人人设计的时代：社会创新设计导论》中提出：今天是一个人人参与设计的时代。无论是设计精英、草根行动派、设计教育家，还是来自政府或企业的决策者，都可以用自己的方式参与设计。

每个人都有机会创造设计的未来。

探索与思考

- 如何看待规模化生产和个性化设计的矛盾？
- 通过学习《工业设计史》，你对设计有了哪些新的理解？

著名设计师一览表

Aalto, Alvar	阿尔瓦·阿尔托	1898—1976	芬兰现代主义设计大师
Aalto, Aino Marsio	艾诺·阿尔托	1894—1949	芬兰设计师，阿尔托的第一任妻子
Aarnio, Eero	艾洛·阿尼奥	1932—	芬兰设计大师
Aicher, Otl	奥托·艾舍	1922—1991	德国设计大师，乌尔姆学院创始人之一
Akio Morita	盛田昭夫	1921—1999	索尼公司创始人
Albers, Josef	约瑟夫·阿尔伯斯	1888—1976	德国设计师，包豪斯第一代学生
Albini, Fracco	弗兰克·阿尔比尼	1905—1977	意大利建筑家和设计师
Anderson, Chris	克里斯·安德森	1961—	美国人，《创客:新工业革命》的作者
Ashbee, Charies	查尔斯·阿什比	1863—1942	英国工艺美术运动代表人物之一
Asplund, Gunnar	阿斯普伦德	1885—1972	瑞典建筑师，北欧古典主义代表人物
Baekeland, Leo	里奥·贝克兰	1863—1944	比利时化学家，酚醛塑料发明者
Baylac, Lucien	卢瑟·贝莱克	1851—1911	法国画家
Beardsley, Aubrey	奥布瑞·比尔兹利	1872—1898	英国插画艺术家，唯美主义运动先驱
Bell, Alexander	埃里克桑德·贝尔	1847—1922	加拿大发明家，电话发明者
Bellini, Mario	马里奥·贝里尼	1935—	意大利著名建筑师，设计家
Benz, Carl	卡尔·本茨	1844—1929	德国发明家，汽车发明者
Bertoia, Harry	哈里·贝尔托亚	1915—1978	美国建筑师，珠宝、家具设计师
Bertone, Giuseppe	鲁乔·博通	1914—1997	意大利汽车设计师，BAT概念汽车设计者
Bianconi, Fulvio	比安科尼	1915—1996	意大利设计师，玻璃工艺大师
Bill, Max	马克思·比尔	1908—1994	瑞士设计师，乌尔姆第一任校长
Bindesboll, M.G	宾德斯波尔	1800—1856	丹麦设计师、建筑师
Bing, Samuel	萨穆尔·宾	1838—1905	法国设计师，新艺术运动代表人物
Black, Misha	米萨·布莱克	1910—1977	英国设计师、英国艺术家协会创始人
Bojeson, Kay	凯·博杰森	1886—1958	丹麦著名玩具设计师
Bouroullec, Ronan	洛南·布卢莱克	1971—	丹麦设计师
Bowden, Benjamin	本杰明·鲍登	1906—1998	英国设计师，未来自行车设计者
Brandt, Marianne	玛丽安·布兰德	1893—1983	德国女设计师、雕塑家，毕业于包豪斯
Branton, Paul	保罗·布兰顿	1916—1990	英国心理学家，倡导以人为中心思想
Branzi, Andrea	安德里·布兰兹	1938—	意大利设计师，反设计代表人物
Breuer, Marcel	马歇·布劳耶	1902—1981	德国设计师，钢管椅代表人物
Burne-Jone, Edward Coley	班·琼斯	1883—1898	英国画家、设计师
Cassina, Cesare	西萨尔·卡西纳	1909—1979	意大利设计师，卡西纳家具公司创始人
Castelli, Giulio	吉欧里奥·卡斯泰利	1920—2006	意大利企业家，卡特尔公司创始人，创立金圆规奖
Anna, Castelli Ferrieri	安娜·卡斯泰利	1918—2006	意大利女设计师，吉欧里奥·卡斯泰利的妻子
Castiglioni, Achille	阿切尔·卡斯蒂利奥尼	1918—2002	意大利设计师
Castiglioni, Licio	利维奥·卡斯蒂利奥尼	1911—1979	意大利设计师
Castiglioni, Pier Giacomo	皮埃尔·卡斯蒂利奥尼	1913—1968	意大利设计师
Charbonneaux, Philippe	菲利普·夏博诺	1917—1998	法国著名汽车设计师
Chiesa, Pietro	皮耶罗·基耶萨	1892—1948	意大利设计师，灯具艺术家
Christiansen, Ole	克里斯蒂安森	1891—1958	丹麦玩具设计师，乐高公司创始人
Colani, Luigi	卢奇·科拉尼	1928—	德国著名汽车设计师，被誉为21世纪的“达芬奇”
Colombo, Joe	乔·科伦波	1930—1971	意大利著名工业设计师
Coray, Hans	汉斯·柯雷	1906—1991	瑞士家具设计师，landi椅设计者
Dalí, Salvador	萨尔瓦多·达利	1904—1989	西班牙画家，超现实主义代表人物
Dascanio, Corradino	阿斯卡尼奥	1891—1981	意大利工业设计师，航空航天工程师
Day, Lucienne	露西安娜·戴	1917—2010	英国设计师，罗宾·戴的妻子
Day, Robin	罗宾·戴	1915—2010	英国著名设计师
Doesburg, Theo Van	特奥·凡·杜斯伯格	1883—1931	荷兰画家、设计师，风格派代表人物
Dresser, Christopher	克里斯多夫·德莱赛	1834—1904	英国早期设计师
Dreyfuss, Henry	亨利·德雷夫斯	1903—1972	美国著名工业设计师，人机工学的开创者
Drocco, Guido	奎多·德罗可	1942—	意大利设计师，反设计代表人物之一

D'Urbino, Donato	迪·阿比诺	1935—	意大利波普风格代表设计师之一
Dyson, James	詹姆斯·戴森	1947—	英国发明家，工业设计师，戴森吸尘器发明者
Eames, Charles	查尔斯·伊姆斯	1907—1978	美国著名设计师、建筑师，以胶合板技术著称
Eames, Ray	蕾·伊姆斯	1912—1988	伊姆斯妻子，同为设计师
Earl, Harley	哈利·厄尔	1893—1969	美国汽车设计师，引入概念车的设计原则
Elsener, Karl	卡尔·埃尔泽纳	1860—1918	瑞士设计师，瑞士军刀发明者
Eskolin, Vuokko	伊斯科琳	1930—	芬兰纺织艺术家
Esslinger, Hartmut	艾斯林格	1944—	德国著名工业设计师
Exner, Virgil	艾克斯内尔	1909—1973	美国汽车设计师，克莱斯勒尾鳍设计者
Ford, Henry	亨利·福特	1863—1947	美国汽车设计师，汽车流水线生产发明者
Fronzoni, A.G	弗龙佐尼	1923—2002	意大利设计师，出版商
Games, Abram	盖姆斯	1914—1996	英国平面设计师
Gatti, Piero	皮埃罗·盖蒂	1940—	意大利设计师，豆袋沙发设计者
Gaudi, Andoni	安东尼·高迪	1852—1926	西班牙著名建筑师，圣家族教堂设计者
Geddes, Norman Bel	诺曼·贝尔·盖迪斯	1893—1958	美国工业设计师，泪珠汽车模型设计者
Gehry, Frank	弗兰克·盖里	1929—	美国解构主义建筑大师
Gismondi, Ernesto	吉斯蒙迪	1931—	意大利设计师，亚特明特创始人之一
Giugiaro, Giorgetto	乔治·亚罗	1938—	意大利著名工业设计师，创建了自己的设计工作室
Grange, Kenneth	格兰奇	1929—	英国工业设计师
Graves, Michael	格雷夫斯	1934—	美国著名设计师，后现代主义建筑大师
Gray, Eileen	艾琳·格雷	1878—1976	爱尔兰家具和建筑设计师，现代主义运动先驱
Gropius, Walter	格罗皮乌斯	1883—1969	德国著名设计师，包豪斯创始人
Gugelot, Hans	汉斯·古格洛特	1920—1965	德国工业设计师，乌尔姆设计系主任
Guimard, Hector	埃克多·吉马尔	1867—1942	法国设计师，新艺术运动代表之一
Hadid, Zaha	扎哈·哈迪德	1950—2016	英国伊朗裔著名女建筑师
Hansen, C.F	汉森	1756—1845	丹麦建筑师，曾负责哥本哈根的重建
Heiberg, Jean	简·海伯格	1884—1976	作为著名艺术家，现代电话原型设计者
Henningsen, Paul	保罗·汉宁森	1894—1967	丹麦灯具设计大师，PH系列灯具设计者
Hershey, Frank	弗兰克·赫尔希	1907—1997	美国汽车设计师，喜欢流线型风格
Hirche, Herbert	赫伯特·希尔歇	1910—2002	德国工业设计师，和布朗公司有过合作
Hoffman, Josef	约瑟夫·霍夫曼	1870—1956	奥地利设计师，新艺术运动代表人物之一
Horta, Victor	维克特·霍尔塔	1861—1947	比利时建筑师，新艺术风格代表人物之一
Itten, Johannes	约翰·伊顿	1888—1967	瑞士画家、设计师，包豪斯第一任色彩教师
Ive, Jonathan	乔纳森·艾维	1967—	苹果公司首席设计师
Jacobs, Carl	卡尔·雅各布	1947—	英国设计师，杰森椅设计者
Jacobsen, Arne	雅各布森	1902—1971	丹麦设计大师，功能主义践行者
Jean-Baptiste Vaquette de Gribeauval	格里博瓦尔	1715—1789	法国将军，标准化开创者
Jeanneret, Pierre	皮埃尔·让纳雷	1896—1967	瑞士建筑师，是柯布西埃的堂弟
Jencks, Charles	查尔斯·詹克斯	1939—	美国设计师，设计理论家，宣告了后现代主义的到来
Jensen, Georg Arthur	乔治·杰生	1866—1935	丹麦银匠，成立了自己的设计作坊
Jensen, Jacob	雅各布·延森	1926—2015	丹麦设计大师，B&O硬边风格创造者
Jensen, Timothy Jacob	蒂莫西·雅各布·延森	1962—	雅各布·延森的儿子，接管了父亲的工作室
Jobs, Steve	史蒂夫·乔布斯	1955—2010	苹果公司创始人
Jones, Allen	艾伦·琼斯	1937—	英国波普艺术家
Jones, Owen	欧文·琼斯	1809—1874	英国著名平面设计师
Juhl, Finn	芬·居尔	1912—1989	丹麦设计师，以家具设计闻名
Kage, Wilhelm	威尔姆·卡杰	1889—1960	瑞典艺术家、设计师，擅长陶瓷设计
Kahn, Louis	路易斯·康	1901—1974	美国现代主义设计大师
Kandinsky, Wassily	瓦西里·康定斯基	1866—1944	俄国抽象艺术先驱，包豪斯教师
Kelley, David	大卫·凯利	1951—	美国设计师，IDEO创始人之一
Klee, Paul	保罗·克利	1879—1940	德国设计师，曾在包豪斯任教

Klint, Kaare	卡里·柯兰特	1888—1954	丹麦设计大师，教育家
Kukkapuro, Yrjö	约里奥·库卡波罗	1933—	芬兰著名设计师
Lange, Hans-Kurt	汉斯科特·兰奇	1930—2008	好莱坞著名插画师
Le Corbusier	勒·柯布西埃	1887—1965	法国设计师，现代主义设计大师
Lindbrg, Stig	斯蒂奇·林德博格	1916—1982	瑞丹设计师，插画师
Lindinger, Herbert	赫伯特·林丁格	1933—	德国工业设计师
Loewy, Raymond	雷蒙德·罗维	1889—1986	美国著名工业设计师，罗维设计公司创始人
Mackintosh, Charles Rennie	查尔斯·罗尼·麦金托什	1868—1928	英国设计师，新艺术运动领导者之一
Mackmurdo, Arthur H.	阿瑟·马克穆多	1851—1942	英国设计师，工艺美术运动代表之一
Magistretti, Vico	维科·玛吉斯塔拉迪	1920—2006	意大利设计师、建筑师
Maldonado, Tomos	特姆斯·马尔多纳多	1922—	阿根廷艺术家，乌尔姆第二任校长
Malevich, Kazimir	卡兹密尔·马列维奇	1879—1935	俄国艺术家，抽象主义代表人物之一
Malmsten, Carl	卡尔·马姆斯滕	1888—1972	瑞典家具设计师，受东方影响会较大
Marinetti, Filippo Tommaso	菲力波·马里内蒂	1876—1944	意大利诗人，未来主义带头人
Mariscal, Javier	贾维尔·马里斯卡尔	1950—	西班牙艺术家
Mathsson, Bruno	布鲁诺·马松	1907—1988	瑞典著名家居设计师
Mattioli, Giancarlo	吉安卡洛·马蒂奥利	1933—	意大利灯具设计师
Mazza, Sergio	赛尔乔·马萨	1931—	意大利设计师，亚特明特创始人
Mello, Franco	弗兰克·莫罗	1945—	意大利反设计流派代表人物之一
Mendini, Alessandro	亚历山德罗·门迪尼	1931—	意大利设计大师，多姆斯设计杂志的编辑
Mendini, Francesco	佛朗西斯科·门迪尼	1939—	意大利设计师，门迪尼兄弟
Meyer, Hannes	汉内斯·迈耶	1889—1954	德国建筑设计师，包豪斯第二任校长
Mies Van de Rohe, Ludwig	密斯·凡·德·罗	1886—1969	德国建筑师，现代主义师，国际主义开创者
Mogensen, Borge	博格·莫根森	1914—1972	丹麦简约风设计大师
Moggridge, Bill	比尔·莫格里奇	1943—2012	IDEO 创始人之一，设计了第一台笔记本电脑
Moholy-Nagy, Laszlo	莫霍里·纳吉	1895—1946	匈牙利设计师，包豪斯优秀学生之一
Mollino, Carlo	卡洛·莫利诺	1905—1973	意大利设计师、建筑师
Momdrian, Piet	皮特·蒙德里安	1872—1944	荷兰画家，风格派代表人物
Moore, Patricia	帕特丽夏·摩尔	1952—	美国工业设计师
Morello, Augusto	奥古斯托·摩尔	1926—2009	前国际工业设计协会联合会主席，意大利设计师
Morris, William	威廉·莫里斯	1834—1896	英国工艺美术运动发起人
Morrison, Jasper	杰斯帕·莫里森	1959—	英国著名设计师
Moser, Koloman	科勒曼·莫塞	1868—1918	奥地利设计师，维也纳分离派代表人物之一
Mourgue, Olivier	奥利弗·莫格	1939—	法国工业设计师
Muller-Munk, Peter	彼得·穆勒蒙克	1904—1967	美国设计师，安全帽发明者
Muthesius, Herman	赫尔曼·穆特休斯	1861—1927	德国设计师，德国制造同盟主席
Nagy, Moholy	莫霍利·纳吉	1895—1946	德国设计师，包豪斯学生，后留校任教
Nelson, George	乔治·尼尔森	1908—1986	美国设计师，曾任赫曼米勒公司创始人
Newson, Marc	马克·纽森	1963—	澳大利亚设计师，现代最成功的工业设计师之一
Nizzoli, Marcello	马塞洛·尼佐里	1887—1969	意大利设计师，和奥利维蒂公司合作密切
Norman, Donald Arthur	唐纳德·诺曼	1935—	美国心理学家，人机交互理论奠基人
Noyes, Eliot	艾略特·诺伊斯	1910—1977	美国设计师
Nurmeeniemi, Antti	安迪·鲁梅斯涅米	1927—2003	芬兰著名设计师
Olbrich, Joseph Maria	约瑟夫·马里亚·奥布里奇	1867—1908	捷克艺术家，分离派代表人物之一
Opsvik, Peter	彼得·奥普斯维克	1939—	挪威设计师，设计了一系列动态平衡椅
Panton, Verner	维纳·潘顿	1926—1998	丹麦设计大师，以探索新材料闻名
Paolini, Cesare	柯萨尔·鲍里尼	1937—	意大利设计师，豆袋设计者
Papanek, Victor	维克多·佩帕尼克	1923—1998	设计理论家，著有《为真实的世界设计》
Parkes, Alexander	艾利克桑德·帕克斯	1813—1890	英国化学家，赛璐珞的发明者
Pauchard, Xavier	萨维尔·帕奥查德	1880—1948	法国设计师，Tolix 创始人
Paulin, Pierre	皮埃尔·鲍林	1927—2009	法国著名设计师

Paxton, Joseph	约瑟夫·帕克斯顿	1803—1865	英国设计师，设计了水晶宫展览馆
Perotto, Pier Giorgio	皮尔·吉奥乔·佩罗托	1930—2002	意大利设计师，豆袋沙发设计者之一
Perriand, Charlotte	夏洛特·贝里安	1903—1999	法国女设计师，柯布西埃合作伙伴
Pesce, Gaetano	盖特诺·佩斯	1939—	意大利著名设计师
Peter Behrens	彼得·贝伦斯	1868—1940	德国设计师，通用电气设计顾问
Peterhans, Walter	沃特·彼得汉斯	1897—1960	德国艺术家、设计师
Piano, Renzo	伦佐·皮阿诺	1937—	意大利著名建筑设计师，蓬皮杜中心设计者
Piretti, Giancarlo	吉安卡洛·皮内蒂	1940—	意大利设计师，设计了Phia椅
Ponti, Gio	吉奥·庞蒂	1891—1979	意大利设计师，现代主义建筑大师之一
Porsche，Ferdinand	费迪南德·保时捷	1875—1951	德国汽车设计师，甲壳虫设计者
Prouve, Jean	让·普鲁维	1901—1984	法国著名设计师
Race, Ernest	厄内斯特·雷斯	1913—1964	英国设计师，羚羊椅设计者
Rames, Diter	迪特·拉姆斯	1932—	德国著名工业设计师，提出好的设计十条原则
Rand, Paul	保罗·兰德	1914—1996	美国知名平面设计师，设计了许多标志
Rashid, Karim	凯瑞姆·瑞席	1960—	埃及设计师，以设计奢侈品著称
Riemerschmidt, Richard	理查德·雷曼施米特	1868—1957	德国工业设计师
Rietveld, Gerrit	格利特·里特维尔德	1888—1964	荷兰画家，设计师，风格派代表人物之一
Rifkin, Jeremy	杰里米·里夫金	1945—	美国经济学家
Roerich, Hans	汉斯·洛维奇	1932—	德国设计师，毕业于乌尔姆学院
Rogers, Richard	理查德·罗杰斯	1933—	英国建筑师，出生于意大利，共同设计了蓬皮杜中心
Rossetti, Dante Gabriel	但丁·罗塞迪	1828—1882	英国画家，前拉斐尔派的创始人之一
Rossi, Aldo	阿尔多·罗西	1931—1997	意大利建筑设计大师，设计全才
Ruhlmann Emile-Jaeques	埃米尔杰克斯·鲁尔曼	1879—1933	法国设计师，装饰艺术运动代表人物
Ruskin, John	约翰·拉斯金	1819—1900	英国设计理论家，工艺美术运动先驱
Saarinen, Eero	艾罗·萨里宁	1910—1961	美国建筑师、设计师，有机现代主义代表人物
Saarinen, Eliel	艾利尔·萨里宁	1873—1950	芬兰设计师，克兰布鲁克艺术学院创始人
Sarrinen, Eva-Lisa (Pipsan)	艾娃丽萨·萨里宁	1905—1975	艾利尔·萨里宁的女儿，艾罗·萨里宁的姐姐，设计师
Sant' Elia, Antonio	安特尼奥·圣伊利亚	1888—1916	意大利设计师，未来主义设想者
Sappe, Richard	理查德·萨帕	1932—2016	当代著名设计师，生于德国
Sarpaneva, Timo	蒂姆·萨尔帕内瓦	1926—2006	芬兰设计师，以玻璃制品闻名
Sason, Sxiten	瑟克斯顿·沙逊	1912—1967	瑞典汽车设计师，曾在萨博任职
Schawinsky, Xanti	沙文斯基	1904—1975	瑞士设计师，和奥利维蒂有过合作
Schmidt, Joost	施密特	1893—1948	德国平面设计师，曾在包豪斯执教
Scholl, Inge	茵琪·舒尔	1917—1998	奥托艾舍妻子，大量参与和平运动
Schust, Florence	弗洛伦丝	1917—	美国设计师，诺尔公司设计总监
Shire, Peter	彼特·肖尔	1947—	美国后现代主义设计师
Shiro Kuramata	仓俣史朗	1934—1991	日本设计师，性冷淡风的代表人物
Sinel, Joseph Claude	约瑟夫·克劳德·希奈尔	1889—1975	美国设计师，“工业设计”一词的首倡者
Sloan, Alfried	阿尔弗莱德·斯隆	1875—1966	美国商业家，通用总监，有计划的废止的倡导者
Sottsass, Ettore	埃托·索托萨斯	1917—2017	意大利设计大师，孟菲斯设计组织创始人
Starck, Philippe	菲利普·斯塔克	1949—	法国设计师，现代设计大师之一，和阿莱西合作频繁
Stölzl, Gunta	昆塔·斯托兹	1897—1983	德国设计师，包豪斯学生
Sullivan, Louis	路易斯·沙利文	1856—1924	美国建筑设计大师，芝加哥学派创始人
Tallon, Roger	罗杰·塔隆	1929—2011	法国设计师
Tapiovaara, Tlmari	塔皮奥瓦拉	1914—1999	芬兰设计师，将传统和现实融合
Tatlin, Vladimir	弗拉迪米尔·塔特林	1885—1953	俄国艺术家，构成主义代表人物
Teaque, Walter	沃尔特·提格	1883—1960	美国商业设计师，和柯达合作了很多经典相机
Teodoro, Franco	弗兰克·提奥多罗	1939—2005	意大利设计师，豆袋沙发设计者之一
Thonet, Michael	迈克尔·索内特	1796—1871	Thonet创始人，发明了弯木工艺家具
Tiffany, Louis	路易斯·蒂凡尼	1848—1933	美国商人，蒂凡尼珠宝创始人
Toffler, Alvin	埃尔文·托夫勒	1928—2016	美国社会思想家，未来主义畅想人

Toshlyukl Kita	喜多俊之	1942—	日本工业设计师，致力于将传统应用于现代设计
Velde, Henry van de	亨利·威尔德	1863—1957	比利时设计师，德国新艺术运动领袖，成立魏玛工艺美术学校
Venini, Paolo	韦尼尼	1895—1959	意大利陶瓷设计师
Venturi, Robert	罗伯特·文丘里	1925—	美国设计师，后现代主义代表人物
Viénot, Jacques	雅克·维耶诺	1893—1959	法国设计师，法国工业美学之父
Wagenfeld, Wilhelm	华根菲尔德	1900—1990	德国设计师，包豪斯优秀学生
Wagner, Otto Koloman	奥托·柯乐曼·瓦格纳	1841—1918	奥地利设计师，维也纳分离派代表人物之一
Ward, Edward	爱德华·沃德	1829—1896	英国人，发明了脚踩缝纫机
Warhol, Andy	安迪·沃霍尔	1928—1987	美国流行文化艺术家
Webb, Philip	菲利普·韦伯	1931—1915	英国建筑师，红屋设计者
Wedgwood, Josiah	魏德伍德	1730—1795	英国设计师，陶瓷设计师，建立工业化陶瓷生产方法
Wegner, Hans	汉斯·维格纳	1914—2007	丹麦设计大师，一生设计了很多椅子
Whitney, Eli	艾力·惠特尼	1765—1825	美国发明家，提出了零件互换概念
Wilsdof, Hans	汉斯·威斯多夫	1881—1960	德国人，劳力士创始人
Wirkkala, Tapio	塔皮奥·威卡拉	1915—1985	芬兰艺术家、设计师，以玻璃器皿设计著称
Wright, Frank Lloyd	弗兰克·劳埃德·赖特	1869—1959	美国建筑设计大师，现代主义巨匠，流水别墅设计者
Yamasaki	山崎实	1912—1986	日本现代主义建筑设计大师
Zanuso, Marco	马可·扎努索	1916—2001	意大利设计师，设计了第一把完全用塑料制作的椅子

主要参考文献

英文

- Smithsonian, *Design: the definitive visual histoty*, New York: DK Publishing, 2015.
- Lakshmi Bhaskaran, *Design of the times: using key movements and styles foe contemporary design*, Brighton: Roto Vision SA, 2005.
- The National Trust, *Red House*, London: The National Trust, 2012.
- Edward Hollamby, *Art and Crafts House: By Philip Webb, William Lethaby and Edwin Lutyens: Red House, Bexleyheath, Kent, 1859, Architecture 3s*. Phaidon Press Ltd, 1999.
- William Morris, Norman Kelvin, *William Morris on Art and Socialism*, Dover Publications, 1999.
- J.W.Mackail, *Life of William Morris*, London: Longmans, Green, 1899.

日文

- 『世界遺産』別冊・資料編コネスコ世界遺産全リスト、東京: 毎日新聞、2007年5月第7刷（2002年2月初版発行）。
- アラン·グルベール総編集 木島俊介訳『ヨーロッパの装飾芸術 第1巻 ルネサンスとマニエリスム』、東京: 中央公論新社、2001年3月。
- 木村重信『世界美術史』、東京: 朝日新聞社、1997年11月。
- 鈴木杜畿子 責任編『世界美術大全集 第19巻 新古典主義と革命期美術』、東京: 小学館、1994年5月第2刷発行（1993年10月初発行）。
- 白石克 編、相賀徹夫編著『慶應義塾 高橋誠一郎浮世絵コレクション 広重東海道五十三次八種四百十八景』、東京: 小学館、1989年1月初版3刷（1988年11月初版第1刷）。
- ウィリアム モリス『ウィリアム·モリスのデザイン』、東京: 創元社、1988年9月。
- 秀村 欣二、伊藤 貞夫『世界の歴史 2 ギリシアとヘレニズム』、東京: 講談社、昭和61年第3刷（昭和51年第1刷発行）。
- 鈴木 俊 編『中国史』、東京: 山川出版社、昭和61年第2版 第30刷（昭和39年第1版第1刷発行）。
- 堀 敏一『世界の歴史4 古代の中国』、東京: 講談社、昭和60年第3刷（昭和52年第1刷発行）。
- 中国歴史博物館編 加藤勝久 発行『中国の博物館第5巻』、東京: 講談社文物出版社、1982年9月。
- 海野 弘『ウィリアム·モリス - クラシカルで美しいパターンとデザイン -』、パイインターナショナル出版社、2013年3月20日。
- 阿部公正　等『世界デザイン史』、東京: 美術出版社、2004.4。

- 高島直之　等『デザイン史を学ぶクリティカル·ワーズ』、東京:フィルムアート、2006.6。
- 橋本優子『デザイン史を学ぶクリティィカル·ワーズ— Critical Words for Design History』、東京：2006。

中文译著

- [法]库蒂里耶著，周志译，《当代设计的前世今生》，北京：中信出版社，2012。
- [法]艾黎·福尔著，袁静、李澜雪译，《法国人眼中的艺术史——17世纪、18世纪的艺术》，长春：吉林出版集团有限责任公司，2010。
- [法]艾黎·福尔著，付众译，《法国人眼中的艺术史——文艺复兴时期艺术》，长春：吉林出版集团有限责任公司，2010年。
- [法]艾黎·福尔著，张昕译，《法国人眼中的艺术史——中世纪艺术》，长春：吉林出版集团有限责任公司，2010年。
- [奥地利]A.李格尔著、陈平译，《罗马晚期的工艺美术》，长沙：湖南科学技术出版社，2001。
- [法]丹纳著、傅雷译，《艺术哲学》，天津：天津社会科学院出版社，2007。
- [英]乔纳森.M.伍德姆著，周博、沈莹译，《20世纪的设计》，上海：上海人民出版社，2012。
- [美]唐纳德.A.诺曼著，刘松涛译，《未来产品的设计》，北京：电子工业出版社，2009。
- [美]哈特穆特·艾斯林格著，《前瞻设计：创新型战略推动可持续变革》，北京：电子工业出版社，2014。
- [日]黑川雅之著，王超鹰译，《世纪设计提案——设计的未来考古学》，上海：上海人民美术出版社，2003。
- [美]戴维·霍尔著，熊祥译，《大转折时代生活与思维方式的大转折》，北京：中信出版社，2013。

中文

- 王震亚,《设计概论》,北京:国防工业出版社,2006年1月。
- 高茜,《现代设计史》,上海:华东理工大学出版社,2011年8月。
- 高茜,《世界工艺美术史论》,大连:大连理工大学出版社,2015年9月。
- 张焯等,《云冈石窟》,北京:文物出版社,2008年4月。
- 张夫也,《外国工艺美术史》,济南:山东教育出版社,2002年9月。
- 张夫也,《西方工艺美术史》,银川:宁夏人民出版社,2003年3月。
- 陈瑞林,《中国现代艺术设计史》,长沙:湖南科学技术出版社,2003年7月。
- 黄建平、邹其昌,《设计学研究2012》,北京:人民出版社,2012年11月。
- 董占军、郭睿,《外国设计艺术文献选编》,济南:山东教育出版社,2012年3月。
- 张昭军、孙燕京,《中国近代文化史》,北京:中华书局,2012年10月。
- 张伯春、李成智,《技术史研究十二讲》,北京:北京理工大学出版社,2006年4月。
- 周博,《现代设计伦理思想史》,北京:北京大学出版社,2014年9月。
- 赵晓雷,《中国工业化思想及发展战略研究》,上海:上海财经大学出版社,2010年10月。

后记

历时一年的筹备、组稿、编写，这本《工业设计史》终于要和大家见面了。而我们前期为编写一本新的设计史教材的积累、规划和构思已经超过了十年时间。

工业设计史不同于其他门类的历史，也不同于一般的艺术史。

首先，它没有办法按照传统世界史的写法按照国别进行划分，比如IBM的首席设计顾问萨帕，出生在德国，成名于意大利，而晚年则生活在美国。弗利德曼写过一本书叫《世界是平的》，今天我们生活的这个地球上，国界已无法限制设计师的活动范围。

其次，工业设计史的时间线索并不十分清晰，无法严格地按照断代史的方式来划分时间段。在同一时刻，不同地区的设计师的设计风格也不尽相同，这与工业化的发展是基本同步的，如美国、德国的设计活动基本上从19世纪就开始了，而日本和中国要到20世纪后半叶才起步。

再次工业设计史也无法按照设计领域进行划分——很多设计师本身就是跨界的，从美国的罗维到法国的斯塔克，他们设计交通工具、家具家电、室内乃至建筑。

为了适应慕课的教学要求，最终，本书选择了知识点碎片化的方式来讲述设计史，每一章围绕一个主题展开，同时用时间、空间进行衔接，最终形成设计发展的基本脉络：

德国的包豪斯和现代主义强调功能驱动设计；

以美国为代表的设计潮流突出了商业驱动设计；

斯堪的纳维亚设计表现了设计与传统的融合；

在20世纪后半叶，科技、文化、环境保护都为工业设计的发展起到了促进作用；

而21世纪，以用户体验为重心的设计自身已经成为社会经济的重要力量。

因能力所限，以上观点或有偏颇，书中难免有谬误之处，

也欢迎读者指正。

本书的编写团队有：

山东大学王震亚负责编写第一、七、八、九、十、十一章的编写；

华东理工大学高茜负责编写第二、三章；

山东大学赵鹏负责编写第四、五、六章；

华东理工大学沈榆负责编写第十三章；

北京航空航天大学王鑫负责编写第十二、十四章。

山东大学研究生朱贵慧、张义文、满孝曼等也对本书有一定贡献。

需要指出的是，设计学科本身还不够成熟，其理论基础还有待完善，这也使得工业设计史的研究是一个持续的过程，还需要更多学者的参与。我们也希望建立一个工业设计史教学平台，共享教学资料，这不仅可以节省广大教学工作者宝贵的时间和精力，还可以帮助我们查遗补漏。

新的共享经济之下，教学的形式和方法也将发生改变。未来，共享式学习也需要更多师生的积极参与。

编者

2017年春

图书在版编目（CIP）数据

工业设计史 / 王震亚等编著. -- 北京：高等教育出版社，2017.10（2024.8重印）
ISBN 978-7-04-047836-5

Ⅰ. ①工… Ⅱ. ①王… Ⅲ. ①工业设计－历史－世界－高等学校－教材 Ⅳ. ①TB47-091

中国版本图书馆CIP数据核字（2017）第119714号

策划编辑　梁存收
责任编辑　杨小兰
封面设计　张　扬
版式设计　张申申
责任校对　殷　然
责任印制　耿　轩

工业设计史

Gongye Shejishi

出版发行　高等教育出版社
社址　北京市西城区德外大街4号
邮政编码　100120
购书热线　010-58581118
咨询电话　400-810-0598
网址　http://www.hep.edu.cn
http://www.hep.com.cn
网上订购　http://www.hepmall.com.cn
http://www.hepmall.com
http://www.hepmall.cn
印刷　河北信瑞彩印刷有限公司
开本　787mm × 1092mm　1/16

印张　18.5
字数　360千字
版次　2017年10月第1版
印次　2024年8月第3次印刷
定价　57.00元

物料号　47836-00